海域使用论证中生态环境现状调查内容优化及对策研究

王勇智　刘　涛　曲　良
纪　鹏　安明明　胡　琴　著

海洋出版社
2023年·北京

图书在版编目（CIP）数据

海域使用论证中生态环境现状调查内容优化及对策研究 / 王勇智等著. -- 北京：海洋出版社，2023.10

ISBN 978-7-5210-1186-9

Ⅰ. ①海… Ⅱ. ①王… Ⅲ. ①海上油气田-海洋环境-生态环境-调查研究 Ⅳ. ①X741②X145

中国国家版本馆 CIP 数据核字（2023）第 211274 号

审图号：GS 京（2023）2317 号

责任编辑：程净净
责任印制：安　森

海洋出版社　**出版发行**

http://www.oceanpress.com.cn
北京市海淀区大慧寺路 8 号　邮编：100081
涿州市般润文化传播有限公司印刷　　新华书店经销
2023 年 12 月第 1 版　2023 年 12 月第 1 次印刷
开本：787mm×1092mm　1/16　印张：14.75
字数：320 千字　定价：166.00 元
发行部：010-62100090　总编室：010-62100034

前 言

随着我国油气开采逐渐由陆地转向海洋，海上油气开发有利于缓解我国石油生产不足的现状，可有效减小我国油气资源对外依存度。海上油气资源开发与利用对于我国能源安全保障具有十分重要的意义。渤海油田是我国最大的海上油田，也是全国第一大原油生产基地，其勘探矿区面积约 $4.3\times10^4 km^2$，总资源量在 $120\times10^8 m^3$ 左右。

根据《中华人民共和国海域使用管理法》中有关规定，超过三个月的排他性用海活动需要编制海域使用论证报告，并开展所需的海洋环境现状质量调查工作，现状调查站位数量和频次依据项目的用海规模和论证等级确定。在实际海上油气工程项目用海论证过程中，一般需要开展春季和秋季两个季节的海洋环境调查，但规定的海洋环境现状质量调查的数据时效性较短，导致历史监测数据的重复利用效率低，大部分监测数据在应用于某个项目后由于超过时效而弃置。由于海上油气开发具有网状拓展的梯次建设特征，需要不断对新建平台、管道等开展海域使用论证工作，进而多次实施海洋环境现状质量调查，不仅耗费大量物力和时间，历史调查数据利用效率低下，且影响海上油气用海项目获批时间，导致工程建设滞后。

因此，本书针对上述问题，通过长时间序列的海洋环境质量调查历史数据分析，摸清了典型评价指标的变化规律，以期延长评价指标的时效、缩减调查站位数量、优化调查站位布置。研究成果将有助于提高海上油气开发项目海域使用论证中海洋环境调查数据的利用率，优化海洋环境质量现状调查的工作量，缩短海域使用论证报告的编制周期，提高海上油气开发项目用海申请的整体审批效率。

全书共分为 6 章，第 1 章为绪论，主要为研究背景和问题提出，阐述了当前海洋油气工程用海申请所需的海洋生态环境调查工作量大、数据时效短等问题；第 2 章为整体研究思路概述和调查数据来源介绍；第 3 章为区域环境质量变化趋势分析，主要是基于渤海渤中和垦利海上油气田用海项目 10 年间多期海洋生态环境调查数据，分析了水质、沉积物和生物生态各指标的多年变化趋势，表明部分调查指标呈稳定或向好趋势，其调查指标存在进一步优化的可行性，其数据时效也可进一步延长；第 4 章为调查站位数量优化研究，分别根据两版海域使用论证导则对海洋生态环境调查站位数量的不同要求，基于多期海洋生态环境调查数据，缩减优化调查站位数量至满足导则要求的最低海洋生态调查站位，对比分析优化前后调查区的海洋生态环境质量，结果表明缩减调查站位数量并采用空间站位均匀分布法布设站位，所得的区域环境质量评价与优化前基本一致；第 5 章为海洋生态调查站位设计，针对海洋油气工程不同的平面布置方案，提出了海洋生态环境调查站位布设方案；第 6 章为结论部分。

在撰写本书的过程中，得到了鲍献文、姜宏川、周艳荣等前辈的悉心指导和支持，他们的智慧和贡献是本书得以完成的重要支撑。同时，作者深感自身学识尚浅，书中难免存在疏忽之处，敬请读者谅解并指正。

目　录

第1章　绪　论

1.1　背景

石油和天然气是现代工业生产的重要能源，我国作为世界第二大经济体，对能源的需求量巨大，海洋油气资源是我国能源供应的重要来源之一，通过开发海洋油气资源，可以增加我国能源供应的多样性，降低对进口能源的依赖程度，提高能源安全性。因此，海洋油气资源开发对于我国经济发展具有重要意义。

根据《中华人民共和国海域使用管理法》中的有关规定，占用海域资源需要编制项目用海论证报告书，用海论证报告书需要按照相关技术导则编制。自然资源部于2023年3月发布《海域使用论证技术导则》（GB/T 42361—2023）（以下简称“论证导则”或“新导则”）取代使用了10余年的《海域使用论证技术导则》（国海发［2010］22号）（以下简称“旧导则”）。新导则和旧导则均规定，海洋油气工程用海论证必需进行海洋环境质量现状调查工作，调查站位数量和频次需依照项目用海规模和论证等级布设，并规定了最低调查站位数量要求，或者引用在时效内的历史调查数据。

旧导则对海上油气田项目用海论证的最低调查站位数量要求，即一级论证水质调查站位一般不少于20个，二级论证水质调查站位一般不少于12个，当用海项目特殊或者位于敏感海域，调查站位应适当增加；而新导则要求1个季节（秋季或者春季）调查数据至少包含30个水质监测站位、18个生态监测站位和15个沉积物监测站位。然而，在实际的海洋环境现状质量监测中，调查站位数量一般超出导则要求的最低调查站位数量要求，大量的海洋环境监测样品，则需要较多的时间进行样品处理、分析、鉴定、制图等，可能会迟滞工程用海论证报告编制和送审的时间，从而影响项目获批时效。由于海上油气开发具有网状拓展依次建设的特征，而旧导则和新导则对海洋生态环境现状质量调查数据的时效均规定为3年，在新的油田、油井、油管、电缆等工程申请用海时，历史监测数据往往因超期而不在时效内，不得不重新开展海洋环境现状质量调查工作，从而延长了项目海域使用论证报告编制时间和项目整体建设进度。

1.2 资料时效性

新导则中规定海洋生态环境调查资料有效期为3年，而渤海区海上油气工程用海的特点呈网络辐射、分阶段实施开发建设，加之海洋工程建设周期较长，一般某个平台或管道的海域使用论证中的调查数据仅为该平台或管道海域使用论证服务，导致调查数据的使用效率较低。由于调查资料时效限制和站位分布等因素，周边其他平台开展海域使用论证则需重复开展海洋环境质量现状的调查工作，不仅导致历史调查数据的利用率低，且对于建设单位来说也是耗时费力，延缓了项目获批时间。以某平台海域使用论证为例，定级为一级论证，按照新导则需开展1个季节至少30个站位水质的调查，按照论证报告整体实施进度，需7~9个月方可完成，在第10个月提交论证报告，第11~12个月完成审批，第2年该平台及配套管道可开工建设，第3年投入生产运营已经是最快的速度。随着生产规模的扩大或者新厂址的开发，需要在邻近海域再建设平台及配套管道时，因上次调查时间已超过3年时效期，故不得不再次开展海洋环境质量现状调查工作，如此重复开展调查工作，大大延缓了论证报告的编制时间，且不利于缩短项目建设周期。近年来，渤海海洋油气工程建设多选址在距离海岸20 km以外的海域，海洋环境受人类活动影响较小。根据原国家海洋局发布的多期海洋环境质量公报和生态环境部发布的2017—2021年中国海洋环境状况公报，渤海海域经多年的综合整治，渤海未达到一类海水水质标准的海域面积呈逐年减小的趋势，故对于距离海岸20 km以外的海上油气田来说，该海域受大陆海岸人类活动的影响很小，故论证导则中规定的海洋生态环境调查数据具有3年有效期是值得商榷的。

此外，由于论证导则和《海洋工程环境影响评价技术导则》（GB/T 19485—2014）（以下简称“环评导则”）对海洋生态环境现状调查要求的制定依据存在差异，导致海域使用论证报告和海洋环境影响报告对海洋生态环境现状调查资料提出了不同的要求，不利于提高用海申请效率。例如，论证导则对海域使用论证报告的定级主要依据项目的用海方式、用海规模、所在海域特征，而环评导则的定级依据是项目类型、工程规模、所在海域特征、海域生态环境类型等，导致一个用海工程的海域使用论证和海洋环境影响评价对调查提出了不同的要求。尤其是论证导则和环评导则对于敏感海域的认定存在差异［论证导则中敏感海域主要包括海洋自然保护区、海洋特别保护区、重要的河口和海湾等，而环评导则中的海洋生态环境敏感区包括自然保护区、珍稀濒危海洋生物的天然集中分布区、海湾、河口海域、领海基点及其周边海域、海岛及其周围海域、重要的海洋生态系统和特殊生境（红树林、珊瑚礁等）、重要的渔业水域、海洋自然历史遗迹和自然景观等］，更是加剧了对调查资料需求的差异性，导致海域使用论证的调查站位和频次要多于海洋环境影响评价。例如，对于距离海岸较远的油气工程，环评导则要求近岸海域工程实施15个水质调查站位，而旧导则和新导则要求至少20个和30个水质调查站位，两个导则对于调查要求差异巨大，为保证项目顺利获批，在制定监测方案时往往是就高不就低，造成建设单位的经济负担较大。因此，由于两个导则对调查要求的差异不仅给建设单位带来较大的经济压力，而且延缓了项目获批时间，不利于我国海洋油气开发建设。

1.3 调查经济性

根据渤海区现有的海洋环境监测资料可见，单次最多的水质监测站位为69个，监测站位的数量均超过了新导则中对于海上油气田项目用海论证的最低调查站位数量要求，即1个季节调查数据包含至少30个水质监测站位、18个生态监测站位和15个沉积物监测站位。除去海上油气平台和管道等项目规模因素，过多的海洋环境监测站位设置有如下弊端。

（1）经济性负担较重。一般海上油气田或其配套管道项目的用海工程海域使用论证或海洋环境影响评价往往按照一级论证或水质一级评价标准执行，要求至少30个水质监测站位、18个海洋生态监测站位和15个沉积物监测站位。海洋环境质量监测单位一般是按照监测站位的数量或者分析样品数量进行收费，过多的监测站位势必会加重建设单位的经济负担。

（2）时间成本较高。海洋环境监测获取的样品，需要大量的时间进行样品处理和分析，虽然部分监测指标可使用分析测试设备进行分析，但也需要大量的时间进行样品的前处理，还有部分监测指标则完全依赖人工鉴定。因此，大量的海洋环境监测样品，则需要较多的时间进行样品处理、分析、鉴定、制图等，由此导致从海洋环境监测至提交监测专题报告所需的时间较长，可能会迟滞工程用海论证报告编制和送审的时间，加大了建设单位前期工程筹建阶段的时间成本。

1.4 研究目的和意义

随着我国对油气资源需求量的逐渐增加，海上油气资源开发是今后我国能源供给的重要途径，海上油气开发项目数量增加已是趋势，而海域使用论证和海洋环境评价又是海上油气用海项目获批的重要依据。因此，针对海域使用论证所需的调查站位多、频次多、调查指标多等导致项目获批时效降低的问题，拟通过渤中和垦利海上油气田用海项目的海洋生态环境历史调查数据分析，研究水质、沉积物、浮游动物、浮游植物和渔业资源各指标的年际和季节变化趋势，分析各指标数值的分布离散程度。在此基础上，通过统计分析，研究优化调查指标和调查站位数量的可行性。本研究旨在通过海洋生态环境历史数据的统计分析，提高历史调查数据的利用率，根据研究得出的各环境指标统计学分布特征，向海洋油气用海的海域使用管理部门提出优化调查指标和调查站位数量的建议，从而缩短海洋油气工程海域使用论证报告编制时间以及项目获批的时效。

通过本研究对海域使用论证中海洋生态环境调查的优化，可减少调查资源的消耗和支出，降低海洋油气用海项目海域使用论证对海洋生态环境外业调查工作的依赖性，充分提高区域海洋生态环境历史调查数据的利用效率。研究成果若被相关管理部门采纳，可缩短海洋油气用海项目海域使用论证报告的编制时间，提高项目获批的时效，有利于缩减海洋油气资源开发工程的建设周期，从而加快我国海洋油气资源的开发建设进程。

第2章　研究方案概述和数据来源

2.1　历史资料时效延伸性研究

2.1.1　5年期典型海洋环境质量因子分析研究思路

由于新导则要求资料时效为3年，为突破该时效，故开展5年的典型因子的统计分析。本研究从渤中和垦利海上油气田用海项目历年的海洋环境监测报告中，选取2017年11月至2021年3月的8份具有代表性的报告进行分析。初步选取海水中的溶解氧（DO）、化学需氧量（COD）、活性磷酸盐、无机氮、石油类和重金属（锌、铅、铬）作为海水水质指标，选取沉积物中的汞、铅、铬、石油类、锌作为沉积物指标，选取生物体质量、叶绿素、底栖生物（种类数、个体密度、重量密度）、浮游动植物（种类数、个体密度、重量密度）、渔业资源（种类数、密度）作为海洋生物生态指标，选取海洋生物体中的铜、铅、锌、镉和汞作为生物体质量分析指标。若5年的统计分析结果显示上述指标有明显变化趋势，则表明3年资料时效是无法突破的，则不进行下一步10年的环境质量因子分析。

2.1.2　10年期典型海洋环境质量因子分析研究思路

研究选区与5年期报告一致，基于5年期报告，向前增加2012年5月至2016年的调查报告。因此，选取2012年5月至2021年3月（缺少2016年的数据资料）共13份具有代表性的报告进行分析。

选取的环境质量因子与5年期研究一致，即选取海水中的DO、COD、活性磷酸盐、无机氮、石油类和重金属（锌、铅、铬）作为海水水质指标，选取沉积物中的汞、铅、铬、石油类、锌作为沉积物指标，选取生物体质量、叶绿素、底栖生物（种类数、个体密度、重量密度）、浮游动植物（种类数、个体密度、重量密度）、渔业资源（种类数、密度）作为海洋生物生态指标，选取海洋生物体中的铜、铅、锌、镉和汞作为生物体质量分析指标。通过上述统计分析，研究10年的环境质量因子是否存在变化趋势。

2.1.3 资料时效性分析

通过上述的资料统计分析，分析该区域的环境现状资料的变化规律，得出资料时效延伸的可行性，给出渤中和垦利油气田所在海域的环境现状资料的时效期限。

2.2 调查站位数量优化分析

为研究新导则规定的一级论证所需最低数量监测站位是否满足要求，首先分析一期监测数据的标准差、平均值和变异系数。通过分析每个监测指标的标准差、平均值和变异系数，辨别每个监测指标的分布特征。标准差在概率统计中最常被用作统计分布程度，标准差定义是总体各单位标准值与其平均数离差平方的算术平均数的平方根，它反映组内个体间的离散程度。一个较大的标准差，代表大部分数值与其平均值之间差异较大；一个较小的标准差，代表这些数值较接近平均值。当一个指标的标准差小于该指标平均值的 1/8 时，认定该指标的波动较小，当一个指标的平均值与标准差叠加后的数值仍然符合第一类海水水质标准或第一类沉积物质量标准时，认定该指标的环境质量良好。

变异系数又称离散系数，是测度数据变异程度的相对统计量，用于比较平均数不同的两个或多个样本数据的变异程度。变异系数越小，说明数据的变异程度越小；反之，变异系数越大，说明数据的变异程度越大。一般来说，如果变异系数小于 0.2，则表明样本数据分布较为均匀；如果变异系数大于 0.2，则表明样本数据分布较为不均匀。在本研究结合实际调查资料的分析中，临界变异系数的取值根据各指标的分布有所差异。

若监测指标的标准差和变异系数均较小，则说明在一期监测数据中，所有站位的该监测指标表现较为稳定，变化非常小，有希望缩减调查站位的数量。若监测指标的标准差和变异系数较大，则说明在一期监测数据中，该监测指标数值分布不均匀，缩减调查站位数量的可能性较小。

标准差：

$$\sigma = \frac{\sqrt{\sum_{i=1}^{n}(x_i - \mu)^2}}{n}$$

变异系数：

$$V_\sigma = \frac{\sigma}{\mu}$$

式中，n 为样本数量；σ 为标准差；μ 为平均值。

在上述分析的基础上，本书分别采用三种方案，采用随机站位法和空间均匀分布站位法（以下简称“均匀站位法”），分别基于旧导则和新导则分析缩减调查站位数量的可行性。

方案一，在 5 年的监测数据中，采用随机站位法，分析多次随机选取的站位统计结果与原数据结果的差异性。根据旧导则对海洋环境质量现状调查的要求，以满足一级论证最低监测站位数量为出发点，在某次监测数据中，从水质监测站位中随机选取 20 个站位，分析选中的 20 个站位水质典型评价指标的标准差、平均值与原监测数据的差异性。依次随机选取 10 个沉积物监测站位和 12 个生态监测站位重复上述工作。通过以上分析，分析一级论证的最低站位数量监测数据是否具有原数据的分布特征。如果与原数据的分布特征基本一致（标准差的变化率在±15%，平均值变化率在±10%以内），则说明一级论证的最低站位数量要求也可代表本区的海洋环境质量特征。

方案二，在 5 年的监测数据中，采用均匀站位法，分析选取的站位统计结果与原数据结果的差异性。根据旧导则对海洋环境质量现状调查的要求，以满足一级论证最低监测站位数量为出发点，在某次监测数据中，按照水质监测站位的空间分布，均匀选取 20 个站位，选取的 20 个站位需包含 10 个沉积物监测站位和 12 个生态监测站位，分析选中站位的水质、沉积物和海洋生态典型评价指标的标准差、平均值与原监测数据的差异性，分析一级论证的最低站位数量监测数据是否具有原数据的分布特征。如果与原数据的分布特征基本一致，则说明一级论证的最低站位数量要求也可代表本区的海洋环境质量特征。通过方案一和方案二的数据对比分析，从中选择较为适用的方法。此外，通过上述统计分析，也可查找出方案一和方案二的季节适用性，以及哪个季节更适合一级论证所需的最低调查站位数量要求。

方案三，在 5 年的监测数据中，采用均匀站位法，分析选取的站位统计结果与原数据结果的差异性。针对新导则要求的最少调查站位数量为研究出发点，在某次监测数据中，按照水质监测站位的空间分布，均匀选取 30 个站位，选取的 30 个站位需包含 15 个沉积物监测站位和 18 个生态监测站位，分析选中的站位水质、沉积物和海洋生态典型评价指标的标准差、平均值与原监测数据的差异性，分析最低站位数量监测数据是否具有原数据的分布特征。如果与原数据的分布特征基本一致，则说明新导则中要求的最低站位数量要求也可代表本区的海洋环境质量特征。

结合上述分析成果，研究缩减调查站位数量的可行性。

2.3　总体优化建议

为提高海洋油气田用海项目的海域使用论证报告编制效率，提高海洋环境历史监测数据的使用效率，在符合《中华人民共和国海域使用管理法》（2002）、《海域使用论证技术导则（试行）》《海域使用论证技术导则》（GB/T 42361—2023）的要求下，提出海域使用论证中海洋生态环境现状调查内容优化及对策建议，提出满足《海域使用论证技术导则》（GB/T 42361—2023）的海洋生态环境质量调查站位布设方法。

2.4 数据来源

在5年的渤中和垦利油气田所在海域海洋生态环境变化趋势分析中，本研究选取了2017—2021年8份报告的海洋环境质量现状数据。由表2.4-1可见，水质监测站位数量为30~64个，沉积物监测站位和生物监测站位为21~36个，均满足旧导则要求的一级论证至少20个站位的调查要求。调查时间从2017年11月至2021年3月，包含4份秋季调查数据和4份春季调查数据。海洋环境现状质量调查单位为国家海洋局北海环境监测中心（青岛环海海洋工程勘察研究院）。

表2.4-1 数据分析报告选取一览表

序号	调查时间	报告名称	检测单位	站位个数	经纬度范围
1	2017.11	垦利区域开发项目海洋环境质量现状秋季调查	青岛环海海洋工程勘察研究院	水质：表层30个，底层21个 沉积物和生物：21个	P1：38°07′15.80″N，119°45′2.95″E P5：37°31′23.09″N，119°51′6.04″E
2	2018.05	渤中19-6春季海洋环境质量现状调查与评价	国家海洋局北海环境监测中心	水质：表层46个，底层46个 沉积物和生物：24个	P01：38°53′35″N，119°05′55″E P07：38°20′06″N，119°50′56″E
3	2018.09	渤中19-6秋季海洋环境质量现状调查与评价	国家海洋局北海环境监测中心	水质：表层46个，底层46个 沉积物和生物：24个	P01：38°53′35″N，119°05′55″E P07：38°20′06″N，119°50′56″E
4	2019.05	渤中29-6油田开发项目春季环境质量现状调查与评价报告	国家海洋局北海环境监测中心	水质：表层64个，底层59个 沉积物和生物：36个	P1：38°41′46.32″N，119°27′13.67″E P8：38°13′53.46″N，120°29′16.51″E
5	2019.09	渤中29-6油田开发项目秋季环境质量现状调查与评价报告	国家海洋局北海环境监测中心	水质：表层57个，底层55个 沉积物和生物：32个	P1：38°42′51.00″N，119°28′54.91″E P8：38°16′13.51″N，120°26′0.75″E
6	2020.05	渤中19-6凝析气田春季海洋环境质量现状调查与评价	国家海洋局北海环境监测中心	水质：表层51个，底层40个 沉积物和生物：31个	P01：38°59′37.75″N，118°59′16.98″E P06：38°31′25.00″N，119°35′53.00″E

续表

序号	调查时间	报告名称	检测单位	站位个数	经纬度范围
7	2020.09	垦利 9-1 区块秋季环境现状调查与评价报告	国家海洋局北海环境监测中心	水质：表层 40 个，底层 33 个 沉积物和生物：24 个	P02：38°06′49.90″N，120°06′5.41″E P43：38°24′35.14″N，119°24′48.81″E
8	2021.03	垦利 9-1 春季环境质量现状调查与评价报告	国家海洋局北海环境监测中心	水质：表层 40 个，底层 34 个 沉积物和生物：24 个	P02：38°06′49.90″N，120°06′5.41″E P43：38°24′35.14″N，119°24′48.81″E

在 10 年的渤中和垦利海上油气田所在海域海洋生态环境变化趋势分析中，本研究选取了 2012—2021 年 13 份报告的海洋环境质量现状数据进行分析，具体见表 2.4-2。由表 2.4-2 可见，水质监测站位数量范围为 21～64 个，沉积物和生物监测站位数量范围为 21～36 个，均满足旧导则要求的一级论证至少 20 个站位的调查要求。调查时间从 2012 年 5 月至 2021 年 3 月（缺少 2016 年数据资料），包含 7 份秋季调查数据和 6 份春季调查数据。海洋环境现状质量调查单位主要为国家海洋局北海环境监测中心。

表 2.4-2　数据分析报告选取一览表

序号	调查时间	报告名称	检测单位	站位个数	经纬度范围
1	2012.05	渤中 19-4 油田综合调整项目环境影响报告书	青岛环海海洋工程勘察研究院	水质：28 个 沉积物：16 个 生物：18 个	P1：38°28′00″N，119°08′18″E P20：38°15′28″N，119°05′32″E
2	2012.09	渤中 19-4 油田综合调整项目环境影响报告书	青岛环海海洋工程勘察研究院	水质：27 个 海洋生物：17 个	P1：38°28′00″N，119°08′18″E P20：38°15′28″N，119°05′32″E
3	2013.09	垦利 9-1 油田秋季环境质量现状调查与评价	国家海洋局北海环境监测中心	水质：表层 56 个，底层 44 个 沉积物和生物：各 34 个	P07：38°03′01″N，119°49′09″E P50：37°29′20″N，119°08′31″E
4	2014.10	渤中 25-1 油田秋季环境质量现状调查与评价	国家海洋局北海环境监测中心	水质：21 个 沉积物和生物：各 13 个 鱼卵和仔稚鱼：6 个 生物质量：4 个	P1：38°09′25″N，118°55′02″E P14：38°22′09″N，119°11′50″E

续表

序号	调查时间	报告名称	检测单位	站位个数	经纬度范围
5	2015.05	渤中28-2S油田和渤中34-1油田17口调整井工程环境影响报告表	中海石油环保服务（天津）有限公司	水质：表层、底层各63个 沉积物、海洋生态：44个 生物质量：31个	/
6	2017.11	垦利区域开发项目海洋环境质量现状秋季调查	青岛环海海洋工程勘察研究院	水质：表层30个，底层21个 沉积物和生物：21个	P1：38°07′15.80″N，119°45′2.95″E P5：37°31′23.09″N，119°51′6.04″E
7	2018.05	渤中19-6春季海洋环境质量现状调查与评价	国家海洋局北海环境监测中心	水质：表层46个，底层46个 沉积物和生物：24个	P01：38°53′35″N，119°05′55″E P07：38°20′06″N，119°50′56″E
8	2018.09	渤中19-6秋季海洋环境质量现状调查与评价	国家海洋局北海环境监测中心	水质：表层46个，底层46个 沉积物和生物：24个	P01：38°53′35″N，119°05′55″E P07：38°20′06″N，119°50′56″E
9	2019.05	渤中29-6油田开发项目春季环境质量现状调查与评价报告	国家海洋局北海环境监测中心	水质：表层64个，底层59个 沉积物和生物：36个	P1：38°41′46.32″N，119°27′13.67″E P8：38°13′53.46″N，120°29′16.51″E
10	2019.09	渤中29-6油田开发项目秋季环境质量现状调查与评价报告	国家海洋局北海环境监测中心	水质：表层57个，底层55个 沉积物和生物：32个	P1：38°42′51.00″N，119°28′54.91″E P8：38°16′13.51″N，120°26′0.75″E
11	2020.05	渤中19-6凝析气田春季海洋环境质量现状调查与评价	国家海洋局北海环境监测中心	水质：表层51个，底层40个 沉积物和生物：31个	P01：38°59′37.75″N，118°59′16.98″E P06：38°31′25.00″N，119°35′53.00″E
12	2020.09	垦利9-1区块秋季环境现状调查与评价报告	国家海洋局北海环境监测中心	水质：表层40个，底层33个 沉积物和生物：24个	P02：38°06′49.90″N，120°06′5.41″E P43：38°24′35.14″N，119°24′48.81″E
13	2021.03	垦利9-1春季环境质量现状调查与评价报告	国家海洋局北海环境监测中心	水质：表层40个，底层34个 沉积物和生物：24个	P02：38°06′49.90″N，120°06′5.41″E P43：38°24′35.14″N，119°24′48.81″E

在调查站位数量的优化分析中，本研究选取了 2017—2021 年共 8 个航次的调查数据，调查单位均为国家海洋局北海环境监测中心，具体如下：

（1）2017 年 11 月垦利区域开发项目海洋环境质量现状秋季调查报告（30 个站位水质，21 个站位沉积物，21 个站位海洋生态）；

（2）2019 年 5 月渤中 29-6 油田开发项目春季环境质量现状调查与评价报告（60 个站位水质，37 个站位沉积物，37 个站位海洋生态）；

（3）2019 年 9 月渤中 29-6 油田开发项目秋季环境质量现状调查与评价报告（53 个站位水质，32 个站位沉积物，32 个站位海洋生态）；

（4）2020 年 5 月渤中 19-6 凝析气田春季海洋环境质量现状调查与评价报告（51 个站位水质，31 个站位沉积物，31 个站位海洋生态）；

（5）2020 年 9 月渤中 19-6 凝析气田秋季海洋环境质量现状调查与评价报告（69 个站位水质，47 个站位沉积物，47 个站位海洋生态）；

（6）2018 年 5 月渤中 19-6 春季海洋环境质量现状调查与评价报告（46 个站位水质，24 个站位沉积物，24 个站位海洋生态）；

（7）2018 年 9 月渤中 19-6 秋季海洋环境质量现状调查与评价报告（46 个站位水质，24 个站位沉积物，24 个站位海洋生态）；

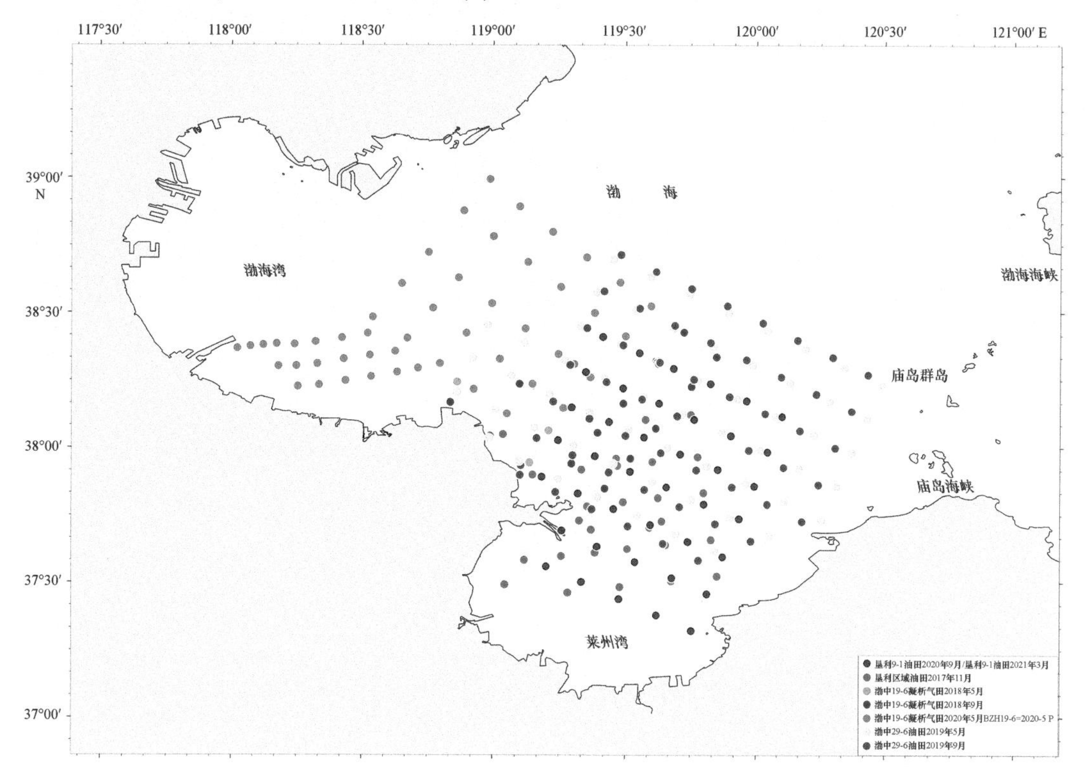

图 2.4-1　5 年期调查数据站位分布

（8）2020 年 9 月垦利 9-1 区块秋季环境质量现状调查报告（40 个站位水质，24 个站位沉积物，24 个站位海洋生态）；

（9）2021 年 3 月垦利 9-1 春季环境质量现状调查与评价报告（40 个站位水质，24 个站位沉积物，24 个站位海洋生态）。

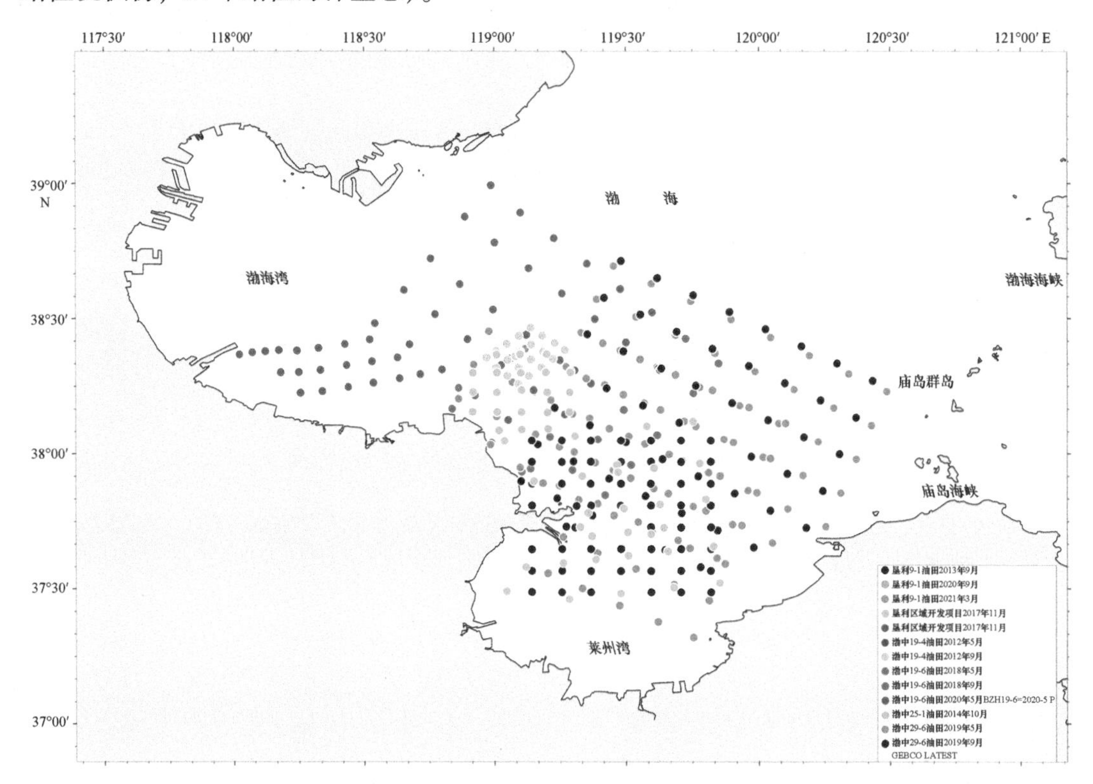

图 2.4-2　10 年期调查数据站位分布

第3章　区域环境质量变化趋势分析

3.1　5年期区域环境质量变化趋势分析

3.1.1　环境质量因子选取

现行的《海洋工程环境影响评价技术导则》（GB/T 19485—2014）要求海水水质、海洋生态（含生物资源）和海洋沉积物的历史资料时效期为3年。因海洋调查有季节性要求，从海上调查获取样品、实验室分析、调查人员鉴别和编制调查报告需要大量时间，加之海洋油气工程的用海审批所需工程可行性研究报告和海域使用论证报告书的编制、评审、修改和报批也需要大量时间，且海洋工程建设对海况要求高，年施工时间短，故对前期海洋环境现状调查的耗时较为敏感。为降低企业工程造价成本，减少海洋调查频率，延长资料数据的时效性，对2017—2021年的海水水质、海洋生态（含生物资源）、海洋沉积物及生物体质量等环境质量因子数据进行统计分析。

根据渤海区的海洋生态环境特点，选取DO、COD、活性磷酸盐、无机氮、石油类和重金属（锌、铅、铬）作为海水水质指标，选取沉积物中的汞、铅、铬、石油类、锌作为海洋沉积物指标，选取生物体质量、叶绿素、底栖生物（种类数、个体密度、重量密度）、浮游动植物（种类数、个体密度、重量密度）、渔业资源（种类数、密度）作为海洋生物生态指标，选取海洋生物体中的铜、铅、锌、镉和汞作为生物体质量分析指标。

3.1.2　分析评价标准

通过对以上指标的年度、季节和层次的变化进行比较分析，针对海洋水质指标与对应的海域功能区划类型对具体超标站位进行统计。

3.1.2.1　海水水质分析评价

水质评价参照《海水水质标准》（GB 3097—1997）中规定的一类和二类海水水质标

准进行，具体含量数值如表 3.1-1 所示。由该标准可见，若分析结果显示海水水质参数 5 年内无明显变化趋势，或者变化特征为正向波动（即水质趋向于更高等级水质标准），则表明海洋环境稳定性较好，则进行 10 年期趋势变化分析。

表 3.1-1　海水水质标准值

单位：mg/L

项目	第一类	第二类	第三类	第四类
溶解氧（DO）	>6	>5	>4	>3
化学需氧量（COD）	≤2	≤3	≤4	≤5
无机氮（以 N 计）	≤0.20	≤0.30	≤0.40	≤0.50
活性磷酸盐（以 P 计）	≤0.015	≤0.030		≤0.045
铅	≤0.001	≤0.005	≤0.010	≤0.050
铬	≤0.05	≤0.10	≤0.20	≤0.50
锌	≤0.020	≤0.050	≤0.10	≤0.50
石油类	≤0.05		≤0.30	≤0.50

3.1.2.2　海洋沉积物质量分析评价

《海洋沉积物质量》（GB 18668—2002）中对海洋沉积物的一类质量标准值设定较为宽泛，如表 3.1-2 所示，因此海洋沉积物的各项参数评价基本都不会超过一类阈值，可通过沉积物的绝对平均值对其波动变化进行比较。若分析结果显示评价因子 5 年内无明显变化趋势，或者变化特征为正向波动（即海洋沉积物质量趋向于更高等级质量标准），则表明海洋环境稳定性较好，则进行 10 年期趋势变化分析。

表 3.1-2　海洋沉积物评价标准

项目	锌	汞	石油类	铬	铅
一类	150.0×10^{-6}	0.20×10^{-6}	500.0×10^{-6}	80.0×10^{-6}	60.0×10^{-6}

3.1.2.3　海洋生态分析评价

海洋生态（含生物资源）尚无参照评价标准，故采用逐年统计比较数值分析法，对年际间调查结果的生物密度、生物多样性、优势度、均匀度、丰度进行统计和分析比较，得出各生态指标的逐年变化趋势。

3.1.2.4　生物体质量分析评价

在现有的调查资料中，个别报告规定了生物体质量中鱼类和甲壳类体内的铅、镉、锌、汞含量参照《全国海岸带和海涂资源综合调查简明规程》的规定，石油烃含量参照《第二次全国海洋污染基线调查技术规程》（第二分册）的规定，但大多数资料并未表明参照标准。此外，《全国海岸带和海涂资源综合调查简明规程》是 1986 年出版的图书，年代久远，《第二次全国海洋污染基线调查技术规程》并未见正式发布，因此，以上两部标准均难以作为正式的评价标准。而国家标准《海洋生物质量》（GB 18421—2001）适用范围为中华人民共和国管辖的海域内天然生长和人工养殖的海洋贝类，但历史监测资料中生物质量捕获的生物大多为鱼类和甲壳类，因此也并不适用。为达到评价标准的一致性和实用性，查阅相关资料后选择参照《海洋监测质量保证手册》（《海洋监测质量保证手册》编委会，2000）中对于海洋生物体内污染物的评价标准进行分析。

所选取的 5 年资料报告中设置的站位区域大体相同，均处于渤中海上油气田附近区域，站位设置存在相互重叠，有利于对该片区海域开展统计分析工作。资料所使用的调查分析方法基本一致，水质、沉积物和生物样品的分析检测均按照《海洋监测规范》（GB 17378—2007）、《海洋调查规范》（GB/T 12763—2007）和《海洋监测技术规程》（HY/T 147—2013）中的规定进行。

表 3.1-3　海洋生物体内污染物评价标准　　单位：mg/kg

生物种类	铜	铅	锌	镉	汞
鱼类	20	2.0	40	0.6	0.3
甲壳类	100	2.0	150	2.0	0.2
软体动物	100	10	250	5.5	0.3

3.1.3　海水水质环境因子

海水水质中的环境因子选取 DO、COD、活性磷酸盐、无机氮、石油类、重金属锌、重金属铅、重金属铬作为分析对象，对以上参数不同年份、不同层次的调查数据分别进行春、秋两季对比分析。根据功能区划分布，对于站位的水质要求不一。为观察水质参数变化，我们着重考虑参数最大值、最小值和平均值，以一类和二类海水水质的超标率作为参考指标进行评价，并对具体超标站位进行统计，以期对海水水质环境质量的稳定性变化有所了解。

3.1.3.1 溶解氧

2017—2021年海洋调查DO的最大值、最小值、平均值和一类、二类超标率如表3.1-4和图3.1-1所示。

表3.1-4 DO指标特征 单位：mg/L

时间	层次	最大值	最小值	平均值	一类超标率（超标站位数）	二类超标率（超标站位数）
2017.11	表	7.41	7.29	7.34	0.00%	0.00%
	底	7.39	7.25	7.33	0.00%	0.00%
2018.05	表	11.9	6.03	8.89	0.00%	0.00%
	底	9.97	5.57	8.85	2.17%（1）	0.00%
2018.09	表	9.06	6.40	7.23	0.00%	0.00%
	底	8.61	6.02	6.76	0.00%	0.00%
2019.05	表	10.64	8.99	9.77	0.00%	0.00%
	底	10.35	8.18	9.66	0.00%	0.00%
2019.09	表	8.37	6.59	7.18	0.00%	0.00%
	底	8.06	6.37	6.98	0.00%	0.00%
2020.05	表	8.61	6.91	8.12	0.00%	0.00%
	底	8.51	6.78	7.80	0.00%	0.00%
2020.09	表	8.45	4.51	6.75	22.5%（9）	7.50%（3）
	底	7.76	2.75	6.04	42.42%（14）	21.21%（7）
2021.03	表	11.52	10.85	11.20	0.00%	0.00%
	底	12.26	10.62	11.27	0.00%	0.00%

由表3.1-4和图3.1-1可见，5年来春季和秋季的调查中，春季DO的调查数据普遍高于秋季，波动也大于秋季，秋季数据较为稳定，但秋季超标率较多，尤其2020年9月的调查报告中超标站位较多，具体评价如表3.1-5所示。

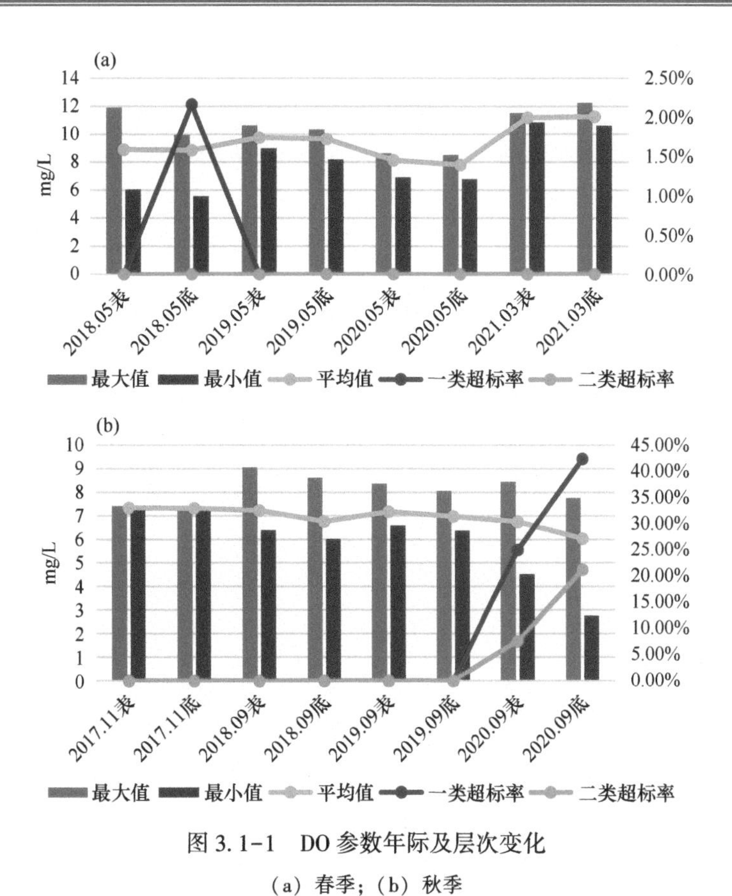

图 3.1-1　DO 参数年际及层次变化

（a）春季；（b）秋季

表 3.1-5　DO 参数历年评价结果

调查航次	站位	所属功能区名称	海水水质标准要求	超标站位
2018.05	5 站	滨州-东营北农渔业区/黄河三角洲海洋保护区	一类	无
	7 站	河口-利津农渔业区	二类	无
	1 站	东营港口航运区	三类	无
	2 站	埕北矿产与能源区	四类	无
	其他	无	一类	1 站
2020.09	5 站/6 站/1 站	莱州湾农渔业区/黄河三角洲海洋保护区/东营黄河口北保留区	一类	1 站
	1 站/2 站	莱州浅滩海洋保护区/河口-利津农渔业区	二类	1 站
	1 站	莱州港口航运区	三类	无
	其他	渤海中部海域	一类	13 站

此外，在2021年3月调查报告中，海水中的DO值过高。在自然情况下，空气中的含氧量变动不大，水温是主要的因素，水温越低，水中溶解氧的含量越高。可能是由于本次调查时间是在3月，水温温度较低，表层海水的温度平均值为7.39℃，底层海水温度平均值为2.82℃，而此前调查均在5月，水温升高，表层海水的温度平均值为19.94℃，底层海水温度平均值为16.41℃。因此，为保证数据的一致性，建议将春季调查安排在5月较好。

3.1.3.2 化学需氧量

2017—2021年海洋调查COD的最大值、最小值、平均值和一类、二类超标率如表3.1-6和图3.1-2所示。

表3.1-6 COD指标特征

单位：mg/L

时间	层次	最大值	最小值	平均值	一类超标率（超标站位数）	二类超标率
2017.11	表	1.50	0.58	0.92	0.00%	0.00%
	底	1.46	0.54	0.87	0.00%	0.00%
2018.05	表	1.59	0.76	1.11	0.00%	0.00%
	底	1.92	0.44	1.01	0.00%	0.00%
2018.09	表	1.86	0.80	1.26	0.00%	0.00%
	底	2.14	0.32	1.05	2.17%（1）	0.00%
2019.05	表	1.43	0.10	0.77	0.00%	0.00%
	底	1.95	0.17	0.79	0.00%	0.00%
2019.09	表	1.54	0.69	1.16	0.00%	0.00%
	底	1.59	0.72	1.07	0.00%	0.00%
2020.05	表	1.84	0.81	1.25	0.00%	0.00%
	底	1.70	0.69	1.12	0.00%	0.00%
2020.09	表	1.66	0.71	1.19	0.00%	0.00%
	底	1.66	0.64	1.08	0.00%	0.00%
2021.03	表	2.11	0.70	1.38	2.5%（1）	0.00%
	底	1.92	0.77	1.28	0.00%	0.00%

由表3.1-6和图3.1-2可见，COD参数在5年的调查中整体状况较好，春、秋两季调查数据均比较平稳，除2018年秋季和2021年春季各有1个站位超一类海水水质标准外，其他均符合一类海水水质标准。

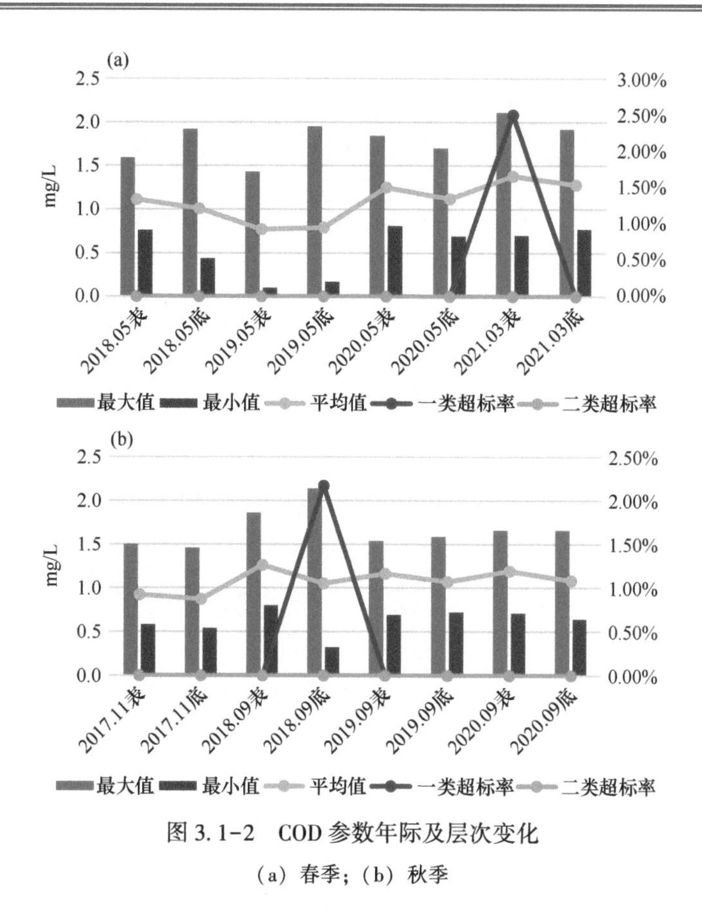

图 3. 1-2　COD 参数年际及层次变化

（a）春季；（b）秋季

2021 年 COD 含量虽未超标，但上升趋势明显，COD 值较高意味着水中还原性物质较多，其中主要是有机污染物。COD 越高，就表示水中的有机物污染越严重。总体而言，调查海域 5 年内的 COD 值较为平稳，偶尔超标，表明海域内有机污染物含量整体较低。

3. 1. 3. 3　活性磷酸盐

2017—2021 年海洋调查活性磷酸盐的最大值、最小值、平均值和一类、二类超标率如表 3. 1-7 和图 3. 1-3 所示。

表 3. 1-7　活性磷酸盐指标特征　　单位：μg/L

时间	层次	最大值	最小值	平均值	一类超标率（超标站位数）	二类超标率
2017. 11	表	14. 80	1. 35	7. 36	0. 00%	0. 00%
	底	12. 10	1. 35	7. 57	0. 00%	0. 00%
2018. 05	表	33. 20	2. 80	10. 89	17. 39%（8）	0. 00%
	底	36. 10	3. 12	12. 44	28. 26%（13）	0. 00%

续表

时间	层次	最大值	最小值	平均值	一类超标率（超标站位数）	二类超标率
2018.09	表	25.90	1.57	7.03	2.17%（1）	0.00%
	底	24.90	2.29	7.52	2.17%（1）	0.00%
2019.05	表	7.36	1.22	3.74	0.00%	0.00%
	底	8.02	1.40	4.03	0.00%	0.00%
2019.09	表	11.40	4.28	7.22	0.00%	0.00%
	底	9.60	4.19	7.06	0.00%	0.00%
2020.05	表	14.30	2.10	5.90	0.00%	0.00%
	底	11.40	2.02	5.68	0.00%	0.00%
2020.09	表	21.80	4.82	8.32	5.00%（2）	0.00%
	底	19.90	4.50	8.09	3.03%（1）	0.00%
2021.03	表	17.90	0.50	5.85	7.50%（3）	0.00%
	底	21.00	1.71	9.70	17.65%（6）	0.00%

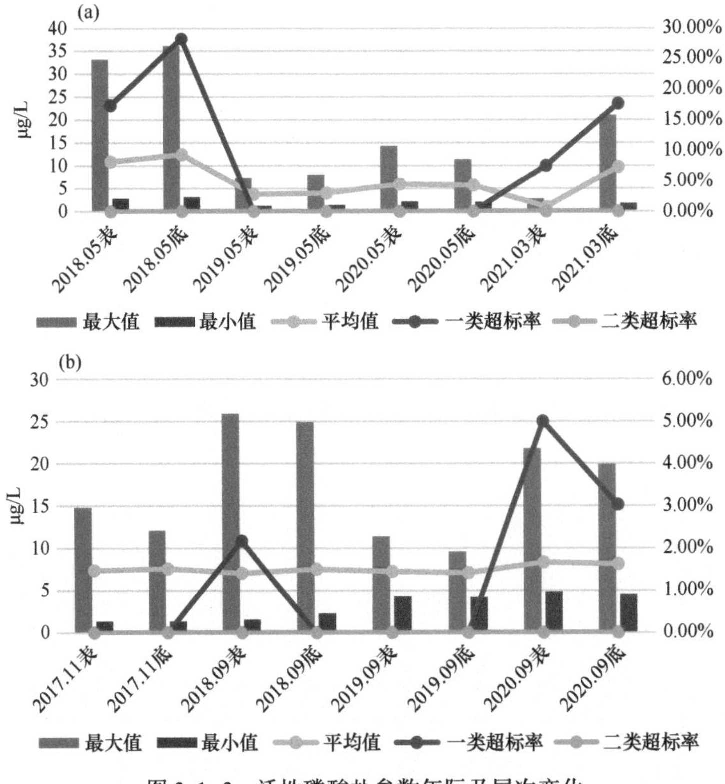

图 3.1-3 活性磷酸盐参数年际及层次变化

（a）春季；（b）秋季

由表 3.1-7 和图 3.1-3 可见，活性磷酸盐在同一次调查同层次中最大值和最小值变化比较大，2018 年 9 月表层最大值和最小值相差达到了 16.50 倍，最大值和最小值相差 10 倍以上的调查有 6 次，分别是 2017 年 11 月表层、2018 年 5 月表层、2018 年 5 月底层、2018 年 9 月表层、2018 年 9 月底层和 2021 年 3 月底层。历年调查中最大值是 2018 年 5 月的底层，为 36.1 μg/L，最小值为 2021 年 3 月的底层，为 0.50 μg/L。

从春季和秋季来看，秋季整体数据更为平稳，平均值处于同一水平，但超标率较春季稍高。5 年调查结果显示，该参数含量均符合二类海水水质标准，部分站位超一类海水水质标准，具体评价结果如表 3.1-8 所示。

表 3.1-8　活性磷酸盐参数历年评价结果

调查航次	站位	所属功能区名称	海水水质标准要求	超标站位
2018.05	4 站	河口-利津农渔业区	二类	无
	1 站	东营港口航运区	三类	无
	2 站	埕北矿产与能源区	四类	无
	其他	渤海中部海域	一类	15 站
2018.09	4 站	河口-利津农渔业区	二类	无
	1 站	东营港口航运区	三类	无
	3 站	埕北矿产与能源区	四类	无
	其他	无	一类	40 站
2020.09	5 站/6 站/1 站	莱州湾农渔业区/黄河三角洲海洋保护区/东营黄河口北保留区	一类	1 站
	1 站/2 站	莱州浅滩海洋保护区/河口-利津农渔业区	二类	无
	1 站	莱州港口航运区	三类	无
	其他	渤海中部海域	一类	1 站
2021.03	5 站/6 站/1 站	莱州湾农渔业区/黄河三角洲海洋保护区/东营黄河口北保留区	一类	无
	1 站/2 站	莱州浅滩海洋保护区/河口-利津农渔业区	二类	无
	1 站	莱州港口航运区	三类	无
	其他	渤海中部海域		5 站

3.1.3.4 无机氮

2017—2021 年海洋调查无机氮的最大值、最小值、平均值和一类、二类超标率如表 3.1-9 和图 3.1-4 所示。

表 3.1-9 无机氮指标特征 单位：μg/L

时间	层次	最大值	最小值	平均值	一类超标率（超标站位数）	二类超标率（超标站位数）
2017.11	表	712.81	459.47	596.12	100%（30）	100%（30）
	底	699.70	454.91	582.34	100%（21）	100%（21）
2018.05	表	368.60	18.78	149.90	26.09%（12）	0.00%
	底	321.40	35.30	138.19	23.91%（11）	0.00%
2018.09	表	313.06	15.23	106.47	10.87%（5）	4.35%（2）
	底	268.64	40.80	126.82	10.87%（5）	0.00%
2019.05	表	449.42	20.90	158.47	29.69%（19）	20.31%（13）
	底	411.31	16.12	139.04	22.03%（13）	15.25%（9）
2019.09	表	201.23	52.44	110.62	1.75%（1）	0.00%
	底	186.56	45.70	106.33	0.00%	0.00%
2020.05	表	329.09	29.95	177.07	37.25%（19）	9.80%（5）
	底	425.10	18.85	168.25	35.00%（14）	7.50%（3）
2020.09	表	400.00	32.29	169.57	37.50%（14）	10.00%（4）
	底	283.00	47.88	143.83	24.24%（8）	0.00%
2021.03	表	452.30	71.08	240.51	65.00%（26）	37.50%（15）
	底	406.10	60.42	159.85	41.18%（14）	8.82%（3）

由表 3.1-9 和图 3.1-4 可见，无机氮数据与活性磷酸盐相似，在同一次调查中波动变化比较大，2019 年 5 月表层最大值和最小值相差达到了 21.50 倍，底层最大值和最小值相差达到了 25.52 倍，2020 年 5 月底层最大值和最小值相差了 22.61 倍。

无机氮是由海水中亚硝酸盐、硝酸盐和铵盐三项的值加起来的总值，由于所有的调查数据中，只有 2019 年 5 月的数据集里给出了亚硝酸盐、硝酸盐和铵盐的数值，对其进行分析后发现，表层最大值和最小值分别为 415 μg/L 和 4.34 μg/L，底层最大值和最小值分别为 319 μg/L 和 1.55 μg/L，仅硝酸盐的表层和底层最大值与最小值差距就分别达到了 95.62 倍

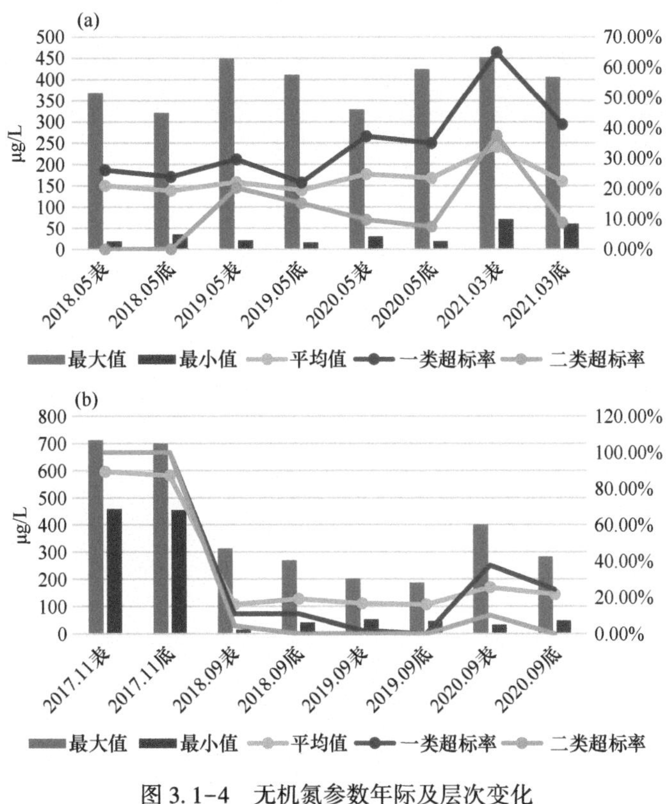

图 3. 1-4　无机氮参数年际及层次变化

(a) 春季；(b) 秋季

和 205. 81 倍，而亚硝酸盐和铵盐的倍数为 10 左右，因此可以推定，无机氮倍数差别较大的原因是硝酸盐含量差别较大。其余航次只有无机氮的总数据，因此无法做具体分析。

从不同季节来看，春季调查的无机氮含量最大值、最小值和平均值都比较稳定，处于同一水平，但超标率较高；秋季各项数值则波动较大。5 年的调查结果中，无机氮超标率较高，尤其是 2017 年 11 月的调查结果，超一类和超二类海水标准率均达到了 100%。具体评价结果如表 3. 1-10 所示。

表 3. 1-10　无机氮历年评价结果

调查航次	站位	所属功能区名称	海水水质标准要求	超标站位
2017. 11	全部	渤海海洋生态红线区/黄河三角洲海洋保护区/黄河三角洲国家级自然保护区/莱州湾国家级水产种质资源保护区	一类	全部

续表

调查航次	站位	所属功能区名称	海水水质标准要求	超标站位
2018. 05	4 站	河口-利津农渔业区	二类	无
	1 站	东营港口航运区	三类	无
	2 站	埕北矿产与能源区	四类	无
	其他	渤海中部海域	一类	11 站
2018. 09	6 站/3 站	滨州-东营北农渔业区/黄河三角洲海洋保护区	一类	1 站
	4 站	河口-利津农渔业区	二类	2 站
	1 站	东营港口航运区	三类	无
	3 站	埕北矿产与能源区	四类	无
	其他	无	一类	4 站
2019. 05	1 站/1 站/1 站/3 站	长岛北农渔业区/龙口港北部保留区/龙口港保留区/黄河三角洲海洋保护区	一类	4 站
	1 站/2 站/1 站/4 站	长岛西农渔业区/龙口北农渔业区/滨州-东营北农渔业区/河口-利津农渔业区	二类	3 站
	2 站/1 站	埕北矿产与能源区/东营港口航运区	四类	无
	其他	无	一类	16 站
2019. 09	1 站/5 站/1 站	龙口港北部保留区/黄河三角洲海洋保护区莱州刁龙嘴北保留区	一类	无
	1 站/4 站/1 站	龙口北农渔业区/河口-利津农渔业区/蓬莱三山岛北农渔业区	二类	无
	1 站	龙口港口航运区	四类	无
	其他	渤海中部海域	一类	1 站
2020. 05	10 站	滨州-东营北农渔业区	一类	6 站
	3 站/3 站/5 站/1 站	京唐港至曹妃甸农渔业区/河口-利津农渔业区/滨州北农渔业区/东营河口海洋保护区	二类	1 站

续表

调查航次	站位	所属功能区名称	海水水质标准要求	超标站位
2020. 05	2 站	埕北矿产与能源区	四类	无
	其他	渤海中部海域	一类	17 站
2020. 09	5 站/6 站/1 站	莱州湾农渔业区/黄河三角洲海洋保护区/东营黄河口北保留区	一类	5 站
	1 站/2 站	莱州浅滩海洋保护区/河口-利津农渔业区	二类	无
	1 站	莱州港口航运区	三类	无
	其他	渤海中部海域	一类	8 站
2021. 03	5 站/6 站/1 站	莱州湾农渔业区/黄河三角洲海洋保护区/东营黄河口北保留区	一类	39 站
	1 站/2 站	莱州浅滩海洋保护区/河口-利津农渔业区	二类	无
	1 站	莱州港口航运区	三类	无
	其他	渤海中部海域	一类	9 站

3. 1. 3. 5　石油类

石油类调查仅监测表层，2017—2021 年海洋调查石油类的最大值、最小值、平均值和一类、二类超标率如表 3. 1-11 和图 3. 1-5 所示。

表 3. 1-11　石油类指标特征　　单位：μg/L

时间	层次	最大值	最小值	平均值	一类、二类超标率（超标站位数）
2017. 11	表	61. 40	6. 36	25. 62	3. 00%（1）
2018. 05	表	42. 00	3. 22	13. 49	0. 00%
2018. 09	表	46. 30	4. 76	14. 25	0. 00%
2019. 05	表	32. 40	4. 77	15. 70	0. 00%
2019. 09	表	53. 80	12. 50	23. 92	3. 51%（2）

续表

时间	层次	最大值	最小值	平均值	一类、二类超标率（超标站位数）
2020. 05	表	42. 80	8. 00	16. 10	0. 00%
2020. 09	表	32. 20	5. 16	11. 30	0. 00%
2021. 03	表	30. 20	9. 55	17. 96	0. 00%

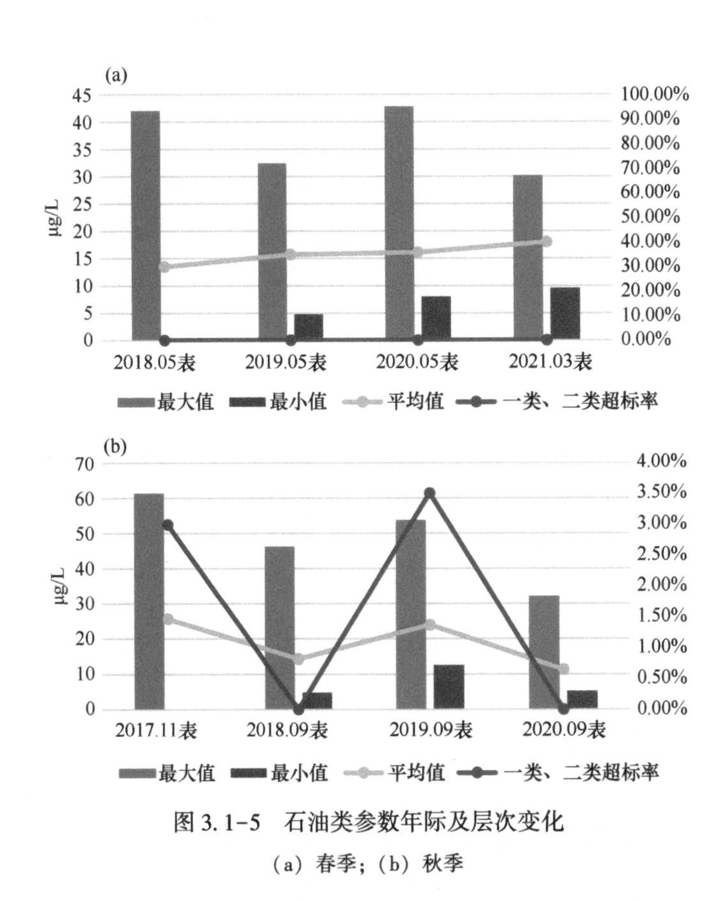

图 3. 1-5　石油类参数年际及层次变化

（a）春季；（b）秋季

石油类的一类和二类海水水质标准值均为小于等于 0. 05 mg/L，由表 3. 1-11 和图 3. 1-5 可见，2017 年 11 月 1 个站位为 61. 4 μg/L，超一类、二类水质标准，属超标；2019 年 9 月 2 个站位含量分别为 52. 8 μg/L 和 53. 8 μg/L，超一类、二类水质标准。由于石油类样品仅采集表层水样，在采样过程中易采集到由于渔船航行等泄露出的油花，因此个别站位石油类超标属于正常现象。

从春、秋两季分析来看，秋季整体含量略高于春季，春季的含量平均值更加稳定，在同一水平线上。结合调查数据的超标率来看，仅有个别站位超标，大部分站位都是趋向良好，故认为石油类在 5 年内的数值总体呈下降趋势。

3.1.3.6 锌

2017—2021 年海洋调查重金属锌的最大值、最小值、平均值和一类、二类超标率如表 3.1–12 和图 3.1–6 所示。

表 3.1–12 重金属锌指标特征 单位：μg/L

时间	层次	最大值	最小值	平均值	一类超标率（超标站位数）	二类超标率
2017.11	表	27.20	13.80	20.80	60.00%（18）	0.00%
	底	27.60	15.70	20.59	52.38%（11）	0.00%
2018.05	表	23.20	8.81	16.04	15.22%（7）	0.00%
	底	23.50	9.15	16.01	23.91（11）	0.00%
2018.09	表	27.60	10.70	20.50	56.52%（26）	0.00%
	底	27.30	10.70	18.30	30.43%（14）	0.00%
2019.05	表	21.30	7.13	14.30	21.88%（14）	0.00%
	底	23.30	8.30	15.90	27.12%（16）	0.00%
2019.09	表	23.00	6.28	15.00	17.54%（10）	0.00%
	底	22.70	6.33	14.80	10.91%（6）	0.00%
2020.05	表	20.40	6.30	10.50	1.96%（1）	0.00%
	底	21.20	6.30	12.70	7.50%（3）	0.00%
2020.09	表	47.50	0.34	17.57	27.5%（11）	0.00%
	底	44.20	4.21	18.08	27.27%（9）	0.00%
2021.03	表	16.70	2.71	7.46	0.00%	0.00%
	底	15.80	6.25	8.01	0.00%	0.00%

由表 3.1–12 和图 3.1–6 可以看出，5 年调查中重金属锌均符合二类海水水质标准，除了 2021 年 3 月调查结果全部符合一类海水水质标准外，其余调查航次均有不同程度的超一类海水水质标准，但均符合二类海水水质标准。

从季节上来看，春季的锌含量较秋季低，整体呈现下降趋势；而秋季含量普遍较高，且出现上升趋势。此外，无论是含量平均值还是一类超标率，秋季均高于春季。超标站位具体分析如表 3.1–13 所示。

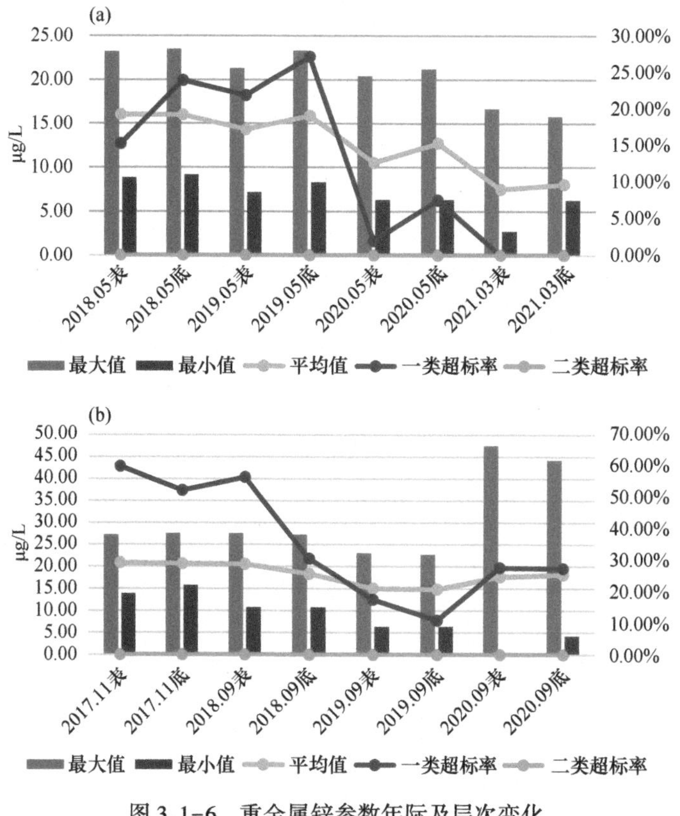

图 3.1-6 重金属锌参数年际及层次变化

（a）春季；（b）秋季

表 3.1-13 重金属锌历年评价结果

调查航次	站位	所属功能区名称	海水水质标准要求	超标站位
2017.11	全部	渤海海洋生态红线区/黄河三角洲海洋保护区/黄河三角洲国家级自然保护区/莱州湾国家级水产种质资源保护区	一类	25 站
2018.05	4 站	河口-利津农渔业区	二类	无
	1 站	东营港口航运区	三类	无
	2 站	埕北矿产与能源区	四类	无
	其他	渤海中部海域	一类	33 站
2018.09	6 站/3 站	滨州-东营北农渔业区/黄河三角洲海洋保护区	一类	4 站

续表

调查航次	站位	所属功能区名称	海水水质标准要求	超标站位
2018. 09	4 站	河口-利津农渔业区	二类	无
	1 站	东营港口航运区	三类	无
	3 站	埕北矿产与能源区	四类	无
	其他	无	一类	22 站
2019. 05	1 站/1 站/1 站/3 站	长岛北农渔业区/龙口港北部保留区/龙口港保留区/黄河三角洲海洋保护区	一类	1 站
	1 站/2 站/1 站/4 站	长岛西农渔业区/龙口北农渔业区/滨州-东营北农渔业区/河口-利津农渔业区	二类	无
	2 站/1 站	埕北矿产与能源区/东营港口航运区	四类	无
	其他	无	一类	22 站
2019. 09	1 站/5 站/1 站	龙口港北部保留区/黄河三角洲海洋保护区莱州刁龙嘴北保留区	一类	3 站
	1 站/4 站/1 站	龙口北农渔业区/河口-利津农渔业区/蓬莱三山岛北农渔业区	二类	无
	1 站	龙口港口航运区	四类	无
	其他	渤海中部海域	一类	8 站
2020. 05	10 站	滨州-东营北农渔业区	一类	无
	3 站/3 站/5 站/1 站	京唐港至曹妃甸农渔业区/河口-利津农渔业区/滨州北农渔业区/东营河口海洋保护区	二类	无
	2 站	埕北矿产与能源区	四类	无
	其他	渤海中部海域	一类	4 站

续表

调查航次	站位	所属功能区名称	海水水质标准要求	超标站位
2020.09	5站/6站/1站	莱州湾农渔业区/黄河三角洲海洋保护区/东营黄河口北保留区	一类	4站
	1站/2站	莱州浅滩海洋保护区/河口-利津农渔业区	二类	无
	1站	莱州港口航运区	三类	无
	其他	渤海中部海域	一类	10站

3.1.3.7 铅

2017—2021年海洋调查重金属铅的最大值、最小值、平均值和一类、二类超标率如表3.1-14和图3.1-7所示。

表3.1-14 重金属铅指标特征

单位：μg/L

时间	层次	最大值	最小值	平均值	一类超标率（超标站位数）	二类超标率
2017.11	表	3.13	1.43	2.35	100%（30）	0.00%
	底	3.23	1.47	2.38	100%（21）	0.00%
2018.05	表	2.09	0.68	1.46	71.74%（33）	0.00%
	底	2.14	0.70	1.45	78.26%（36）	0.00%
2018.09	表	2.39	0.94	1.73	95.65%（44）	0.00%
	底	2.34	0.91	1.70	91.30%（42）	0.00%
2019.05	表	2.16	0.66	1.49	89.06%（57）	0.00%
	底	2.11	0.72	1.40	76.27%（45）	0.00%
2019.09	表	2.08	0.69	1.34	71.93%（41）	0.00%
	底	2.17	0.70	1.42	81.82%（45）	0.00%
2020.05	表	0.90	0.08	0.35	0.00%	0.00%
	底	1.47	0.07	0.41	2.50%（1）	0.00%

续表

时间	层次	最大值	最小值	平均值	一类超标率（超标站位数）	二类超标率
2020. 09	表	3. 92	0. 25	0. 98	35%（14）	0. 00%
	底	4. 04	0. 19	0. 79	27. 27%（9）	0. 00%
2021. 03	表	0. 50	—	0. 11	0. 00%	0. 00%
	底	0. 23	—	0. 08	0. 00%	0. 00%

注：“—”代表未检出。

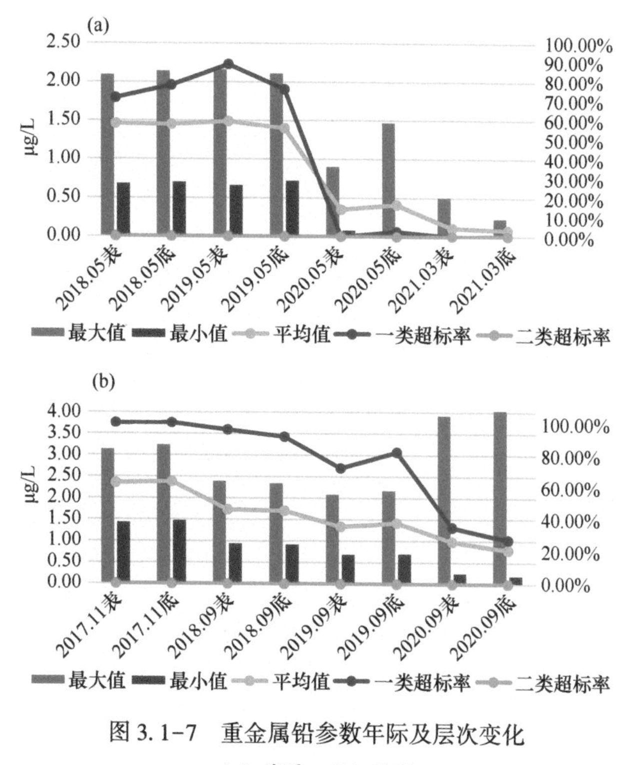

图 3. 1-7　重金属铅参数年际及层次变化

（a）春季；（b）秋季

由表 3. 1-14 和图 3. 1-7 可以看出，2017—2019 年重金属铅的超一类海水水质标准的站位较多，2020—2021 年超标站位的数量有明显下降。从春、秋两季分析，春季铅含量普遍较低，且含量呈现下降趋势；而秋季含量较高，且出现上升趋势。平均值和超标率方面，春季也优于秋季。

整体而言，5 年的航次调查结果中，铅的含量均符合二类海水水质标准。故可认为重金属铅含量在 5 年内基本呈现转好趋势。具体评价结果如表 3. 1-15 所示。

表 3.1-15　重金属铅历年评价结果

调查航次	站位	所属功能区类型	海水水质标准要求	超标站位
2017.11	19 站	国家级保护区	一类	全部超标
	11 站	无	未明确，按照一类	全部超标
2018.05	4 站	河口-利津农渔业区	二类	无
	1 站	东营港口航运区	三类	无
	2 站	埕北矿产与能源区	四类	无
	其他	无	一类	42 站
2018.09	2 站	河口-利津农渔业区	二类	无
	1 站	东营港口航运区	三类	无
	3 站	埕北矿产与能源区	四类	无
	其他	无	一类	40 站
2019.05	1 站/1 站/1 站/3 站	长岛北农渔业区/龙口港北部保留区/龙口港保留区/黄河三角洲海洋保护区	一类	全部超标
	1 站/2 站/1 站/4 站	长岛西农渔业区/龙口北农渔业区/滨州-东营北农渔业区/河口-利津农渔业区	二类	无
	2 站/1 站	埕北矿产与能源区/东营港口航运区	四类	无
	其他	无	一类	61 站
2019.09	1 站/5 站/1 站	龙口港北部保留区/黄河三角洲海洋保护区莱州刁龙嘴北保留区	一类	6 站
	1 站/4 站/1 站	龙口北农渔业区/河口-利津农渔业区/蓬莱三山岛北农渔业区	二类	无
	1 站	龙口港口航运区	四类	无
	其他	渤海中部海域	一类	42 站
2020.09	4 站/6 站/1 站	莱州湾农渔业区/黄河三角洲海洋保护区/东营黄河口北保留区	一类	6 站

续表

调查航次	站位	所属功能区类型	海水水质标准要求	超标站位
2020. 09	1 站/2 站	莱州浅滩海洋保护区/河口-利津农渔业区	二类	无
	1 站	莱州港口航运区	三类	无
	其他	渤海中部海域	一类	11 站

3. 1. 3. 8　铬

2017—2021 年海洋调查重金属铬的最大值、最小值、平均值和一类、二类超标率如表 3. 1-16 和图 3. 1-8 所示。

表 3. 1-16　重金属铬指标特征　单位：μg/L

时间	层次	最大值	最小值	平均值	一类超标率	二类超标率
2017. 11	表	4. 56	2. 80	3. 63	0. 00%	0. 00%
	底	4. 50	2. 79	3. 56	0. 00%	0. 00%
2018. 05	表	16. 20	0. 95	2. 18	0. 00%	0. 00%
	底	2. 91	0. 93	1. 80	0. 00%	0. 00%
2018. 09	表	3. 09	1. 00	1. 92	0. 00%	0. 00%
	底	3. 09	1. 11	2. 27	0. 00%	0. 00%
2019. 05	表	2. 82	0. 92	1. 93	0. 00%	0. 00%
	底	2. 89	1. 01	1. 96	0. 00%	0. 00%
2019. 09	表	2. 86	0. 85	1. 82	0. 00%	0. 00%
	底	2. 88	0. 93	1. 90	0. 00%	0. 00%
2020. 05	表	9. 84	0. 88	5. 10	0. 00%	0. 00%
	底	9. 08	0. 87	6. 17	0. 00%	0. 00%
2020. 09	表	27. 50	0. 92	4. 19	0. 00%	0. 00%
	底	6. 78	1. 46	4. 09	0. 00%	0. 00%
2021. 03	表	2. 37	0. 76	1. 10	0. 00%	0. 00%
	底	3. 21	0. 75	1. 07	0. 00%	0. 00%

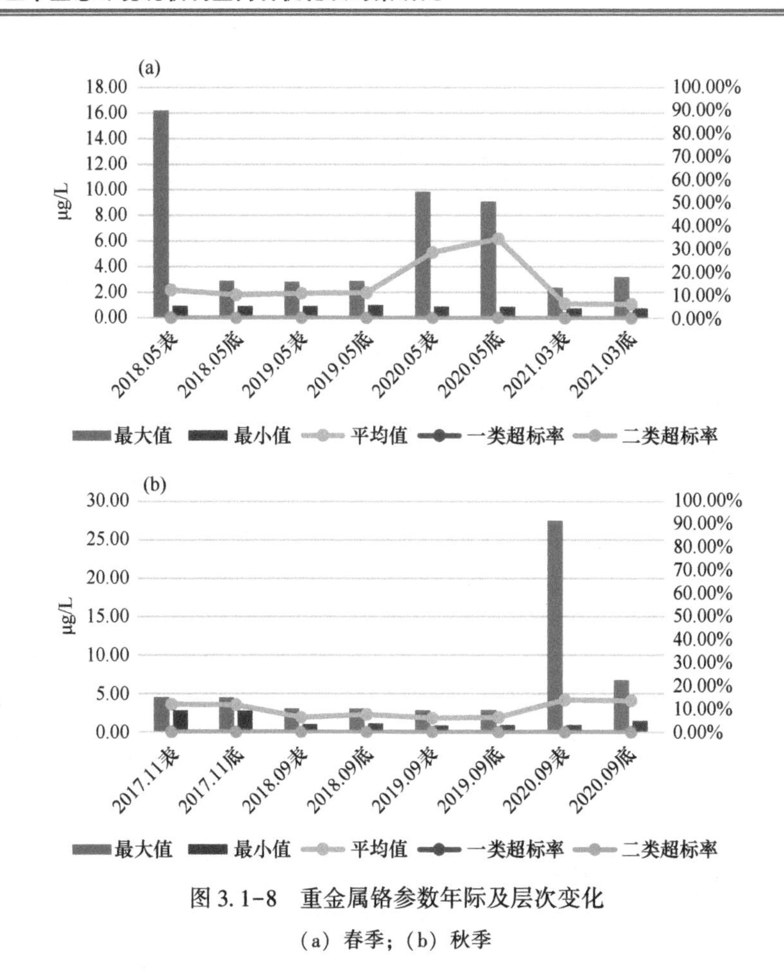

图 3.1-8 重金属铬参数年际及层次变化

(a) 春季；(b) 秋季

由表 3.1-16 和图 3.1-8 可以看出，5 年航次调查中，重金属铬在 2018 年 5 月表层和 2020 年 9 月表层的含量偶有升高，但均符合一类海水水质标准。从春、秋两季来看，春、秋两季含量均较低，但春季整体呈现下降趋势，秋季趋势略有上升。整体来看，分析认为重金属铬在 5 年内含量值均比较低，状态比较稳定。

3.1.4 海洋沉积物环境因子

海洋沉积物中的环境因子选取汞、铅、铬、石油类、锌作为分析对象，对以上参数的不同年份、不同季节的航次数据进行整合分析，以期对海洋沉积物环境质量的稳定性变化有所了解。《海洋沉积物质量》（GB 18668—2002）中对一类海洋沉积物质量标准值规定得比较宽泛，除了个别站位铅和石油超标以外，其余参数均符合一类海洋沉积物质量标准，因此对超标率以特征表进行展示，书中不再做详细的分析。此外，以每次调查中参数的平均值作为其含量的绝对值指示其变化趋势。

3. 1. 4. 1　汞

2017—2021 年海洋调查沉积物中重金属汞含量的最大值、最小值、平均值和超标率如表 3. 1-17 和图 3. 1-9 所示。

表 3. 1-17　重金属汞指标特征

调查航次	最大值/10^{-6}	最小值/10^{-6}	平均值/10^{-6}	一类超标率
2017. 11	0. 137	0. 034	0. 100	0. 00%
2018. 05	0. 066	0. 004	0. 020	0. 00%
2018. 09	0. 061	0. 006	0. 023	0. 00%
2019. 05	0. 039	0. 024	0. 023	0. 00%
2019. 09	0. 042	0. 025	0. 033	0. 00%
2020. 05	0. 135	0. 021	0. 048	0. 00%
2020. 09	0. 051	0. 012	0. 028	0. 00%
2021. 03	0. 056	0. 014	0. 039	0. 00%

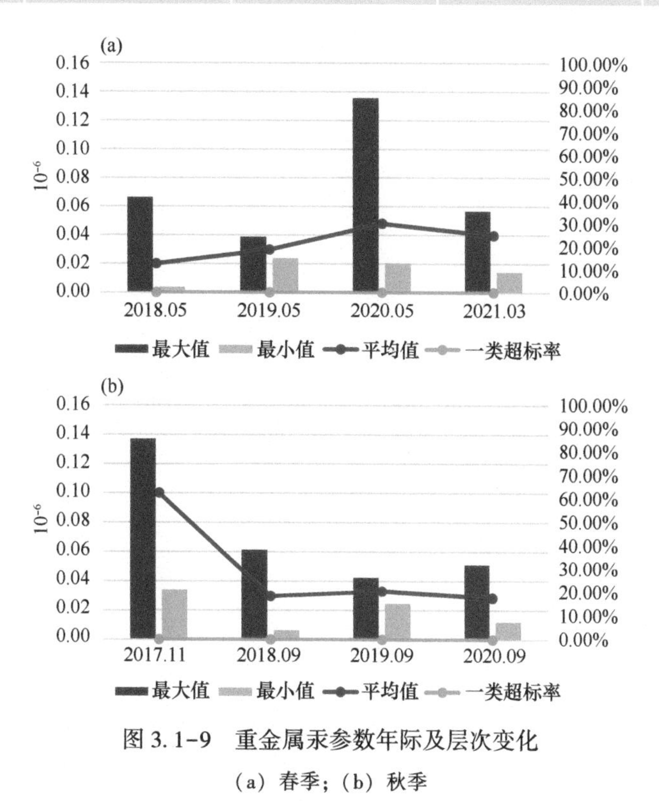

图 3. 1-9　重金属汞参数年际及层次变化

(a) 春季；(b) 秋季

由表 3. 1-17 和图 3. 1-9 可以看出，除了 2017 年 11 月和 2020 年 5 月的数据较高外，其余的数据较为平稳。从春、秋两季分析中可以看出，秋季沉积物中的汞含量与春季相当，但整体呈现逐渐降低的趋势，而春季逐渐升高。

3.1.4.2 铅

2017—2021 年海洋调查沉积物中重金属铅含量的最大值、最小值、平均值和超标率如表 3.1-18 和图 3.1-10 所示。

表 3.1-18 重金属铅指标特征

调查航次	最大值/10^{-6}	最小值/10^{-6}	平均值/10^{-6}	一类超标率（超标站位数）
2017.11	21.96	9.25	16.13	0.00%
2018.05	89.94	8.98	28.13	8.70%（2）
2018.09	20.99	11.01	15.05	0.00%
2019.05	20.37	10.25	14.86	0.00%
2019.09	20.97	11.06	14.89	0.00%
2020.05	41.05	5.87	17.92	0.00%
2020.09	22.64	9.06	15.85	0.00%
2021.03	32.88	6.71	15.95	0.00%

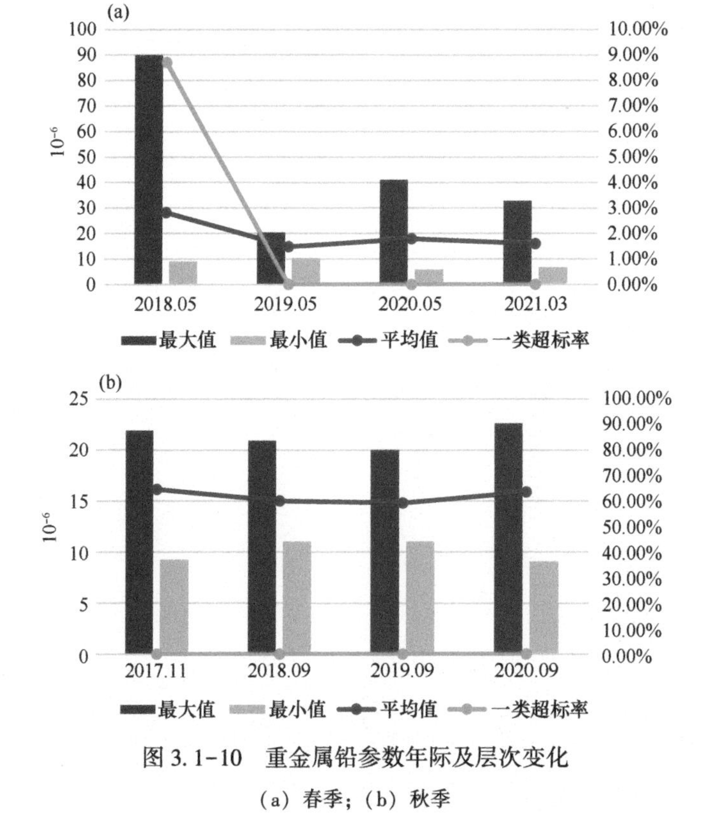

图 3.1-10 重金属铅参数年际及层次变化

（a）春季；（b）秋季

从表 3.1-18 和图 3.1-10 可以看出，2018 年春季有 2 个站位的重金属铅含量超一类沉积物质量标准要求，超标率为 8.70%，其余航次调查数据较为平稳。春、秋两季的平均值波动均不大，比较平稳，但春季沉积物中的铅含量远高于秋季含量。

3.1.4.3　铬

2017—2021 年海洋调查沉积物中重金属铬含量的最大值、最小值、平均值和超标率如图 3.1-11 和表 3.1-19 所示。

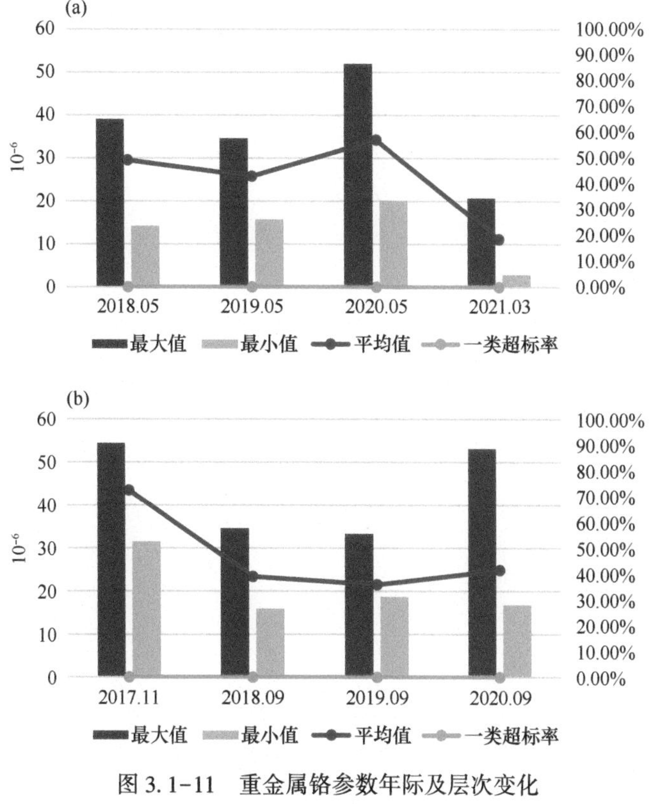

图 3.1-11　重金属铬参数年际及层次变化

(a) 春季；(b) 秋季

表 3.1-19　重金属铬指标特征

调查航次	最大值/10^{-6}	最小值/10^{-6}	平均值/10^{-6}	一类超标率
2017.11	54.44	31.58	43.46	0.00%
2018.05	39.54	14.28	29.51	0.00%
2018.09	34.60	15.90	23.43	0.00%
2019.05	34.61	15.74	25.81	0.00%

续表

调查航次	最大值/10^{-6}	最小值/10^{-6}	平均值/10^{-6}	一类超标率
2019.09	33.39	18.74	21.52	0.00%
2020.05	52.01	20.18	34.29	0.00%
2020.09	53.11	16.85	24.97	0.00%
2021.03	20.77	2.87	11.19	0.00%

由表 3.1-19 和图 3.1-11 可以看出，5 年内的重金属铬含量均未超标，且航次调查数据较为平稳。比较春、秋两季调查发现，春季的铬含量呈现下降趋势，而秋季略有上升。

3.1.4.4 锌

2017—2021 年海洋调查沉积物中重金属锌含量的最大值、最小值、平均值和超标率如表 3.1-20 和图 3.1-12 所示。

表 3.1-20 重金属锌指标特征

调查航次	最大值/10^{-6}	最小值/10^{-6}	平均值/10^{-6}	一类超标率
2017.11	85.67	49.29	58.89	0.00%
2018.05	50.32	21.82	33.39	0.00%
2018.09	31.45	14.59	23.25	0.00%
2019.05	31.06	14.05	22.75	0.00%
2019.09	30.97	15.40	21.23	0.00%
2020.05	125.57	65.88	91.44	0.00%
2020.09	67.49	26.51	39.41	0.00%
2021.03	34.79	未检出	15.23	0.00%

2021 年 3 月未检出站位按照检出限的 1/2 取值，参考标准 GB/T 20260—2006 中锌的检出限为 11.2×10^{-6}，因此最小取值为 5.6×10^{-6}。

从表 3.1-20 和图 3.1-12 可以看出，除了 2017 年 11 月和 2020 年 5 月的数据较高外，其余数据均较为平稳。春、秋两季相比较，春季呈现先上升后下降的趋势，而秋季刚好相反，呈现先下降后上升的趋势。春季调查中除 2020 年 5 月含量高于秋季最高含量以外，其余含量均低于秋季含量。

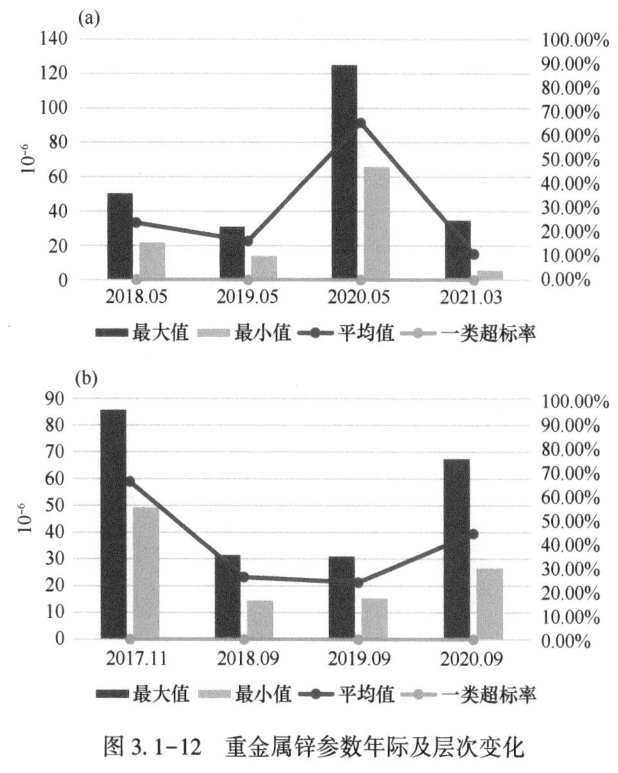

图 3. 1-12　重金属锌参数年际及层次变化

(a) 春季；(b) 秋季

3. 1. 4. 5　石油类

2017—2021 年海洋调查沉积物中石油类含量的最大值、最小值、平均值和超标率如表 3. 1-21 和图 3. 1-13 所示。

表 3. 1-21　石油类指标特征

调查航次	最大值/10^{-6}	最小值/10^{-6}	平均值/10^{-6}	一类超标率（超标站位数）
2017. 11	133. 93	6. 53	46. 15	0. 00%
2018. 05	499. 40	3. 85	120. 57	0. 00%
2018. 09	215. 67	5. 28	61. 06	0. 00%
2019. 05	329. 75	—	80. 05	0. 00%
2019. 09	555. 77	12. 74	150. 44	3. 13%（1）
2020. 05	137. 31	4. 43	45. 69	0. 00%
2020. 09	338. 02	11. 52	136. 08	0. 00%
2021. 03	458. 06	7. 26	118. 25	0. 00%

注：“—” 代表未检出。

2019 年 5 月报告有 2 个站位石油类未检出，根据石油类检出限 3.0×10^{-6}，未检出部分取 1/2 量值，即 1.5×10^{-6} 参加统计运算。

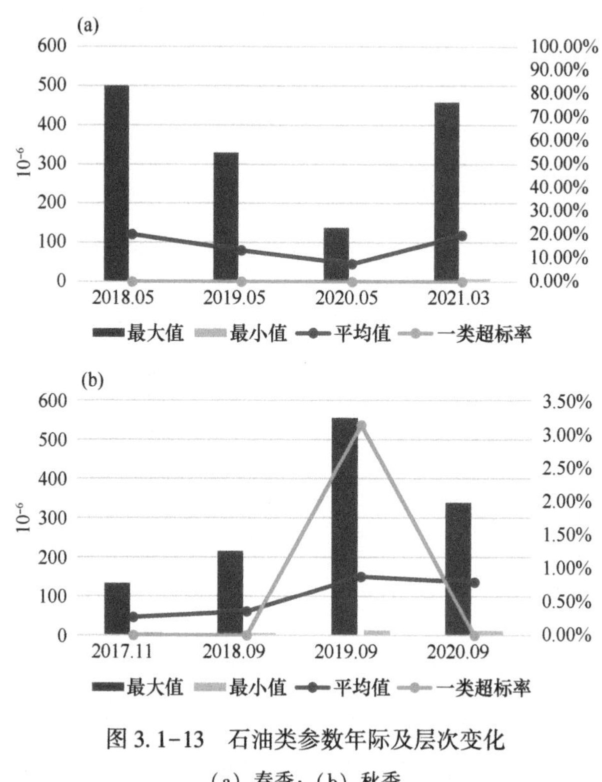

图 3.1-13　石油类参数年际及层次变化

（a）春季；（b）秋季

从表 3.1-21 和图 3.1-13 可以看出，同一航次调查中不同站位石油类含量的最大值和最小值差别较大，尤其是春季石油类，相差最小倍数为 31 倍，最大达近 130 倍。春季调查均符合一类沉积物质量标准，2019 年秋季 P28 站位石油类超出一类沉积物质量标准，超标率为 3.13%，其他站位虽然没有超过一类沉积物质量标准，但 2018 年 5 月和 2021 年 3 月的数据已接近一类沉积物质量标准上限值，应进行超标预警。春、秋两季调查均未出现明显的趋势特征。

3.1.5　海洋生态（含生物资源）环境因子

海洋生态（含生物资源）环境因子选取生物体质量、叶绿素 *a*、浮游动植物（种类数、个体密度、重量密度）、底栖生物（种类数、个体密度、重量密度）、渔业资源（种类数、密度）作为分析对象，对以上参数的不同年份、不同季节的数据进行整合分析，以期了解海洋生态（含生物资源）对环境质量的稳定性变化。

其中 2019 年 5 月和 9 月 2 个航次缺少浮游植物、浮游动物、底栖生物和渔业资源的数据，故不对上述两期监测数据进行作图分析。

3.1.5.1　海洋生物体质量

海洋生物体质量评价标准常用的主要有《全国海岸带和海涂资源综合调查简明规程》和《海洋生物质量》（GB 18421—2001）两部，前者年代比较久远，查不到相关资料，后者主要是以海洋贝类生物作为标志物进行评价。而航次调查捕获的海洋生物以鱼类和甲壳类生物为主，因此这两部评价标准都不适用。据此，本研究对生物体质量不做评价，仅依据报告给出的数据进行分析作为参考。

5 年的调查报告中，站位和数量最多的一次调查为 2019 年 5 月，有 37 个站位和 69 个样品，其次是 2018 年 9 月，捕获 6 个种类的 49 个样品，最少的一次调查是 2018 年 5 月，仅有 5 个站位 10 个样品，但却有 8 个种类。其余调查报告站位数量为 20~40 个，种类名称和数量也各不相同，大多以鱼类（舌鳎和虾虎鱼）和甲壳类（口虾蛄和日本鼓虾）为主，软体类（蛤类为主）出现了 4 次，其中 3 次是在春季调查捕获的。

超标率方面，2017 年 11 月的 21 个生物样品中仅有 1 个样品铜元素超标，超标率为 4.76%。2020 年 9 月除汞元素外，其余铜、铅、锌、镉 4 种元素均有不同程度的超标。2021 年 3 月铅、锌、镉 3 种元素均有不同程度的超标，具体超标数值见表 3.1-22。

表 3.1-22　生物体质量对比分析

调查航次	站位、样品数量和种类	样品名称和数量	样品所属类别	超标元素和数量	超标率
2017.11	21 个站位，21 个样品，3 个种类	半滑舌鳎：7 虾虎鱼：8 口虾蛄：6	鱼类：半滑舌鳎，虾虎鱼 甲壳类：口虾蛄	铜：1 站位的半滑舌鳎，数值为 20.1	铜：4.76%
2018.05	5 个站位，10 个样品，8 个种类	长偏顶蛤：1 口虾蛄：3 魁蚶：1 日本鼓虾：1 六线云尉：1 栉孔虾虎鱼：1 褐虾：1 短吻舌鳎：1	鱼类：栉孔虾虎鱼，短吻舌鳎 甲壳类：口虾蛄，日本鼓虾，褐虾 软体类：长偏顶蛤，魁蚶	无	0%
2018.09	24 个站位，49 个样品，6 个种类	白姑鱼：16 口虾蛄：12 矛尾复虾虎鱼：6 日本枪乌贼：4 文蛤：9 长蛸：2	鱼类：白姑鱼，矛尾复虾虎鱼 甲壳类：口虾蛄 软体类：日本枪乌贼，文蛤，长蛸	无	0%

续表

调查航次	站位、样品数量和种类	样品名称和数量	样品所属类别	超标元素和数量	超标率
2019.05	37个站位，69个样品，3个种类	口虾蛄：20 矛尾复虾虎鱼：36 鲬：13	鱼类：矛尾复虾虎鱼，鲬 甲壳类：口虾蛄	无	0%
2019.09	29个站位，38个样品，2个种类	口虾蛄：18 矛尾复虾虎鱼：20	鱼类：矛尾复虾虎鱼 甲壳类：口虾蛄	无	0%
2020.05	5个站位，10个样品，8个种类	短吻舌鳎：1 褐虾：1 口虾蛄：3 魁蚶：1 六线云尉：1 日本鼓虾：1 栉孔虾虎鱼：1 长偏顶蛤：1	鱼类：栉孔虾虎鱼，短吻舌鳎 甲壳类：口虾蛄，日本鼓虾，褐虾 软体类：长偏顶蛤，魁蚶	无	0%
2020.09	24个站位，36个样品，4个种类	短文红舌鳎：6 口虾蛄：19 矛尾虾虎鱼：7 鹰爪虾：4	鱼类：短文红舌鳎，矛尾复虾虎鱼 甲壳类：口虾蛄，鹰爪虾	铜：矛尾虾虎鱼5个 铅：短文红舌鳎6个，鹰爪虾4个 锌：矛尾虾虎鱼3个 镉：口虾蛄3个，矛尾虾虎鱼5个	铜：13.88% 铅：27.78% 锌：8.33% 镉：22.22%
2021.03	24个站位，31个样品，4个种类	口虾蛄：12 矛尾复虾虎鱼：11 四角蛤蜊：4 鲜明鼓虾：4	鱼类：矛尾复虾虎鱼 甲壳类：口虾蛄，鲜明鼓虾 软体类：四角蛤蜊	铅：口虾蛄6个，矛尾虾虎鱼7个，鲜明鼓虾1个 锌：矛尾虾虎鱼4个 镉：口虾蛄12个，矛尾虾虎鱼1个	铅：45.16% 锌：12.90% 镉：41.94%

5年海洋调查生物体中重金属和石油烃含量的平均值见表3.1-23。

表3.1-23 生物体质量指标特征

单位：mg/kg

调查航次	铜	铅	镉	铬	锌	砷	汞	石油烃
2017.11	17.262	0.577	0.145	3.580	22.266	0.022	0.117	10.867
2018.05	2.619	0.140	0.112	0.101	1.776	1.631	0.010	5.437
2018.09	0.416	0.195	0.070	0.132	1.606	1.075	0.005	2.024
2019.05	1.206	0.115	0.098	0.107	3.648	1.041	0.009	0.663
2019.09	0.325	0.102	0.087	0.096	2.936	1.020	0.004	1.336

续表

调查航次	铜	铅	镉	铬	锌	砷	汞	石油烃
2020. 05	2. 619	0. 14	0. 112	0. 101	1. 776	1. 631	0. 010	5. 437
2020. 09	25. 279	1. 478	0. 934	5. 096	53. 733	5. 667	0. 040	1. 712
2021. 03	31. 688	2. 656	2. 258	1. 773	47. 829	6. 942	0. 039	2. 704

通过计算每个航次捕获的生物体内的 7 种重金属和石油烃的含量平均值，分析 5 年期调查中生物体质量的变化（图 3. 1-14）。

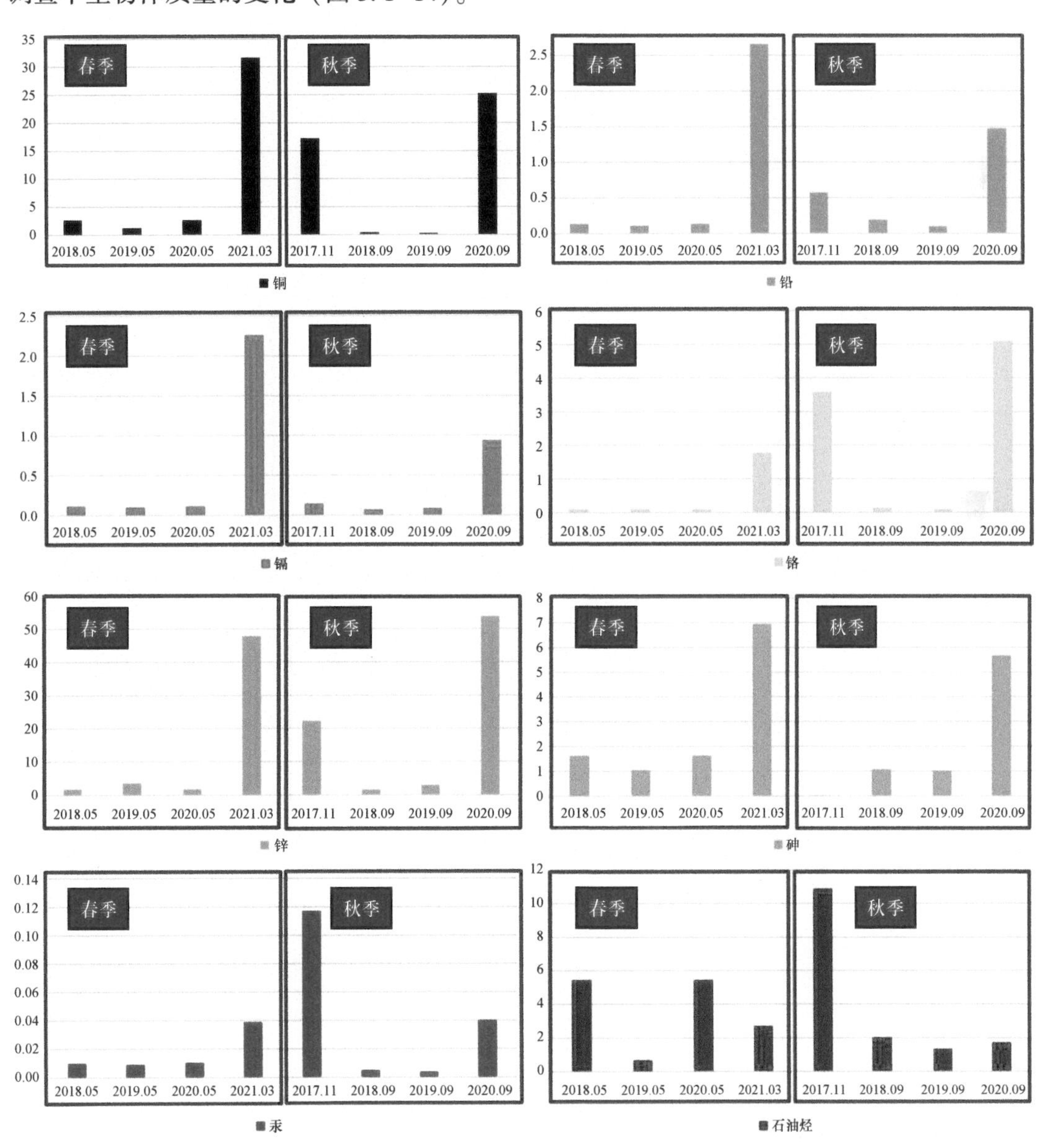

图 3. 1-14　生物体质量参数（单位：mg/kg）年际及层次变化

根据《海洋监测规范 第6部分：生物体分析》（GB 17378.6—2007）中规定的石油类测定采用荧光分光光度法进行检测的检出限为 0.2×10^{-6}，原子荧光法测定汞的检出限为 0.002×10^{-6}，《海洋监测技术规程 第3部分：生物体》（HY/T 147.3—2013）中规定的铬和铅的检出限分别是 0.30×10^{-9} 和 0.03×10^{-9}，报告中的未检出情况均取1/2值进行计算分析。

5年内8个航次生物站位设置数量相近，捕获的生物类群相似，但捕获的生物体数量差别较大。可以看出，2018年5月至2019年9月的重金属和石油烃含量均处于较低的水平，而2017年11月、2020年9月和2021年3月的重金属和石油烃含量处于相对较高的水平。

从春、秋季节对比来看，除汞和石油烃的秋季调查呈现下降趋势，其余均呈现不同程度的上升趋势，因此，可初步认为本海区海洋生物体质量的变化尚无明显规律可循。

3.1.5.2 叶绿素 *a*

2017—2021年海洋调查叶绿素 *a* 的最大值、最小值和平均值如表3.1-24和图3.1-15所示。

表3.1-24 叶绿素 *a* 指标特征 单位：mg/m^3

时间	层次	最大值	最小值	平均值
2017.11	表	3.36	0.65	1.51
	底	4.07	0.44	1.47
2018.05	表	5.22	0.96	2.37
	底	5.26	1.03	2.46
2018.09	表	3.38	0.44	1.48
	底	3.49	0.27	0.90
2019.05	表	4.18	0.78	1.72
	底	2.36	0.47	1.61
2019.09	表	8.25	0.43	1.99
	底	1.86	0.65	1.14
2020.05	表	13.33	0.45	4.04
	底	12.94	1.67	3.83
2020.09	表	8.01	1.88	4.76
	底	6.24	1.82	4.17
2021.03	表	11.96	1.54	5.43
	底	13.38	3.47	8.04

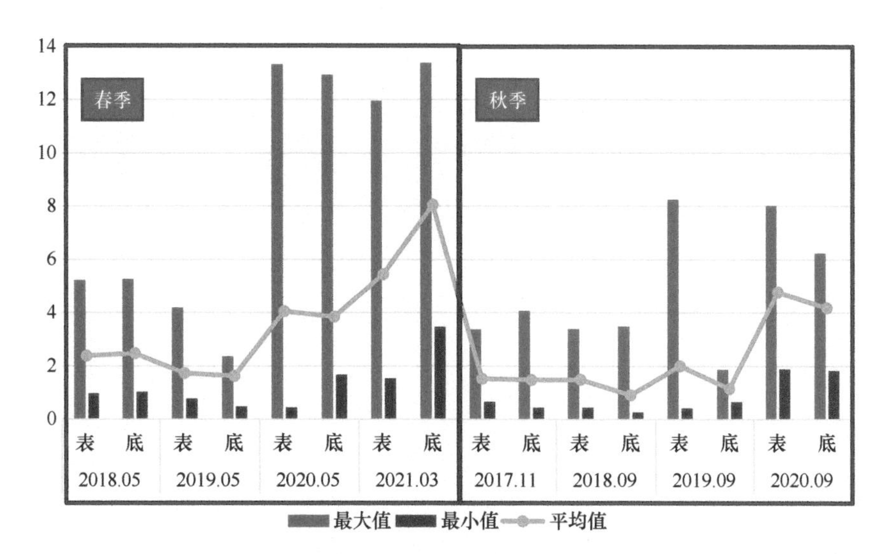

图 3.1-15　叶绿素 a 参数（单位：mg/m^3）年际及层次变化

由表 3.1-24 和图 3.1-15 可以看出，5 年期叶绿素 a 的含量平均值 2017—2019 年呈现较为稳定，2020—2021 年呈上升趋势，其中最大值差别较大，最小值比较平稳。

叶绿素 a 与光照、热量和营养盐密切相关，春季叶绿素 a 的值普遍高于秋季。同一个调查航次表层和底层叶绿素 a 值存在一定差异，但表层和底层的变化趋势基本一致，即春季和秋季的叶绿素 a 均呈逐年增长趋势。

3.1.5.3　浮游植物

浮游植物作为海洋食物链的初级生产者，是多种浮游动物和鱼类的饵料，是海洋生产力的基础。但浮游植物的过量增殖也会引发赤潮，对海洋生态环境具有极大的破坏作用。浮游植物的种类和数量分布除与水温、盐度等水文环境密切相关外，还明显受营养盐含量等化学因子的制约。2017—2021 年海洋调查浮游植物相关参数如表 3.1-25 和图 3.1-16 所示。

表 3.1-25　浮游植物指标特征

调查航次	种类	优势种	细胞密度/（10^4 个 · m^{-3}）	多样性指数（H'）	均匀度（J）	优势度（$D2$）	丰度（d）
2017.11	64 种	福环藻 夜光藻	37.69	2.66	0.65	0.62	1.29
2018.05	30 种	夜光藻 密联角毛藻	3.86	1.57	0.55	0.79	0.46
2018.09	75 种	洛氏角毛藻 旋链角毛藻	552.27	3.26	0.66	3.42	3.32

续表

调查航次	种类	优势种	细胞密度/（10^4 个·m^{-3}）	多样性指数（H'）	均匀度（J）	优势度（$D2$）	丰度（d）
2019.05	46 种	圆筛藻 印度翼根管藻	11.32	1.88	0.57	/	0.61
2019.09	76 种	尖刺伪菱形藻 旋链角毛藻	606.71	2.57	0.54	/	1.27
2020.05	38 种	密联角毛藻 具槽帕拉藻	2.90	1.52	0.54	0.45	0.81
2020.09	68 种	尖刺伪菱形藻 圆筛藻	620.47	3.07	0.69	0.99	0.51
2021.03	63 种	优美旭氏藻矮小 变形中肋骨条藻	2162.82	2.30	0.54	0.77	0.68

注：“/”代表本次调查未提供此项数据。

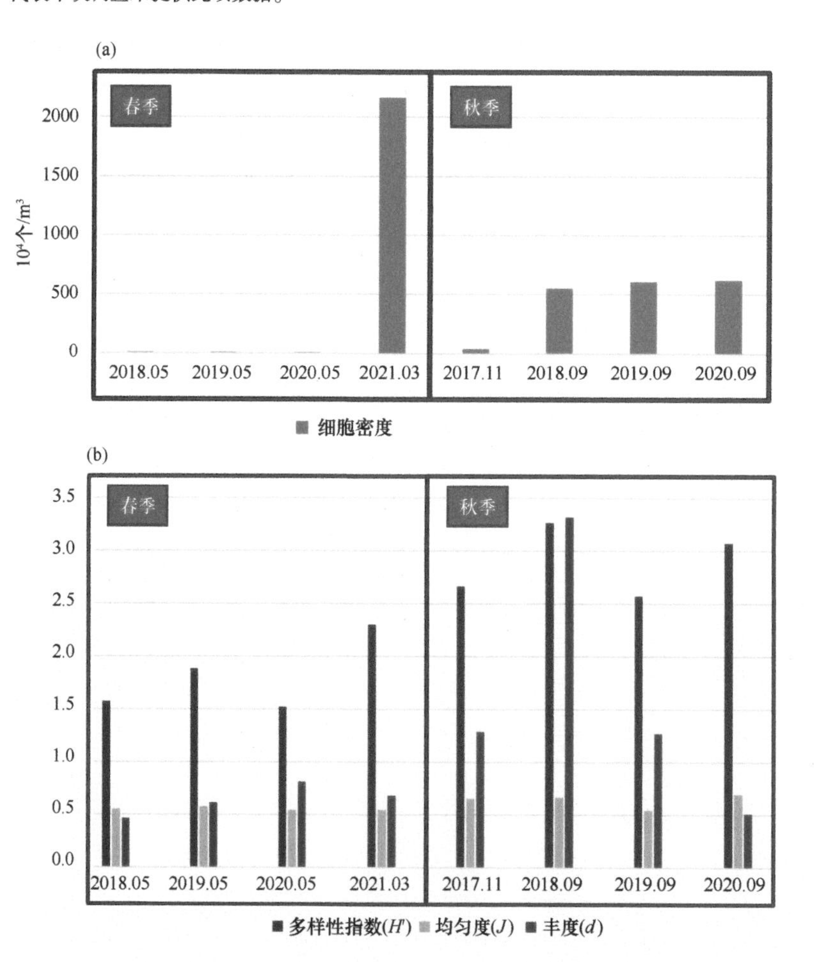

图 3.1-16 浮游植物（a）细胞密度和（b）多样性指数、均匀度、丰度变化

由表3.1-25和图3.1-16可以看出，2018—2020年的春季浮游植物细胞密度含量较低，低于同期秋季含量，但2021年春季细胞密度暴发性增长，远高于之前航次的调查结果，本次调查应着重分析赤潮种存在的数量，避免赤潮的发生。从多样性指数来看，春季整体呈现逐年上升趋势，而秋季则有所下降，但秋季的多样性指数高于春季。种群均匀度比较平稳，波动不大，丰度变化较大，秋季丰度普遍高于春季。秋季整体优势优于春季。

3.1.5.4 浮游动物

2017—2021年海洋调查浮游动物的相关参数如表3.1-26和图3.1-17所示。

表3.1-26 浮游动物指标特征

调查航次	种类	生物量/（$mg\cdot m^{-3}$）	个体密度/（个$\cdot m^{-3}$）	多样性指数（H'）	均匀度（J）	优势度（$D2$）	丰度（d）
2017.11	21种	95.09	39.21	1.48	0.57	0.81	1.65
2018.05	24种	756.77	2 438.30	1.11	0.38	0.93	0.67
2018.09	33种	0.13	250.10	2.98	0.86	4.12	1.36
2019.05	28种	201.09	2 099.20	1.03	0.37	/	0.57
2019.09	36种	167.72	212.01	2.17	0.67	/	1.17
2020.05	30种	281.53	1 075.92	1.46	0.48	0.78	0.86
2020.09	41种	594.03	200.40	2.29	0.63	1.78	0.66
2021.03	19种	156.58	179.86	1.69	0.63	0.86	0.78

注：“/”代表本次调查未提供此项数据。

由表3.1-26和图3.1-17可以看出，浮游动物个体密度和生物量春季是高于秋季的，其中，2019年5月和2020年9月的生物量和个体密度反差较大，说明航次捕获的浮游动物数量多（少），但个体重量小（大）；多样性指数、均匀度和丰度的高值与个体密度相对应，航次之间相差不大，从季节上来看，秋季各方面要优于春季。

3.1.5.5 底栖生物

2017—2021年海洋调查底栖生物的相关参数如表3.1-27和图3.1-18所示。

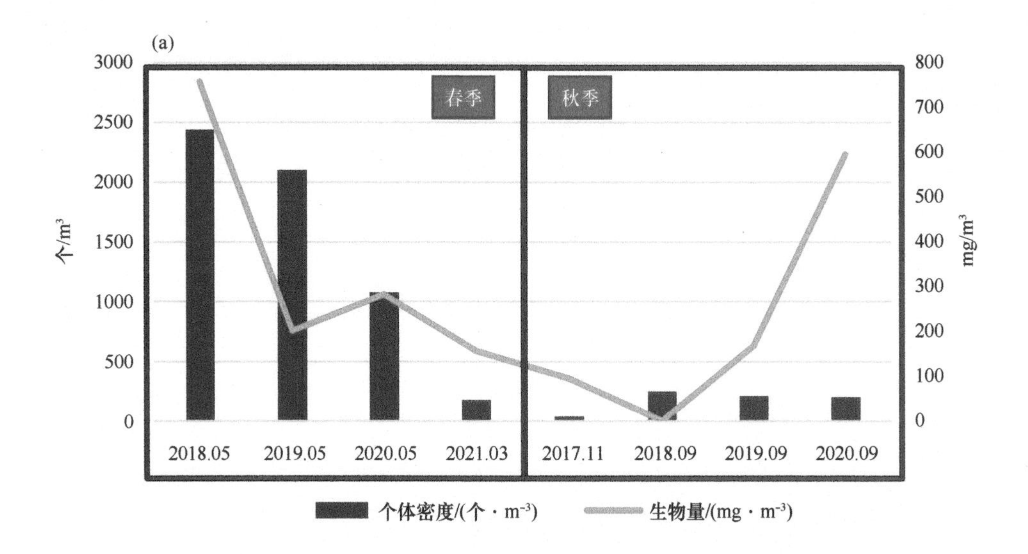

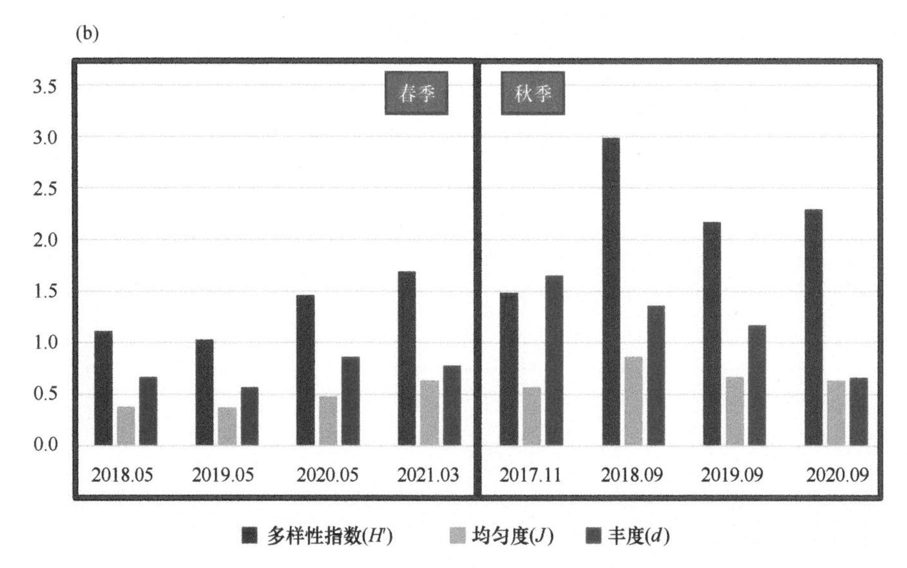

图 3.1-17 浮游动物（a）个体密度、生物量和（b）多样性指数、均匀度、丰度变化

表 3.1-27 底栖生物指标特征

调查航次	种类	生物量/（g·m^{-2}）	个体密度/（个·m^{-2}）	多样性指数（*H'*）	均匀度（*J*）	优势度（*D2*）	丰度（*d*）
2017.11	69 种	12.20	356.70	2.90	0.84	0.49	1.98
2018.05	76 种	7.49	209.17	3.08	0.80	0.37	1.66
2018.09	82 种	39.04	453.60	3.26	0.89	4.65	1.51
2019.05	83 种	14.58	601.10	3.23	0.85	/	1.61

续表

调查航次	种类	生物量/（g·m^{-2}）	个体密度/（个·m^{-2}）	多样性指数（H'）	均匀度（J）	优势度（$D2$）	丰度（d）
2019. 09	92 种	20. 29	515. 03	3. 52	0. 87	/	2. 98
2020. 05	78 种	4. 92	108. 31	2. 85	0. 91	0. 46	1. 34
2020. 09	99 种	31. 02	290. 48	3. 33	0. 84	0. 43	2. 01
2021. 03	89 种	8. 37	365. 42	3. 34	0. 84	0. 42	2. 02

注：“/” 代表本次调查未提供此项数据。

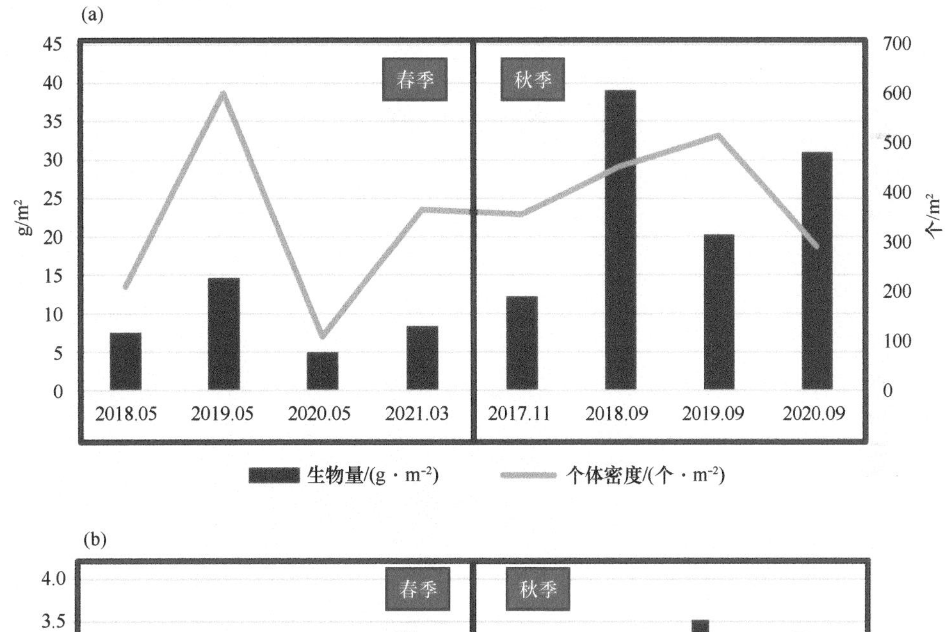

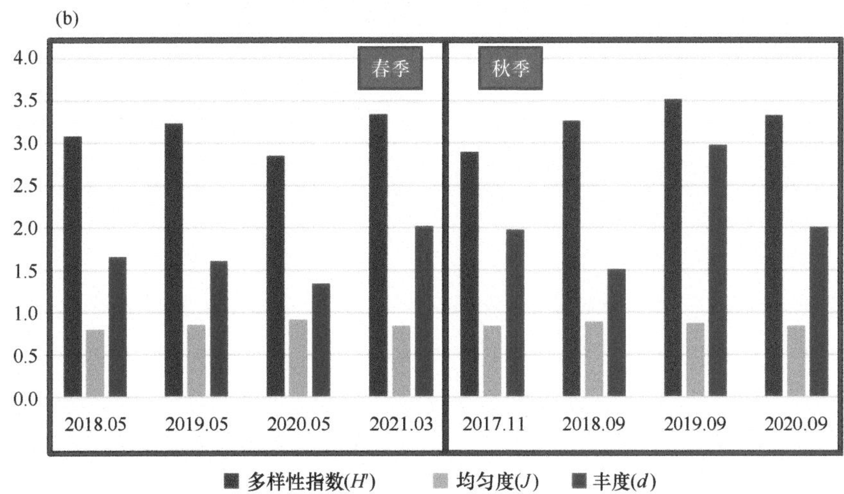

图 3. 1-18　底栖生物（a）个体密度、生物量和（b）多样性指数、均匀度、丰度变化

由表 3. 1-27 和图 3. 1-18 可以看出，底栖生物个体密度的最高值和最低值分别是在 2019 年 5 月和 2020 年 5 月，生物量的最高值出现在 2018 年 9 月和 2020 年 5 月，整体来看，春季的生物量和个体密度要少于秋季。多样性指数和均匀度航次之间以及春、秋季节之间差别不大，丰度除 2019 年 9 月较高外，其余航次差别不大。

整体来看，秋季各方面均优于春季。

3. 1. 5. 6　渔业资源

2017 年 11 月航次没有渔业资源数据，因此，对 2018 年 5 月至 2021 年 3 月 4 年间的渔业资源数据进行分析。渔业资源调查分为鱼卵和仔鱼两种类型（表 3. 1-28）。

表 3. 1-28　渔业资源指标特征

调查航次	水平拖网种类	垂直拖网种类	个体密度/（个 · m^{-3}）
2018. 05	仔鱼 4 种，鱼卵 9 种	仔鱼 3 种，鱼卵 4 种	平均：6. 03
2018. 09	仔鱼 4 种，鱼卵 2 种	仔鱼 1 种，鱼卵 1 种	仔鱼：0. 11 鱼卵：0. 09
2019. 05	/	仔鱼 3 种，鱼卵 6 种	仔鱼：1. 39 鱼卵：0. 27
2019. 09	仔鱼 4 种，鱼卵 1 种	仔鱼 1 种，鱼卵 2 种	仔鱼：0. 01 鱼卵：0. 11
2020. 05	仔稚鱼 2 种，鱼卵 2 种		仔鱼：1. 15 鱼卵：52. 81
2020. 09	仔鱼 1 种，鱼卵 1 种		仔鱼：0. 02 鱼卵：0. 04
2021. 03	仔鱼 1 种		仔鱼：0. 011 鱼卵：0

注：“/”代表本次调查未提供此项数据。

渔业资源调查一般是对鱼卵和仔鱼进行调查，正常分为垂直拖网和水平拖网两种调查方式。2017—2021 年的报告中，渔业资源调查的内容和方式差别较大，2017 年 11 月未进行渔业资源调查，2018 年 5 月、2018 年 9 月和 2019 年 9 月分别进行了垂直拖网和水平拖网调查，2019 年 5 月只进行了垂直拖网调查，2020 年 5 月、2020 年 9 月和 2021 年 3 月对拖网方式未提及。因此，在调查内容和方式上均不具备可比性。此外，鱼卵和仔鱼种类差别不大，种类最多出现在为 2018 年 5 月，最少出现在为 2021 年 3 月，整体来看，随着时间的推移，渔业资源的种类越来越少。

在个体密度方面，2020 年 5 月数值较高，鱼卵的个体密度达到了 52.81 个/m^3，其他均不超过 1 个/m^3，2021 年 3 月，鱼卵个体密度数量为 0，达到最低。渔业资源的个体密度整体呈现下降趋势。

3.1.6　小结

针对海上油气田用海项目在用海论证过程中所需的调查站位多、频次多，易导致项目获批时效降低等问题，本研究拟通过多年来海洋环境质量现状调查数据的综合分析，从中发现典型海洋环境质量评价因子的变化特征和规律，研究海洋环境质量现状调查数据的时效性和延伸性的合理性，以期提高现有调查数据的利用效率和优化调查站位布设，从而加快海上油气田项目的用海论证报告编制和提升项目审批效率。

通过对 2017—2021 年共 8 期渤中海上油气田附近海域的海洋环境质量现状调查数据（春季和秋季各占一半）的海水水质、海洋沉积物和海洋生物生态中典型评价因子的综合分析，得出 2017—2021 年上述典型评价因子存在以下变化特征。

（1）海水水质环境：DO 指标总体超标率较低，秋季的波动最小；COD 指标中 99%的监测站位都符合一类海水水质标准，近几年呈上升趋势；活性磷酸盐指标呈现出持续降低的趋势，且秋季变化较小；无机氮还有待进一步分析；石油类指标秋季呈下降趋势，春季呈上升趋势，但总体呈下降趋势；重金属锌、铅、铬含量呈转好的趋势，波动较小。季节方面，DO 和 COD 的秋季调查结果整体要优于春季调查，但重金属却是春季调查结果更好。

（2）海洋沉积物环境：海洋沉积物典型评价因子的总体表现较为稳定。季节方面没有明显优势，春季和秋季调查结果相差不大。

（3）海洋生态环境：生物体的重金属和石油烃含量尚无明显变化规律；叶绿素 a 呈现出逐年增长的趋势；浮游植物种类数、多样性指数和丰度总体呈上升趋势，均匀度总体呈现下降趋势；浮游动物种类数、生物量、个体密度、多样性指数、均匀度总体呈上升趋势，丰度则总体表现为下降趋势；底栖生物的种类数、生物量、个体密度、多样性指数、均匀度和丰度等都呈现上升趋势。

（4）渔业资源：除 2020 年 5 月的个体密度较大以外，仔鱼和鱼卵在种类、数量和个体密度三个方面均呈下降趋势。

（5）生物体质量：年度报告之间的数据不具备可比性，春季和秋季之间没有明显的季节优势，但仅从重金属超标率来看，生物体质量呈下降趋势。

因此，总体来看，海水水质的典型评价指标变化不明显，尤其是 DO、石油类、重金属指标的含量处于低水平年际变化中。浮游植物和浮游动物的种类数、细胞密度、多样性指数、均匀度和丰度等指标有增有减，有待进一步研究分析。底栖生物的各项评价指标均呈现逐年总体上升趋势。

3.2 10年期区域环境质量变化趋势分析

3.2.1 海水水质环境因子

海水水质中的环境因子选取与5年期一样，即选取DO、COD、活性磷酸盐、无机氮、石油类，重金属锌、铅、铬作为分析对象，对以上参数的不同年份、不同季节、不同层次的数据进行整合对比分析。根据功能区划分布，对站位的水质要求不一。为观察水质参数变化，我们着重考虑参数最大值、最小值和平均值，将一类和二类海水水质的超标率作为参考指标进行评价，对具体超标站位进行统计，以期对海水水质环境质量的稳定性变化有所了解。

3.2.1.1 溶解氧

2012—2021年海洋调查DO的最大值、最小值、平均值和一类、二类超标率如表3.2-1和图3.2-1所示。

表3.2-1 DO指标特征 单位：mg/L

时间	层次	最大值	最小值	平均值	一类超标率（超标站位数）	二类超标率（超标站位数）
2012.05	表	8.47	8.38	8.41	0.00%	0.00%
	底	8.49	8.38	8.41	0.00%	0.00%
2012.09	表	8.08	6.75	7.31	0.00%	0.00%
	底	8.12	6.73	7.31	0.00%	0.00%
2013.09	表	9.06	5.92	7.46	1.89%（1）	0.00%
	底	8.43	3.46	6.34	23.64%（13）	16.36%（9）
2014.10	表	9.12	7.36	8.31	0.00%	0.00%
	底	8.96	7.09	7.92	0.00%	0.00%
2015.05	表	6.49	6.34	6.41	0.00%	0.00%
	底	6.49	6.35	6.41	0.00%	0.00%
2017.11	表	7.41	7.29	7.34	0.00%	0.00%
	底	7.39	7.25	7.33	0.00%	0.00%

续表

时间	层次	最大值	最小值	平均值	一类超标率（超标站位数）	二类超标率（超标站位数）
2018.05	表	11.90	6.03	8.89	0.00%	0.00%
	底	9.97	5.57	8.85	2.17%（1）	0.00%
2018.09	表	9.06	6.40	7.23	0.00%	0.00%
	底	8.61	6.02	6.76	0.00%	0.00%
2019.05	表	10.64	8.99	9.77	0.00%	0.00%
	底	10.35	8.18	9.66	0.00%	0.00%
2019.09	表	8.37	6.59	7.18	0.00%	0.00%
	底	8.06	6.37	6.98	0.00%	0.00%
2020.05	表	8.61	6.91	8.12	0.00%	0.00%
	底	8.51	6.78	7.80	0.00%	0.00%
2020.09	表	8.45	4.51	6.75	22.5%（9）	7.50%（3）
	底	7.76	2.75	6.04	42.42%（14）	21.21%（7）
2021.03	表	11.52	10.85	11.20	0.00%	0.00%
	底	12.26	10.62	11.27	0.00%	0.00%

根据表 3.2-1 和图 3.2-1 结果发现，历年表层和底层的最低值均在 2020 年 9 月，本次调查一类、二类超标站位也最多，其次是 2013 年 9 月的底层超标站位较多。剩余调查航次偶有 1 个站位略微超标外，其余均符合一类、二类海水水质标准（表 3.2-2）。

从春、秋季节上来看，春季 DO 含量普遍高于秋季，而且超标站位多在秋季。总体而言，春季调查结果要优于秋季调查结果。

DO 含量值在不同的温度、盐度条件下有不同的氧饱和值，同一航次中不同站位、不同层次变化较大。以 2021 年 3 月为例，表层海水的温度平均值为 7.39℃，盐度平均值为 29.41，底层海水温度平均值为 2.82℃，盐度平均值为 30.63。根据海水中的氧饱和值表可知，表层氧饱和度标准值为 9.97，底层氧饱和度标准值为 10.9，在氧饱和度范围内 DO 含量越高越好，但超过了氧饱和值后，过量的氧饱和度会对环境中的鱼类产生弊端，比如某些鱼类会得“气泡病”，因此不能够单纯以 DO 的含量值来表征水质的好坏，仅按照一类、二类海水水质标准进行评价。

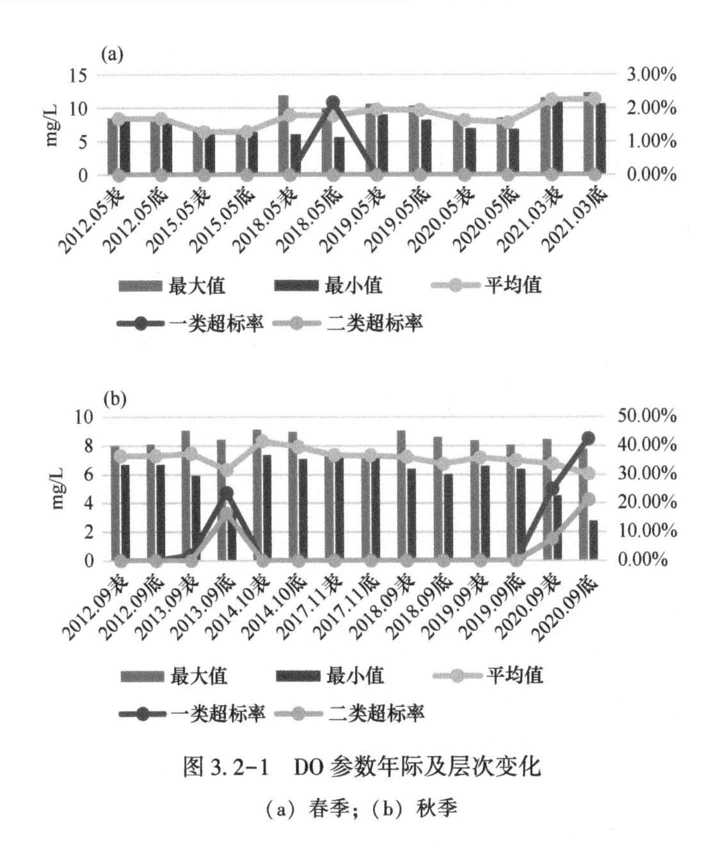

图 3.2-1　DO 参数年际及层次变化

（a）春季；（b）秋季

表 3.2-2　DO 历年评价结果

调查航次	超标站位	所属功能区名称	海水水质标准要求
2013.09	13 站	未明确	未明确
2018.05	1 站	无	一类
2020.09	1 站	莱州湾农渔业区/黄河三角洲海洋保护区/东营黄河口北保留区	一类
	1 站	莱州浅滩海洋保护区/河口-利津农渔业区	二类
	14 站	渤海中部海域	一类

3.2.1.2　化学需氧量

2012—2021 年海洋调查 COD 的最大值、最小值、平均值和一类、二类超标率如表 3.2-3 和图 3.2-2 所示。

表 3.2-3　COD 指标特征

单位：mg/L

时间	层次	最大值	最小值	平均值	一类超标率（超标站位数）	二类超标率
2012.05	表	1.08	0.04	0.68	0.00%	0.00%
	底	1.20	0.12	0.70	0.00%	0.00%
2012.09	表	1.80	0.63	1.11	0.00%	0.00%
	底	1.96	0.63	1.04	0.00%	0.00%
2013.09	表	1.96	0.72	1.06	0.00%	0.00%
	底	1.96	0.48	0.96	0.00%	0.00%
2014.10	表	1.62	1.00	1.25	0.00%	0.00%
	底	1.54	0.88	1.21	0.00%	0.00%
2015.05	表	1.12	0.08	0.61	0.00%	0.00%
	底	1.40	0.16	0.76	0.00%	0.00%
2017.11	表	1.50	0.58	0.92	0.00%	0.00%
	底	1.46	0.54	0.87	0.00%	0.00%
2018.05	表	1.59	0.76	1.11	0.00%	0.00%
	底	1.92	0.44	1.01	0.00%	0.00%
2018.09	表	1.86	0.80	1.26	0.00%	0.00%
	底	2.14	0.32	1.05	2.17%（1）	0.00%
2019.05	表	1.43	0.10	0.77	0.00%	0.00%
	底	1.95	0.17	0.79	0.00%	0.00%
2019.09	表	1.54	0.69	1.16	0.00%	0.00%
	底	1.59	0.72	1.07	0.00%	0.00%
2020.05	表	1.84	0.81	1.25	0.00%	0.00%
	底	1.70	0.69	1.12	0.00%	0.00%
2020.09	表	1.66	0.71	1.19	0.00%	0.00%
	底	1.66	0.64	1.08	0.00%	0.00%
2021.03	表	2.11	0.70	1.38	2.5%（1）	0.00%
	底	1.92	0.77	1.28	0.00%	0.00%

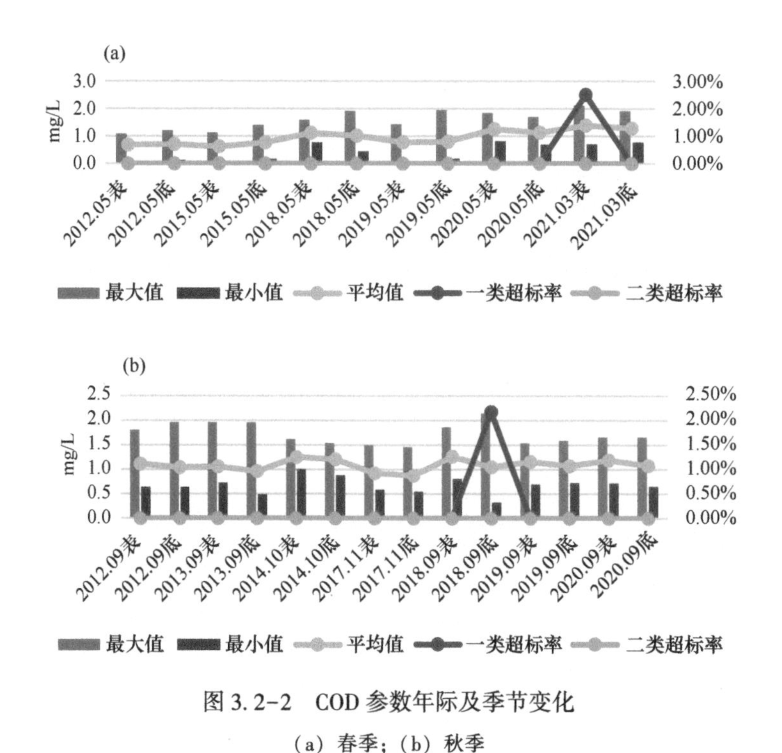

图 3.2-2　COD 参数年际及季节变化

（a）春季；（b）秋季

由表 3.2-3 和图 3.2-2 可见，在 2012—2021 年的调查中 COD 含量整体状况较好，除 2018 年 9 月和 2021 年 3 月偶有超标外，其他均符合一类海水水质标准，COD 在 10 年内波动基本稳定。春、秋两季调查差别不大。

COD 值较高意味着水中还原性物质较多，其中主要是有机污染物。COD 越高，就表示水中的有机物污染越严重。调查海域 10 年内的 COD 值较为平稳，偶尔超标，表明海域内有机污染物含量较低。

3.2.1.3　活性磷酸盐

2012—2021 年海洋调查活性磷酸盐的最大值、最小值、平均值和一类、二类超标率如表 3.2-4 和图 3.2-3 所示。

表 3.2-4　活性磷酸盐指标特征　　单位：μg/L

时间	层次	最大值	最小值	平均值	一类超标率（超标站位数）	二类超标率
2012.05	表	13.18	4.21	8.81	0.00%	0.00%
	底	15.91	3.04	7.85	3.57%（1）	0.00%

续表

时间	层次	最大值	最小值	平均值	一类超标率（超标站位数）	二类超标率
2012. 09	表	6. 94	3. 43	5. 15	0. 00%	0. 00%
	底	6. 16	3. 04	4. 66	0. 00%	0. 00%
2013. 09	表	17. 54	2. 31	8. 09	3. 57%（2）	0. 00%
	底	14. 31	2. 31	7. 70	0. 00%	0. 00%
2014. 10	表	36. 40	2. 36	15. 07	33. 33%（7）	4. 76%（1）
	底	37. 60	2. 36	15. 61	28. 57%（6）	9. 52%（2）
2015. 05	表	17. 33	1. 63	7. 49	4. 76%（3）	0. 00%
	底	14. 28	1. 67	5. 68	0. 00%	0. 00%
2017. 11	表	14. 80	1. 35	7. 36	0. 00%	0. 00%
	底	12. 10	1. 35	7. 57	0. 00%	0. 00%
2018. 05	表	33. 20	2. 80	10. 89	17. 39%（8）	0. 00%
	底	36. 10	3. 12	12. 44	28. 26%（13）	0. 00%
2018. 09	表	25. 90	1. 57	7. 03	2. 17%（1）	0. 00%
	底	24. 90	2. 29	7. 52	2. 17%（1）	0. 00%
2019. 05	表	7. 36	1. 22	3. 74	0. 00%	0. 00%
	底	8. 02	1. 40	4. 03	0. 00%	0. 00%
2019. 09	表	11. 40	4. 28	7. 22	0. 00%	0. 00%
	底	9. 60	4. 19	7. 06	0. 00%	0. 00%
2020. 05	表	14. 30	2. 10	5. 90	0. 00%	0. 00%
	底	11. 40	2. 02	5. 68	0. 00%	0. 00%
2020. 09	表	21. 80	4. 82	8. 32	5. 00%（2）	0. 00%
	底	19. 90	4. 50	8. 09	3. 03%（1）	0. 00%
2021. 03	表	17. 90	0. 50	5. 85	7. 5%（3）	0. 00%
	底	21. 00	1. 71	9. 70	17. 65%（6）	0. 00%

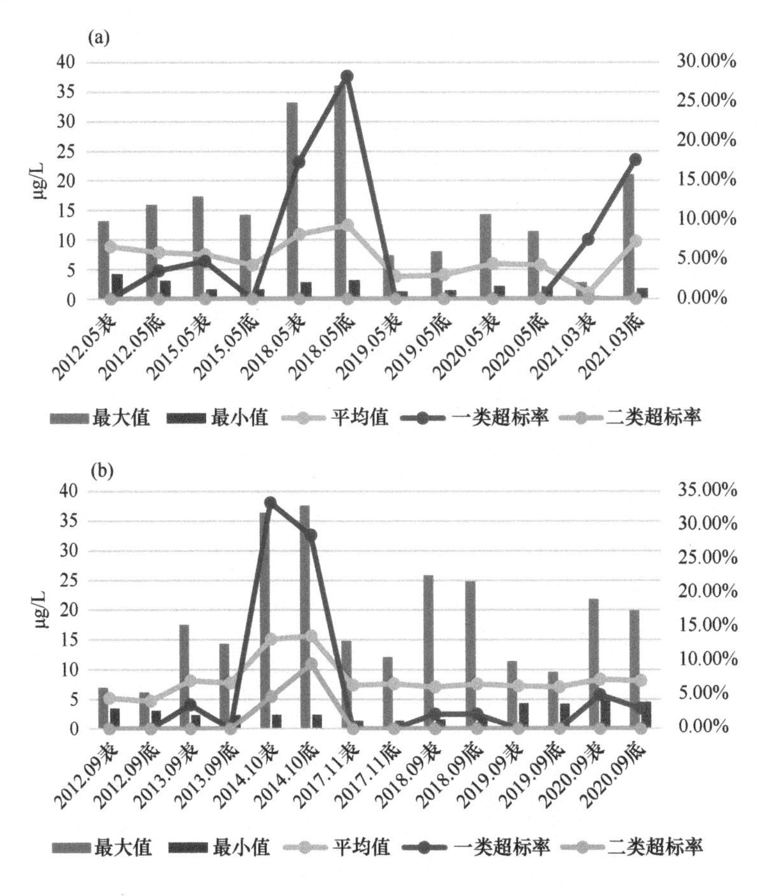

图 3.2-3　活性磷酸盐参数年际及季节变化

（a）春季；（b）秋季

由表 3.2-4 和图 3.2-3 可见，活性磷酸盐在同一次调查中变化比较大，2021 年 3 月的表层最大值与最小值相差 35.8 倍，2014 年 10 月、2018 年 9 月的表层最大值与最小值相差达近 20 倍，其余最大值与最小值相差 10 倍以上的调查有 7 次，分别是 2015 年 5 月表层、2017 年 11 月表层、2018 年 5 月表层、2018 年 5 月底层、2018 年 9 月表层、2018 年 9 月底层和 2021 年 3 月底层。历年调查中最大值是 2014 年 10 月底层，为 37.6 μg/L，最小值为 2021 年 3 月底层，为 0.50 μg/L。除 2014 年 10 月外，其余年份调查结果均符合二类海水水质标准。

从春、秋两季调查对比来看，都没有明显的上升或者下降趋势，平均值波动较大，具体评价结果如表 3.2-5 所示。

表 3.2-5　活性磷酸盐历年评价结果

调查航次	超标站位	所属功能区名称	海水水质标准要求
2012.05	1 站	无	一类
2013.09	2 站	无	一类
2014.10	9 站	无	一类
2015.05	3 站	无	一类
2018.05	15 站	渤海中部海域	一类
2018.09	40 站	其他	一类
2020.09	1 站	莱州湾农渔业区/黄河三角洲海洋保护区/东营黄河口北保留区	一类
	1 站	渤海中部海域	一类
2021.03	5 站	渤海中部海域	一类

3.2.1.4　无机氮

2012—2021 年海洋调查无机氮的最大值、最小值、平均值和一类、二类超标率如表 3.2-6 和图 3.2-4 所示。

表 3.2-6　无机氮指标特征　　单位：μg/L

时间	层次	最大值	最小值	平均值	一类超标率（超标站位数）	二类超标率（超标站位数）
2012.05	表	278.60	206.95	241.10	100%（28）	0.00%
	底	286.40	216.62	239.81	100%（28）	0.00%
2012.09	表	247.07	203.05	227.40	100%（27）	0.00%
	底	244.89	202.02	225.16	100%（27）	0.00%
2013.09	表	494.91	182.58	355.95	98.21%（55）	80.36%（45）
	底	640.69	192.45	354.03	97.73%（43）	75%（33）
2014.10	表	465.94	108.68	298.29	85.71%（18）	52.38%（11）
	底	392.68	216.14	297.11	100%（21）	52.38%（11）

续表

时间	层次	最大值	最小值	平均值	一类超标率（超标站位数）	二类超标率（超标站位数）
2015.05	表	502.65	289.34	371.18	100%（63）	96.83%（61）
	底	469.16	264.26	354.94	100%（63）	90.48%（57）
2017.11	表	712.36	459.47	596.09	100%（30）	100%（30）
	底	699.47	454.27	582.60	100%（21）	100%（21）
2018.05	表	368.60	18.78	149.90	26.09%（12）	0.00%
	底	321.40	35.30	138.19	23.91%（11）	0.00%
2018.09	表	313.06	15.27	106.47	10.87%（5）	4.35%（2）
	底	268.69	40.87	126.86	10.87%（5）	0.00%
2019.05	表	449.42	20.90	158.47	29.69%（19）	20.31%（13）
	底	411.31	16.12	139.04	22.03%（13）	15.25%（9）
2019.09	表	201.23	52.44	110.62	1.75%（1）	0.00%
	底	186.56	45.70	106.33	0.00%	0.00%
2020.05	表	329.02	29.92	177.01	37.25%（19）	9.80%（5）
	底	425.10	18.86	168.21	35.00%（14）	7.50%（3）
2020.09	表	400.00	32.29	169.57	37.50%（14）	10.00%（4）
	底	283.00	47.88	143.83	24.24%（8）	0.00%
2021.03	表	452.30	71.08	240.51	65.00%（26）	37.50%（15）
	底	406.10	60.42	159.85	41.18%（14）	8.82%（3）

由表3.2-6和图3.2-4可见，无机氮数据在同一航次调查中变化比较大，2019年5月表层最大值与最小值相差达到了21.50倍，底层最大值与最小值相差达到了25.52倍，2020年5月底层最大值与最小值相差22.61倍。

无机氮是由海水中亚硝酸盐、硝酸盐和铵盐三项的值加起来的总值，由于所有的调查数据中，只有2019年5月的数据集里给出了亚硝酸盐、硝酸盐和铵盐的数值，对其进行分析后发现，表层最大值和最小值分别为415 μg/L和4.34 μg/L，底层最大值和最小值分别为319 μg/L和1.55 μg/L，仅硝酸盐的表层和底层最大值与最小值差距就分别达到了

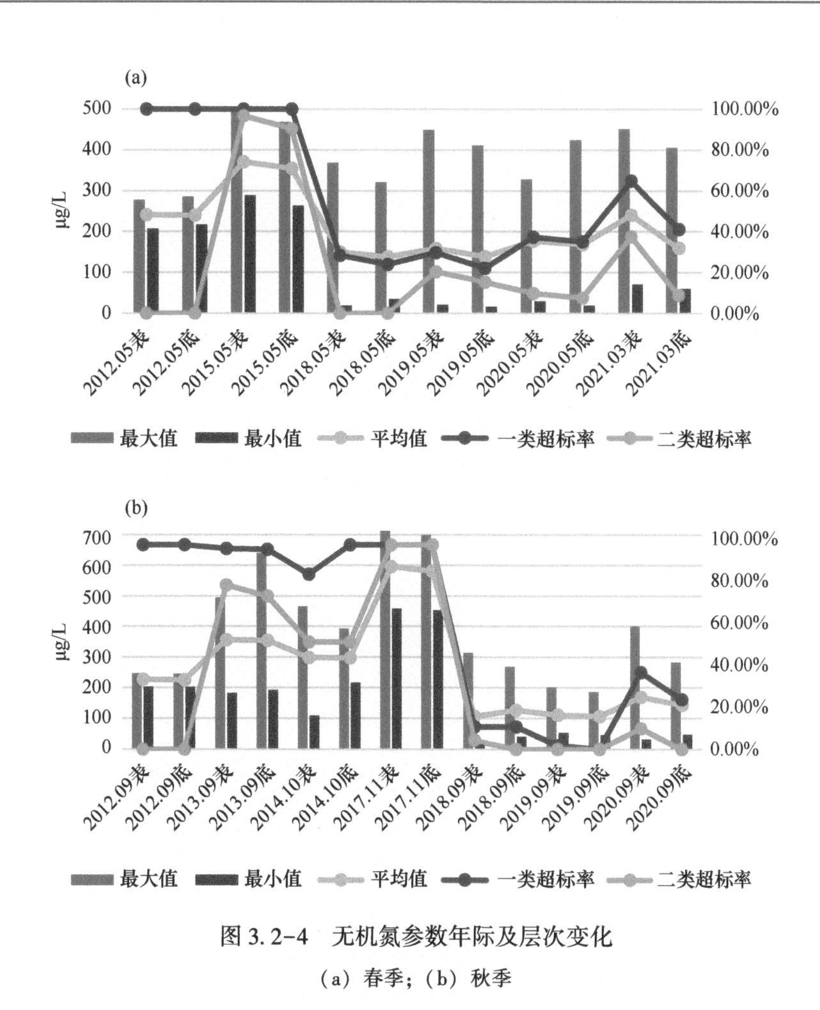

图 3.2-4　无机氮参数年际及层次变化

（a）春季；（b）秋季

95.62 倍和 205.81 倍，而亚硝酸盐和铵盐相差 10 倍左右，因此可以推定，无机氮倍数差别较大的原因是由于硝酸盐含量差别较大。其余航次只有无机氮的总数据，因此无法做具体分析。

从春、秋两季调查来看，春季无机氮含量相对更加稳定，秋季含量较高的站位与较低的站位都多于春季，同时超标更多。2012—2021 年的调查结果中，无机氮超标率较高，除 2019 年 9 月底层均没有超一类海水水质标准外，其余航次均超标一类海水水质标准；除 2018 年 5 月、2018 年 9 月底层、2019 年 9 月和 2020 年 9 月底层调查不超二类海水水质标准外，其余调查均有不同程度的超标。尤其是 2017 年 11 月的调查结果，超一类和超二类海水水质标准率均达到了 100%。

2018 年 5 月之后的无机氮最小值突降百倍左右。

具体评价结果见表 3.2-7。

表 3.2-7　无机氮历年评价结果

调查航次	超标站位	所属功能区名称	海水水质标准要求
2012.05	全部	无	一类
2012.09	全部	无	一类
2013.09	55 站	无	一类
2014.10	全部	无	一类
2015.05	全部	无	一类
2017.11	11 站	渤海海洋生态红线区/黄河三角洲海洋保护区/黄河三角洲国家级自然保护区/莱州湾国家级水产种质资源保护区	一类
2018.05	1 站	渤海中部海域	一类
2018.09	2 站	滨州-东营北农渔业区/黄河三角洲海洋保护区	一类
	5 站	河口-利津农渔业区	二类
	4 站	无	一类
2019.05	3 站	长岛北农渔业区/龙口港北部保留区/龙口港保留区/黄河三角洲海洋保护区	一类
	16 站	长岛西农渔业区/龙口北农渔业区/滨州-东营北农渔业区/河口-利津农渔业区	二类
	1 站	无	一类
2019.09	6 站	渤海中部海域	一类
2020.05	1 站	滨州-东营北农渔业区	一类
	17 站	京唐港至曹妃甸农渔业区/河口-利津农渔业区/滨州北农渔业区/东营河口海洋保护区	二类
	5 站	渤海中部海域	一类
2020.09	8 站	莱州湾农渔业区/黄河三角洲海洋保护区/东营黄河口北保留区	一类

续表

调查航次	超标站位	所属功能区名称	海水水质标准要求
2020.09	39 站	渤海中部海域	一类
2021.03	9 站	莱州湾农渔业区/黄河三角洲海洋保护区/东营黄河口北保留区	一类
	全部	渤海中部海域	一类

3.2.1.5　石油类

石油类调查仅监测表层，2012—2021 年海洋调查石油类的最大值、最小值、平均值和一类、二类超标率如表 3.2-8 和图 3.2-5 所示。

表 3.2-8　石油类指标特征　　单位：μg/L

时间	层次	最大值	最小值	平均值	一类、二类超标率（超标站位数）
2012.05	表	59.11	35.90	43.49	14.29%（4）
2012.09	表	20.98	10.34	12.57	0.00%
2013.09	表	70.59	8.03	24.85	8.93%（5）
2014.10	表	15.40	3.68	8.39	0.00%
2015.05	表	45.97	31.34	37.04	0.00%
2017.11	表	61.40	6.36	25.62	3.00%（1）
2018.05	表	42.00	3.22	13.49	0.00%
2018.09	表	46.30	4.76	14.25	0.00%
2019.05	表	32.40	4.77	15.70	0.00%
2019.09	表	53.80	12.50	23.92	3.51%（2）
2020.05	表	42.80	8.00	16.10	0.00%
2020.09	表	32.20	5.16	11.30	0.00%
2021.03	表	30.20	9.55	17.96	0.00%

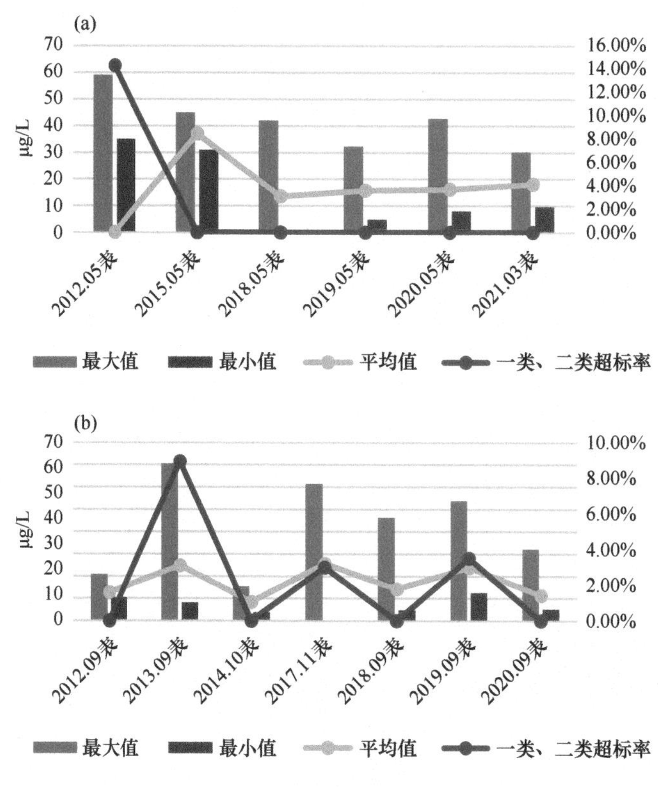

图 3.2-5　石油类参数年际及层次变化

（a）春季；（b）秋季

石油类的一类、二类海水标准值均小于等于 50 μg/L。由表 3.2-8 和图 3.2-5 可见，2012 年 5 月有 4 个站位超标，2013 年 9 月有 5 个站位超标。2017 年 11 月有 1 个站位超标；2019 年 9 月有 2 个站位超标。

由于石油类样品仅采集表层水样，在采样过程中易采集到由于渔船航行等泄漏出的油花，因此个别站位石油类超标属于正常现象。2017 年 11 月和 2018 年 5 月均存在未检出值，图中按照 0 值处理。

10 年内秋季石油类的总体波动较小，春季相对于秋季含量值更加稳定，整体含量较低。仅有个别站位超标，大部分站位都是趋向良好，故可认为石油类在 10 年内的数值总体呈下降趋势。

3.2.1.6　锌

2012—2021 年海洋调查重金属锌的最大值、最小值、平均值和一类、二类超标率如表 3.2-9 和图 3.2-6 所示。

表 3.2-9　重金属锌指标特征　　单位：μg/L

时间	层次	最大值	最小值	平均值	一类超标率（超标站位数）	二类超标率
2012.05	表	30.09	25.24	27.28	100%（28）	0.00%
	底	29.31	24.22	27.20	100%（28）	0.00%
2012.09	表	30.28	25.81	28.25	100%（27）	0.00%
	底	30.56	24.22	28.15	100%（27）	0.00%
2013.09	表	22.82	7.97	14.63	16.07%（9）	0.00%
	底	22.65	7.79	14.01	15.91%（7）	0.00%
2014.10	表	22.40	8.11	14.44	23.81%（5）	0.00%
	底	22.00	8.03	15.70	15.79%（3）	0.00%
2015.05	表	27.22	9.38	14.24	6.35%（4）	0.00%
	底	37.75	8.13	18.95	26.98%（7）	0.00%
2017.11	表	27.20	13.80	20.80	60.00%（18）	0.00%
	底	27.60	15.70	20.59	52.38%（11）	0.00%
2018.05	表	23.20	8.81	16.04	15.22%（7）	0.00%
	底	23.50	9.15	16.01	23.91（11）	0.00%
2018.09	表	27.60	10.70	20.50	56.52%（26）	0.00%
	底	27.30	10.70	18.30	30.43%（14）	0.00%
2019.05	表	21.30	7.13	14.30	21.88%（14）	0.00%
	底	23.30	8.30	15.90	27.12%（16）	0.00%
2019.09	表	23.00	6.28	15.00	17.54%（10）	0.00%
	底	22.70	6.33	14.80	10.91%（6）	0.00%
2020.05	表	20.40	6.30	10.50	1.96%（1）	0.00%
	底	21.20	6.30	12.70	7.50%（3）	0.00%
2020.09	表	47.50	0.34	17.57	27.5%（11）	0.00%
	底	44.20	4.21	18.08	27.27%（9）	0.00%

续表

时间	层次	最大值	最小值	平均值	一类超标率（超标站位数）	二类超标率
2021.03	表	16.70	2.71	7.46	0.00%	0.00%
	底	15.80	6.25	8.01	0.00%	0.00%

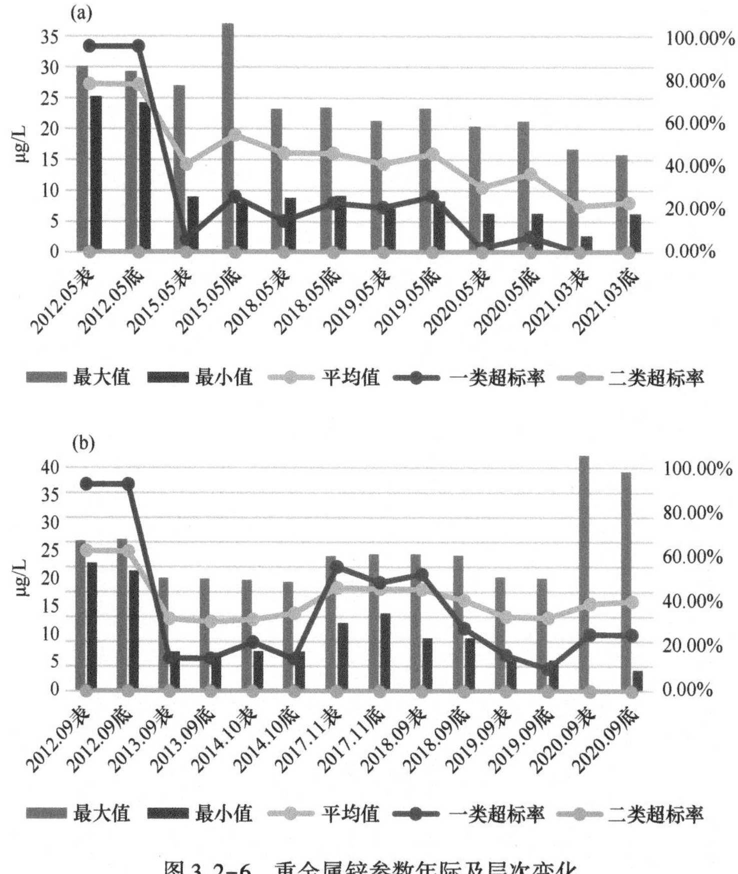

图 3.2-6　重金属锌参数年际及层次变化

（a）春季；（b）秋季

由表 3.2-9 和图 3.2-6 可以看出，2012—2021 年调查中重金属锌均符合二类海水水质标准，除了 2021 年 3 月调查结果全部符合一类海水水质标准外，其余调查航次均有不同程度的超一类海水水质标准，尤其是 2012 年 5 月和 9 月站位全部超标。

从春、秋两季调查来看，春季重金属锌呈现下降趋势，含量相对较低，而秋季呈上升趋势，春季调查结果优于秋季。具体评价结果见表 3.2-10。

表 3.2-10　重金属锌历年评价结果

<table>
<tr><th>调查航次</th><th>超标站位</th><th>所属功能区名称</th><th>海水水质
标准要求</th></tr>
<tr><td>2012.05</td><td>全部</td><td>无</td><td>一类</td></tr>
<tr><td>2012.09</td><td>全部</td><td>无</td><td>一类</td></tr>
<tr><td>2013.09</td><td>15 站</td><td>无</td><td>一类</td></tr>
<tr><td>2014.10</td><td>5 站</td><td>无</td><td>一类</td></tr>
<tr><td>2015.05</td><td>20 站</td><td>无</td><td>一类</td></tr>
<tr><td>2017.11</td><td>26 站</td><td>渤海海洋生态红线区/黄河三角洲海洋保护区/黄河三角洲国家级自然保护区/莱州湾国家级水产种质资源保护区</td><td>一类</td></tr>
<tr><td>2018.05</td><td>33 站</td><td>渤海中部海域</td><td>一类</td></tr>
<tr><td rowspan="2">2018.09</td><td>4 站</td><td>滨州-东营北农渔业区/黄河三角洲海洋保护区</td><td>一类</td></tr>
<tr><td>21 站</td><td>无</td><td>一类</td></tr>
<tr><td rowspan="2">2019.05</td><td>1 站</td><td>长岛北农渔业区/龙口港北部保留区/龙口港保留区/黄河三角洲海洋保护区</td><td>一类</td></tr>
<tr><td>22 站</td><td>无</td><td>一类</td></tr>
<tr><td rowspan="2">2019.09</td><td>3 站</td><td>龙口港北部保留区/黄河三角洲海洋保护区莱州刁龙嘴北保留区</td><td>一类</td></tr>
<tr><td>8 站</td><td>渤海中部海域</td><td>一类</td></tr>
<tr><td>2020.05</td><td>4 站</td><td>渤海中部海域</td><td>一类</td></tr>
<tr><td rowspan="2">2020.09</td><td>4 站</td><td>莱州湾农渔业区/黄河三角洲海洋保护区/东营黄河口北保留区</td><td>一类</td></tr>
<tr><td>10 站</td><td>渤海中部海域</td><td>一类</td></tr>
</table>

3.2.1.7　铅

2012—2021 年海洋调查重金属铅的最大值、最小值、平均值和一类、二类超标率如表 3.2-11 和图 3.2-7 所示。

表 3.2-11 重金属铅指标特征

单位：μg/L

时间	层次	最大值	最小值	平均值	一类超标率（超标站位数）	二类超标率
2012.05	表	1.59	1.33	1.46	100%（28）	0.00%
	底	1.58	1.32	1.45	100%（28）	0.00%
2012.09	表	1.85	1.39	1.56	100%（27）	0.00%
	底	1.88	1.33	1.54	100%（27）	0.00%
2013.09	表	2.04	0.56	1.26	64.29%（36）	0.00%
	底	2.03	0.54	1.30	72.73%（32）	0.00%
2014.10	表	1.91	0.49	1.08	47.62%（10）	0.00%
	底	1.97	0.55	1.11	47.37%（9）	0.00%
2015.05	表	3.39	0.79	1.48	93.65%（59）	0.00%
	底	3.45	0.89	1.60	93.65%（59）	0.00%
2017.11	表	3.13	1.43	2.35	100%（30）	0.00%
	底	3.23	1.47	2.38	100%（21）	0.00%
2018.05	表	2.09	0.68	1.46	71.74%（33）	0.00%
	底	2.14	0.70	1.45	78.26%（36）	0.00%
2018.09	表	2.39	0.94	1.73	95.65%（44）	0.00%
	底	2.34	0.91	1.70	91.30%（42）	0.00%
2019.05	表	2.16	0.66	1.49	89.06%（57）	0.00%
	底	2.11	0.72	1.40	76.27%（45）	0.00%
2019.09	表	2.08	0.69	1.34	71.93%（41）	0.00%
	底	2.17	0.70	1.42	81.82%（45）	0.00%
2020.05	表	0.90	0.08	0.35	0.00%	0.00%
	底	1.47	0.07	0.41	2.50%（1）	0.00%
2020.09	表	3.92	0.25	0.98	35%（14）	0.00%
	底	4.04	0.19	0.79	27.27%（9）	0.00%
2021.03	表	0.50	—	0.11	0.00%	0.00%
	底	0.23	—	0.08	0.00%	0.00%

注：“—”代表未检出。

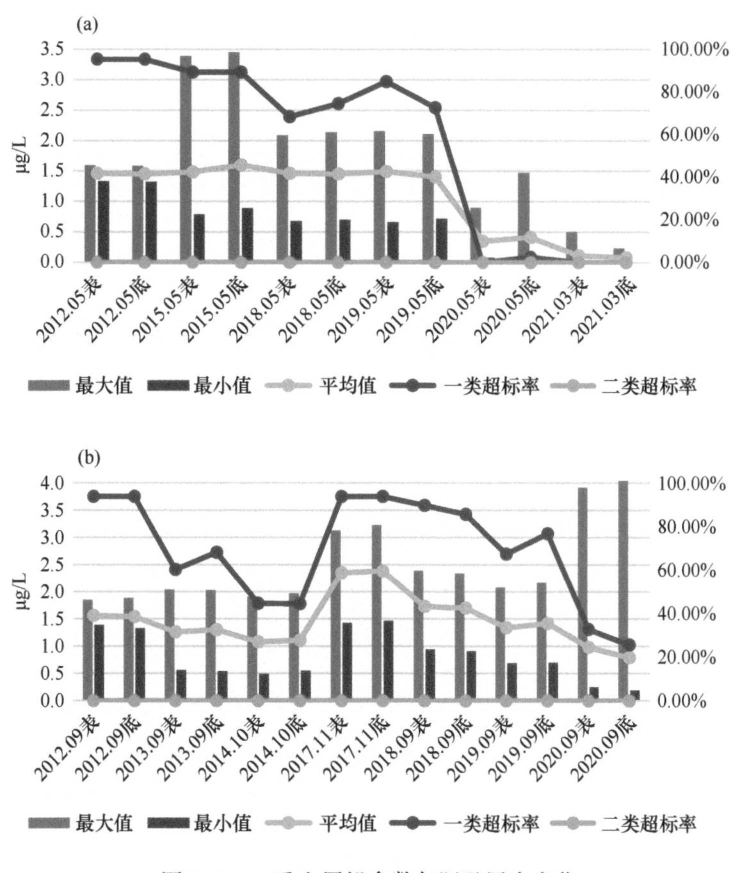

图 3.2-7 重金属铅参数年际及层次变化

(a) 春季；(b) 秋季

由表 3.2-11 和图 3.2-7 可以看出，2012—2021 年的航次调查结果中，铅的含量均符合二类海水水质标准。除 2020 年 5 月的表层海水站位和 2021 年 3 月的调查外，其余均有超一类海水水质标准的现象。尤其是 2012 年 5 月和 9 月站位全部超标，2015 年 5 月和 2018 年 9 月超标率均超过了 90%。

从春、秋两季调查来看，春季重金属铅含量呈现下降趋势，整体含量较低，而秋季含量较高，且呈现上升趋势，春季调查结果要优于秋季。具体评价结果见表 3.2-12。

表 3.2-12 重金属铅历年评价结果

调查航次	超标站位	所属功能区类型	海水水质标准要求
2012.05	全部	无	一类
2012.09	全部	无	一类
2013.09	52 站	无	一类

续表

调查航次	超标站位	所属功能区类型	海水水质标准要求
2014.10	17 站	无	一类
2015.05	62 站	无	一类
2017.11	全部超标	国家级保护区	一类
	全部超标	无	未明确，按照一类
2018.05	42 站	无	一类
2018.09	40 站	无	一类
2019.05	全部超标	长岛北农渔业区/龙口港北部保留区/龙口港保留区/黄河三角洲海洋保护区	一类
	61 站	无	一类
2019.09	6 站	龙口港北部保留区/黄河三角洲海洋保护区莱州刁龙嘴北保留区	一类
	42 站	渤海中部海域	一类
2020.05	1 站	渤海中部海域	一类
2020.09	6 站	莱州湾农渔业区/黄河三角洲海洋保护区/东营黄河口北保留区	一类
	11 站	渤海中部海域	一类

3.2.1.8 铬

2012—2021 年海洋调查重金属铬的最大值、最小值、平均值和一类、二类超标率如表 3.2-13 和图 3.2-8 所示。

表 3.2-13 重金属铬指标特征

单位：μg/L

时间	层次	最大值	最小值	平均值	一类超标率	二类超标率
2012.05	表	2.35	2.02	2.21	0.00%	0.00%
	底	2.35	2.08	2.19	0.00%	0.00%
2012.09	表	3.22	2.19	2.57	0.00%	0.00%
	底	3.09	2.16	2.60	0.00%	0.00%

续表

时间	层次	最大值	最小值	平均值	一类超标率	二类超标率
2013.09	表	2.76	0.79	1.90	0.00%	0.00%
	底	2.74	0.78	1.75	0.00%	0.00%
2014.10	表	2.78	0.90	1.92	0.00%	0.00%
	底	2.76	0.93	1.82	0.00%	0.00%
2015.05	表	7.05	1.47	3.75	0.00%	0.00%
	底	6.44	1.52	3.54	0.00%	0.00%
2017.11	表	4.56	2.80	3.63	0.00%	0.00%
	底	4.50	2.79	3.56	0.00%	0.00%
2018.05	表	16.20	0.95	2.18	0.00%	0.00%
	底	2.91	0.93	1.80	0.00%	0.00%
2018.09	表	3.09	1.00	1.92	0.00%	0.00%
	底	3.09	1.11	2.27	0.00%	0.00%
2019.05	表	2.82	0.92	1.93	0.00%	0.00%
	底	2.89	1.01	1.96	0.00%	0.00%
2019.09	表	2.86	0.85	1.82	0.00%	0.00%
	底	2.88	0.93	1.90	0.00%	0.00%
2020.05	表	9.84	0.88	5.10	0.00%	0.00%
	底	9.08	0.87	6.17	0.00%	0.00%
2020.09	表	27.50	0.92	4.19	0.00%	0.00%
	底	6.78	1.46	4.09	0.00%	0.00%
2021.03	表	2.37	0.76	1.10	0.00%	0.00%
	底	3.21	0.75	1.07	0.00%	0.00%

由图 3.2-8 和表 3.2-13 可以看出，10 年航次调查中，重金属铬在 2018 年 5 月表层和 2020 年 9 月表层的含量偶有升高外，其余航次调查的含量都比较稳定，均符合一类海水水质标准。从春、秋两季调查来看，春季铬含量个别站位稍高，但整体呈现下降趋势，秋季大多数站位处于较低水平，偶有站位升高，春季调查结果整体优于秋季。因此，重金属铬在 10 年内基本呈现出稳定趋势。

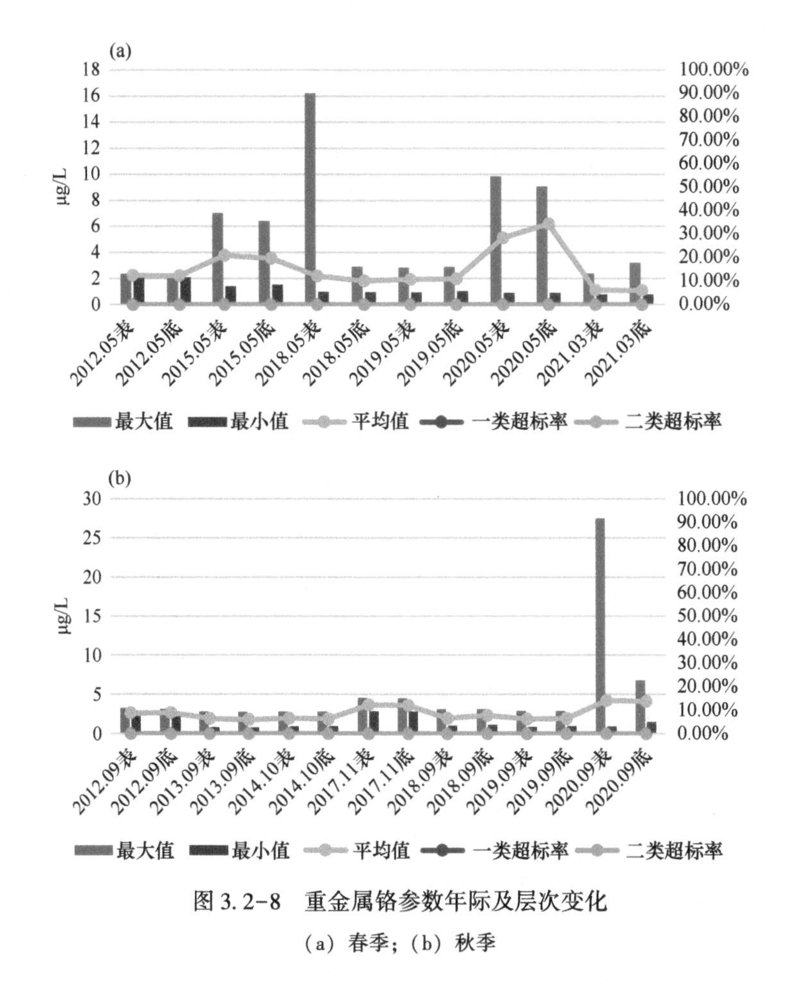

图 3.2-8　重金属铬参数年际及层次变化

(a) 春季；(b) 秋季

3.2.2　沉积物环境因子

海洋沉积物中的环境因子选取与 5 年期报告一样，即选取汞、铅、铬、石油类、锌作为分析对象，对以上参数的不同年份、不同季节的航次数据进行整合分析，以期对海洋沉积物环境质量的稳定性变化有所了解。《海洋沉积物质量》（GB 18668—2002）中对一类海洋沉积物质量标准值规定得比较宽泛，除了个别站位铅和石油超标以外，其余参数均符合一类海水标准，因此对于超标率以特征表进行展示，文中不再做详细分析。此外，以每次调查中参数的平均值作为其含量的绝对值指示其变化趋势。

3.2.2.1　汞

2012—2021 年海洋调查沉积物中重金属汞含量的最大值、最小值、平均值和超标率如表 3.2-14 和图 3.2-9 所示。其中 2012 年 9 月缺少沉积物数据。

表 3.2-14　重金属汞指标特征

调查航次	最大值/10^{-6}	最小值/10^{-6}	平均值/10^{-6}	一类超标率
2012. 05	0. 181	0. 113	0. 138	0. 00%
2013. 09	0. 05	0. 032	0. 039	0. 00%
2014. 10	0. 031	0. 021	0. 026	0. 00%
2015. 05	0. 098	0. 067	0. 088	0. 00%
2017. 11	0. 137	0. 034	0. 100	0. 00%
2018. 05	0. 066	0. 004	0. 020	0. 00%
2018. 09	0. 061	0. 006	0. 030	0. 00%
2019. 05	0. 039	0. 024	0. 030	0. 00%
2019. 09	0. 042	0. 025	0. 033	0. 00%
2020. 05	0. 135 6	0. 020 5	0. 048	0. 00%
2020. 09	0. 051	0. 012	0. 028	0. 00%
2021. 03	0. 057	0. 014	0. 040	0. 00%

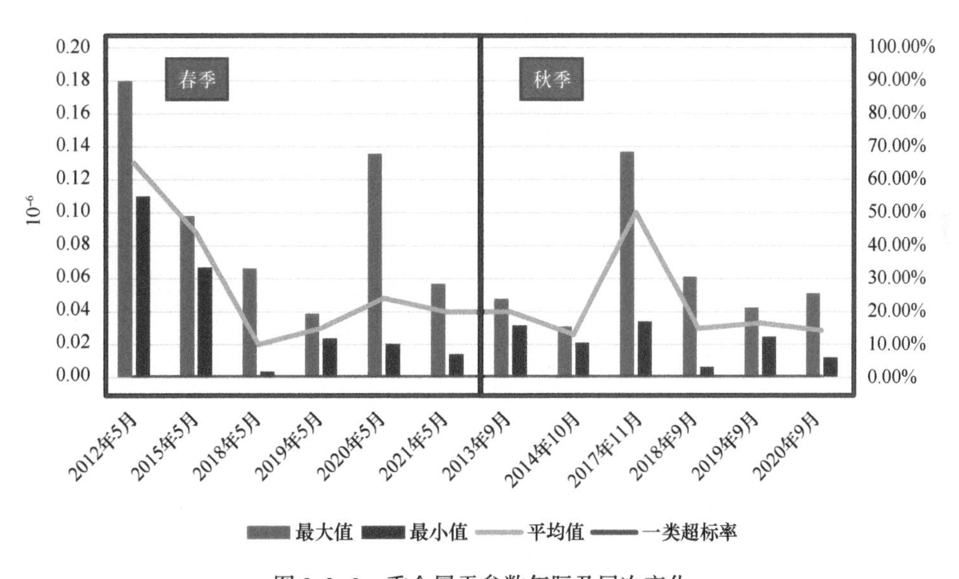

图 3.2-9　重金属汞参数年际及层次变化

由表 3.2-14 和图 3.2-9 可以看出，自 2012 年以来，沉积物中汞含量最大值为 0.18×10^{-6}（2012 年 5 月），最小值为 0.031×10^{-6}（2014 年 10 月）。除 2012 年 5 月、2017 年 11 月和 2020 年 5 月数据较高外，其余数据较为平稳。

从春、秋季调查来看，春、秋两季均呈下降趋势，秋季含量整体低于春季，因此秋季调查优于春季。

3.2.2.2 铅

2012—2021 年海洋调查沉积物中重金属铅含量的最大值、最小值、平均值和超标率如表 3.2-15 和图 3.2-10 所示。

表 3.2-15 重金属铅指标特征

调查航次	最大值/10^{-6}	最小值/10^{-6}	平均值/10^{-6}	一类超标率
2012.05	46.68	25.56	37.10	0.00%
2013.09	18.84	8.92	12.90	0.00%
2014.10	16.07	9.32	12.45	0.00%
2015.05	30.53	5.94	14.58	0.00%
2017.11	21.91	9.25	16.13	0.00%
2018.05	89.94	8.98	28.13	8.70%（2）
2018.09	20.93	11.02	15.04	0.00%
2019.05	20.35	10.29	14.82	0.00%
2019.09	20.93	11.35	14.80	0.00%
2020.05	41.00	5.81	17.99	0.00%
2020.09	22.66	9.06	15.85	0.00%
2021.03	32.86	6.71	15.92	0.00%

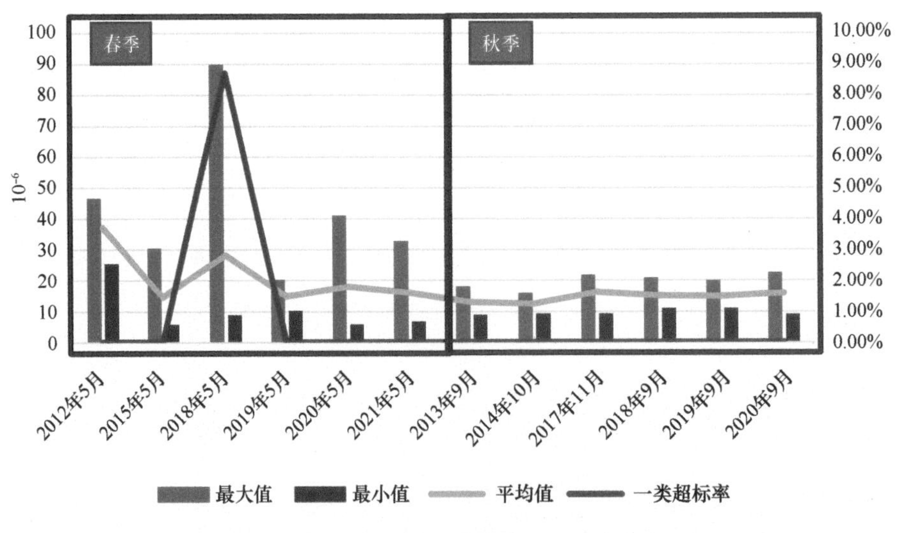

图 3.2-10 重金属铅参数年际及层次变化

一类海洋沉积物评价标准中，重金属铅的标准含量上限值是 60.0×10^{-6}。由图 3.2-9 和表 3.2-15 并结合报告可知，除 2018 年 5 月有 2 个站位的重金属铅含量超一类沉积物标准要求，超标率为 8.70%外，其余航次调查数据均符合一类沉积物标准，趋势较为平稳。

从春、秋季调查来看，春季含量普遍高于秋季，波动较大，而秋季一直处于含量较低且比较稳定的水平，因此秋季调查优于春季调查。

3.2.2.3　铬

2012—2021 年海洋调查沉积物中重金属铬含量的最大值、最小值、平均值和超标率如表 3.2-16 和图 3.2-11 所示。

表 3.2-16　重金属铬指标特征

调查航次	最大值/10^{-6}	最小值/10^{-6}	平均值/10^{-6}	一类超标率
2012.05	59.58	25.12	38.73	0.00%
2013.09	28.36	13.81	20.36	0.00%
2014.10	27.06	12.50	20.24	0.00%
2015.05	18.97	3.53	9.43	0.00%
2017.11	54.43	31.55	43.46	0.00%
2018.05	39.17	14.28	29.51	0.00%
2018.09	34.63	15.90	23.48	0.00%
2019.05	34.65	15.78	25.85	0.00%
2019.09	33.33	18.75	21.54	0.00%
2020.05	52.07	20.19	34.29	0.00%
2020.09	53.11	16.87	24.92	0.00%
2021.03	20.78	2.87	11.12	0.00%

一类海洋沉积物评价标准中，重金属铬的标准含量上限值是 80.0×10^{-6}。由表 3.2-16 和图 3.2-11 可见，10 年内的重金属铬数据均未超标，且航次调查数据较为平稳。

从春、秋两季调查来看，重金属铬含量相对比较稳定，平均值波动无规律可循，因此两季调查相差不大。

3.2.2.4　锌

2012—2021 年海洋调查沉积物中重金属锌含量的最大值、最小值、平均值和超标率如表 3.2-17 和图 3.2-12 所示。

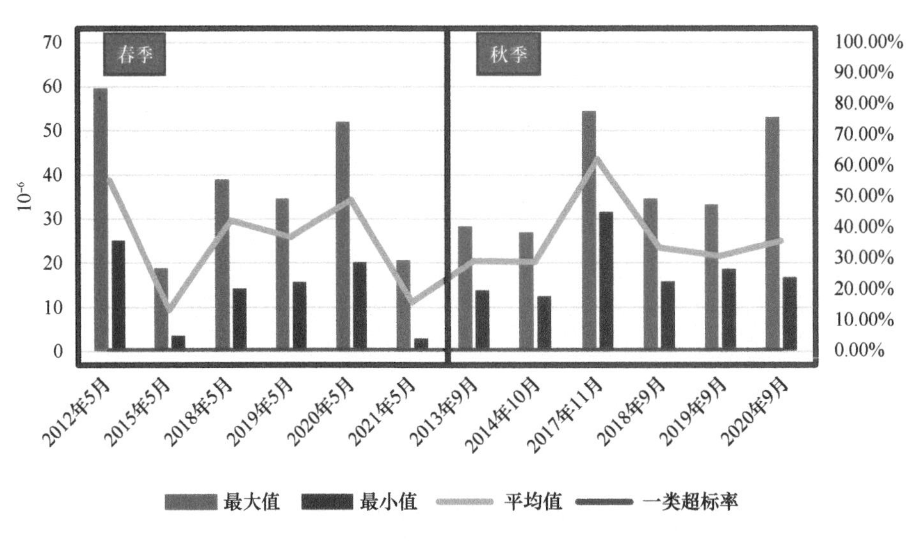

图 3.2-11　重金属铬参数年际及层次变化

表 3.2-17　重金属锌指标特征

调查航次	最大值/10^{-6}	最小值/10^{-6}	平均值/10^{-6}	一类超标率
2012.05	114.35	74.29	95.09	0.00%
2013.09	88.67	16.35	23.73	0.00%
2014.10	28.47	19.38	24.70	0.00%
2015.05	122.24	39.15	80.29	0.00%
2017.11	85.66	49.27	58.89	0.00%
2018.05	50.38	21.80	33.37	0.00%
2018.09	31.45	14.59	23.20	0.00%
2019.05	31.05	14.04	22.70	0.00%
2019.09	30.95	15.43	21.20	0.00%
2020.05	125.80	65.87	91.47	0.00%
2020.09	67.49	26.52	39.41	0.00%
2021.03	34.79	5.63	15.24	0.00%

2021 年 3 月未检出站位按照检出限的 1/2 取值，参考标准 GB/T 20260—2006 中锌的检出限为 11.2×10^{-6}，最小取值为 5.6×10^{-6}。

一类海洋沉积物评价标准中，重金属锌的标准含量上限值是 150.0×10^{-6}，10 年内的重金属锌数据均未超标。除个别航次数据较高外，其余数据较为平稳。

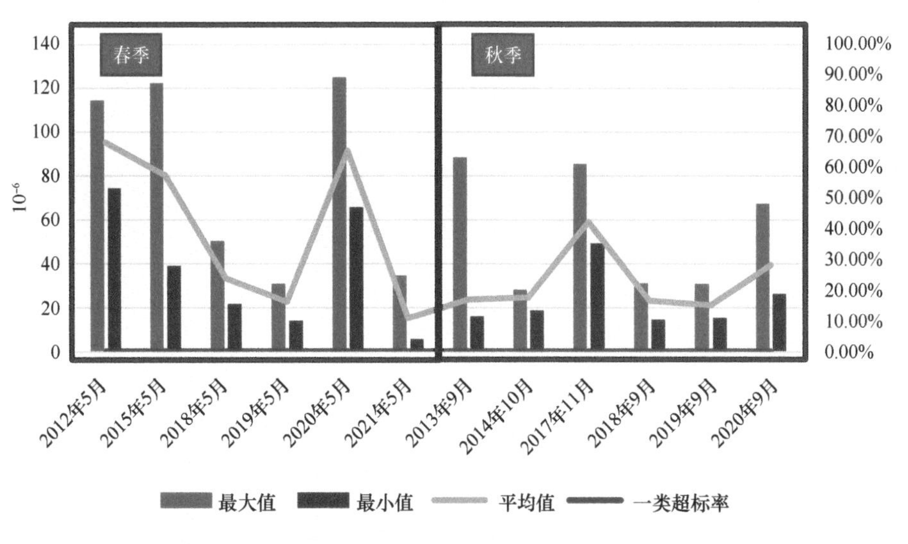

图 3.2-12　重金属锌参数年际及层次变化

从春、秋两季调查来看，春季含量略高于秋季，平均值波动较大，因此秋季调查要优于春季。

3.2.2.5　石油类

2012—2021 年海洋调查沉积物中石油类含量的最大值、最小值、平均值和超标率如表 3.2-18 和图 3.2-13 所示。

表 3.2-18　石油类指标特征

调查航次	最大值/10^{-6}	最小值/10^{-6}	平均值/10^{-6}	一类超标率（超标站位数）
2012.05	101.63	69.32	81.62	0.00%
2013.09	168.16	5.05	40.22	0.00%
2014.10	470.27	6.86	97.89	0.00%
2015.05	91.13	55.31	73.59	0.00%
2017.11	133.12	6.53	46.15	0.00%
2018.05	499.52	3.85	120.57	0.00%
2018.09	215.85	5.21	61.06	0.00%
2019.05	329.55	1.56	80.05	0.00%
2019.09	555.02	12.63	150.44	3.13%（1）
2020.05	137.65	4.41	45.68	0.00%

续表

调查航次	最大值/10^{-6}	最小值/10^{-6}	平均值/10^{-6}	一类超标率（超标站位数）
2020. 09	338. 09	11. 52	136. 08	0. 00%
2021. 03	458. 06	7. 26	118. 25	0. 00%

2019 年 5 月报告有 2 个站位石油类未检出，根据石油类检出限 3.0×10^{-6}，未检出部分取 1/2 量值即 1.5×10^{-6} 参加统计运算。

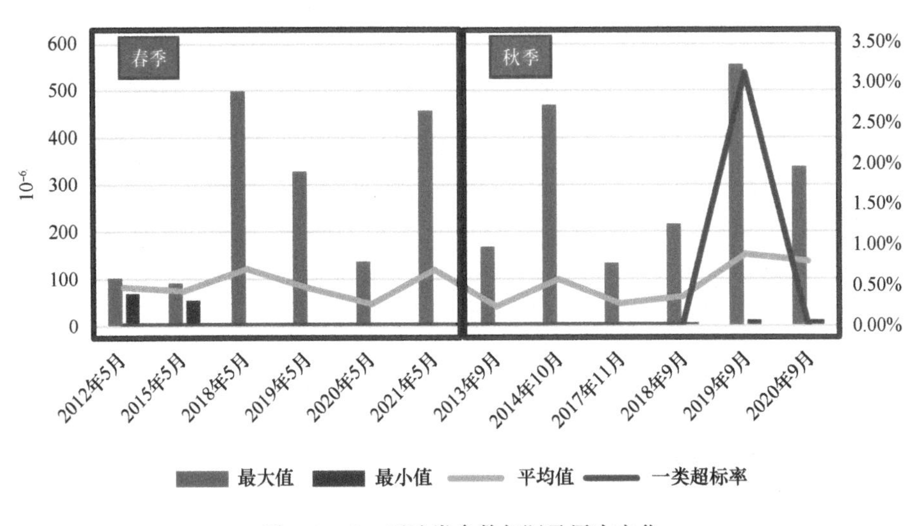

图 3. 2-13　石油类参数年际及层次变化

由图 3. 2-13 和表 3. 2-18 可见，2019 年 9 月 1 个站位石油类超出一类沉积物标准，超标率为 3. 13%，其他站位虽然没有超过一类沉积物标准，但 2018 年 5 月和 2021 年 3 月数据已接近一类沉积物标准上限值，应进行超标预警。

从春、秋两季调查来看，均没有呈现出明显的升高或者降低趋势，因此两季调查差别不是太大。

3. 2. 3　海洋生态（含生物资源）环境因子

海洋生态（含生物资源）环境因子选取生物体质量、叶绿素 *a*、浮游动植物（种类数、个体密度、重量密度）、底栖生物（种类数、个体密度、重量密度）、渔业资源（种类数、密度）作为分析对象，对以上参数的不同年份、不同季节的数据进行整合分析，以期海洋生态（含生物资源）对环境质量的稳定性变化有所了解。

其中 2019 年 5 月和 9 月两个航次缺少浮游植物、浮游动物、底栖生物和渔业资源的数据，故不对上述 2 期监测数据进行分析。

3.2.3.1　海洋生物体质量

海洋生物体质量评价标准常用的主要有《全国海岸带和海涂资源综合调查简明规程》（全国海岸带和海涂资源综合调查简明规程编写组，1986）和《海洋生物质量》（GB 18421—2001）（国家海洋局，2001）两部，前者年代比较久远，查不到相关资料，后者主要是以海洋贝类生物作为标志物进行评价。而航次调查捕获的海洋生物以鱼类和甲壳类生物为主，因此这两部评价标准都不适用。据此，本报告对生物体质量不做评价，仅依据报告给出的数据进行分析作为参考（表 3.2-19）。

表 3.2-19　生物体质量对比分析

调查航次	站位、样品数量和种类	样品名称和数量	样品所属类别	超标元素和数量	超标率
2012.09	3 个站位，3 个样品，3 个种类	口虾蛄：1 三疣梭子蟹：1 斑鰶：1	鱼类：斑鰶 甲壳类：口虾蛄 三疣梭子蟹	无	0%
2013.05	6 个站位，14 个样品，14 个种类	扁玉螺：2 口虾蛄：1 脉红螺：2 毛蚶：1 鲱：1 矛尾刺虾虎鱼：1 鹰爪虾：1 虾虎鱼：2 斑鰶：1 半滑舌鳎：1	软体动物：脉红螺，扁玉螺，毛蚶 甲壳类：鹰爪虾，口虾蛄 鱼类：半滑舌鳎，矛尾刺虾虎鱼，虾虎鱼，鲱，斑鰶	无	0%
2013.09	12 个站位，8 个种类（合并测定）	脉红螺、口虾蛄、日本蟳、鲈鱼、虾虎鱼、鲬、蛎虾、舌鳎	软体动物：脉红螺 鱼类：日本蟳、鲈鱼、虾虎鱼、鲬、舌鳎 甲壳类：口虾蛄、蛎虾	1 站位脉红螺：铅、镉含量超标	8.33%
2014.10	4 个站位，15 个样品，4 个种类	四角蛤：3 三疣梭子蟹：4 口虾蛄：4 虾虎鱼：4	软体动物：四角蛤 鱼类：虾虎鱼 甲壳类：口虾蛄、三疣梭子蟹	无	0%

续表

调查航次	站位、样品数量和种类	样品名称和数量	样品所属类别	超标元素和数量	超标率
2015.05	31个站位，35个样品，6个种类	斑鰶：3 口虾蛄：11 脉红螺：5 三疣梭子蟹：3 虾虎鱼：10 长蛸：3	软体动物：长蛸、脉红螺 鱼类：斑鰶，虾虎鱼 甲壳类：口虾蛄，三疣梭子蟹	无	0%
2017.11	21个站位，21个样品，3个种类	半滑舌鳎：7 虾虎鱼：8 口虾蛄：6	鱼类：半滑舌鳎，虾虎鱼 甲壳类：口虾蛄	铜：P9站位的半滑舌鳎	铜：4.76%
2018.05	5个站位，10个样品，8个种类	长偏顶蛤：1 口虾蛄：3 魁蚶：1 日本鼓虾：1 六线云尉：1 栉孔虾虎鱼：1 褐虾：1 短吻舌鳎：1	鱼类：栉孔虾虎鱼，短吻舌鳎 甲壳类：口虾蛄，日本鼓虾，褐虾 软体类：长偏顶蛤，魁蚶	无	0%
2018.09	24个站位，49个样品，6个种类	白姑鱼：16 口虾蛄：12 矛尾复虾虎鱼：6 日本枪乌贼：4 文蛤：9 长蛸：2	鱼类：白姑鱼，矛尾复虾虎鱼 甲壳类：口虾蛄 软体类：日本枪乌贼，文蛤，长蛸	无	0%
2019.05	37个站位，69个样品，3个种类	口虾蛄：20 矛尾复虾虎鱼：36 鲬：13	鱼类：矛尾复虾虎鱼，鲬 甲壳类：口虾蛄	无	0%
2019.09	29个站位，38个样品，2个种类	口虾蛄：18 矛尾复虾虎鱼：20	鱼类：矛尾复虾虎鱼 甲壳类：口虾蛄	无	0%
2020.05	5个站位，10个样品，8个种类	短吻舌鳎：1 褐虾：1 口虾蛄：3 魁蚶：1 六线云尉：1 日本鼓虾：1 栉孔虾虎鱼：1 长偏顶蛤：1	鱼类：栉孔虾虎鱼，短吻舌鳎 甲壳类：口虾蛄，日本鼓虾，褐虾 软体类：长偏顶蛤，魁蚶	无	0%

续表

调查航次	站位、样品数量和种类	样品名称和数量	样品所属类别	超标元素和数量	超标率
2020.09	24 个站位，36 个样品，4 个种类	短文红舌鳎：6 口虾蛄：19 矛尾虾虎鱼：7 鹰爪虾：4	鱼类：短文红舌鳎，矛尾复虾虎鱼 甲壳类：口虾蛄，鹰爪虾	铜：矛尾虾虎鱼 5 个 铅：短文红舌鳎 6 个，鹰爪虾 4 个 锌：矛尾虾虎鱼 3 个 镉：口虾蛄 3 个，矛尾虾虎鱼 5 个	铜：13.88% 铅：27.78% 锌：8.33% 镉：22.22%
2021.03	24 个站位，31 个样品，4 个种类	口虾蛄：12 矛尾复虾虎鱼：11 四角蛤蜊：4 鲜明鼓虾：4	鱼类：矛尾复虾虎鱼 甲壳类：口虾蛄，鲜明鼓虾 软体类：四角蛤蜊	铅：口虾蛄 6 个，矛尾虾虎鱼 7 个，鲜明鼓虾 1 个 锌：矛尾虾虎鱼 4 个 镉：口虾蛄 12 个，矛尾虾虎鱼 1 个	铅：45.16% 锌：12.90% 镉：41.94%

2012—2021 年海洋调查生物体中重金属和石油烃含量的平均值如表 3.2-20 和图 3.2-14 所示。

表 3.2-20　生物体质量指标特征　　单位：mg/kg

调查航次	铜	铅	镉	铬	锌	砷	汞	石油烃
2012.09	15.723	0.050	0.911	0.612	13.907	1.140	0.004	3.073
2013.05	7.619	0.263	0.239	0.431	16.362	1.337	0.017	6.892
2013.09	0.572	0.110	0.296	0.199	5.983	0.890	0.004	8.993
2014.10	0.207	0.082	0.405	0.094	4.781	0.818	0.004	23.271
2015.05	0.106	0.131	0.143	/	0.097	/	0.421	0.324
2017.11	17.262	0.577	0.145	3.580	22.266	0.022	0.117	10.867
2018.05	2.619	0.140	0.112	0.101	1.776	1.631	0.010	5.437
2018.09	0.416	0.195	0.070	0.132	1.606	1.075	0.005	2.024
2019.05	1.206	0.115	0.098	0.107	3.648	1.041	0.009	0.663
2019.09	0.325	0.102	0.087	0.096	2.936	1.020	0.004	1.336
2020.05	2.619	0.140	0.112	0.101	1.776	1.631	0.010	5.437
2020.09	25.279	1.478	0.934	5.096	53.733	5.667	0.040	1.712
2021.03	31.688	2.656	2.258	1.773	47.829	6.942	0.039	2.704

注：“/”代表本次调查未提供此项数据。

通过计算每个航次捕获的生物体内的7种重金属和石油烃的含量平均值，分析10年期调查中生物体质量的变化。

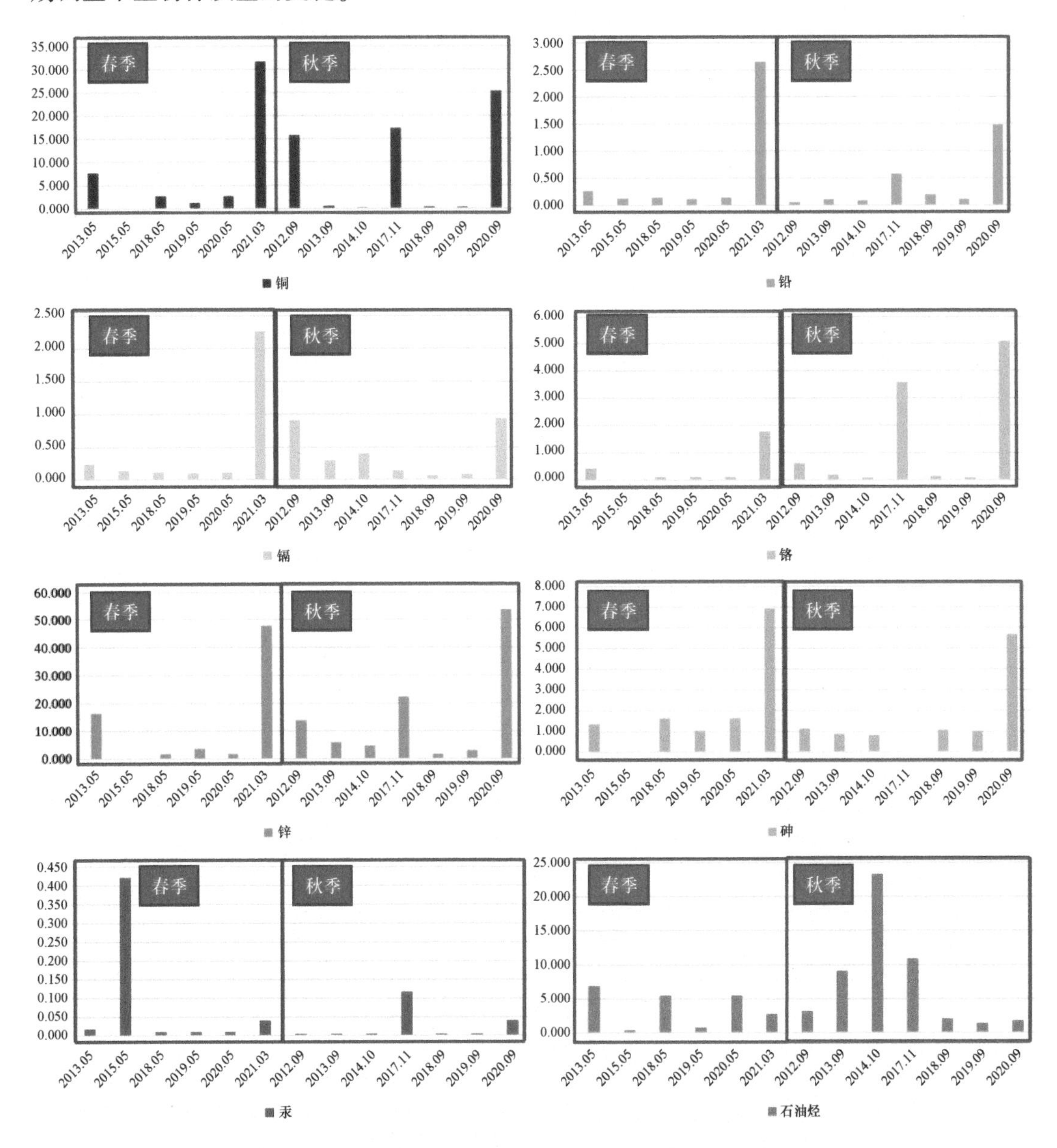

图3.2-14　生物体质量参数（单位：mg/kg）年际及层次变化

由表3.2-20和图3.2-14可见，2012—2021年的调查报告中，生物体质量调查的站位分布差别较大，捕获的样品数量差异也很大。站位和数量最多的一次调查是2019年5月，有37个站位和69个样品，其次是2018年9月，捕获6个种类的49个样品，最少的一次调查是2012年9月，仅有3个站位、3个样品和3个种类。其余的调查报告站位数量在 20~40 个，种类名称和数量也各不相同，大多以鱼类（舌鳎和虾虎鱼）和甲壳类（口虾蛄和日本鼓虾）为主，软体类（蛤类为主）出现了 8 次。

超标率方面，2013 年 9 月有 1 个站位的一个种类铅、镉含量超标，超标率为 8.33%。2017 年 11 月有 1 个站位的半滑舌鳎铜元素超标，超标率为 4.76%。2020 年 9 月除汞元素外，其余铜、铅、锌、镉 4 种元素均有不同程度的超标。2021 年 3 月铅、锌、镉 3 种元素均有不同程度的超标。

从春、秋两季调查来看，除了汞元素的春季调查呈下降趋势外，其余均呈现上升趋势，主要是由于 2021 年春季调查各元素含量普遍较高所导致。

3.2.3.2　叶绿素 *a*

2012—2021 年海洋调查叶绿素 *a* 的最大值、最小值、平均值如表 3.2-21 和图 3.2-15 所示。

表 3.2-21　叶绿素 *a* 指标特征　　单位：mg/m³

时间	层次	最大值	最小值	平均值
2012.05	表	12.95	4.89	8.66
	底	13.12	3.74	8.69
2012.09	表	11.99	1.77	3.62
	底	5.14	1.56	3.17
2013.09	表	6.81	1.48	3.84
	底	8.28	1.99	4.33
2014.10	表	3.52	0.46	1.80
	底	3.59	0.52	1.93
2015.05	表	4.29	0.58	2.54
	底	4.31	0.81	2.52
2017.11	表	3.36	0.65	1.51
	底	4.07	0.44	1.47
2018.05	表	5.22	0.96	2.37
	底	5.26	1.03	2.46
2018.09	表	3.38	0.44	1.48
	底	3.49	0.27	0.90
2019.05	表	4.18	0.78	1.72
	底	2.36	0.47	1.61

续表

时间	层次	最大值	最小值	平均值
2019. 09	表	8. 25	0. 43	1. 99
	底	1. 86	0. 65	1. 14
2020. 05	表	13. 33	0. 45	4. 04
	底	12. 94	1. 67	3. 83
2020. 09	表	8. 01	1. 88	4. 76
	底	6. 24	1. 82	4. 17
2021. 03	表	11. 96	1. 54	5. 43
	底	13. 38	3. 47	8. 04

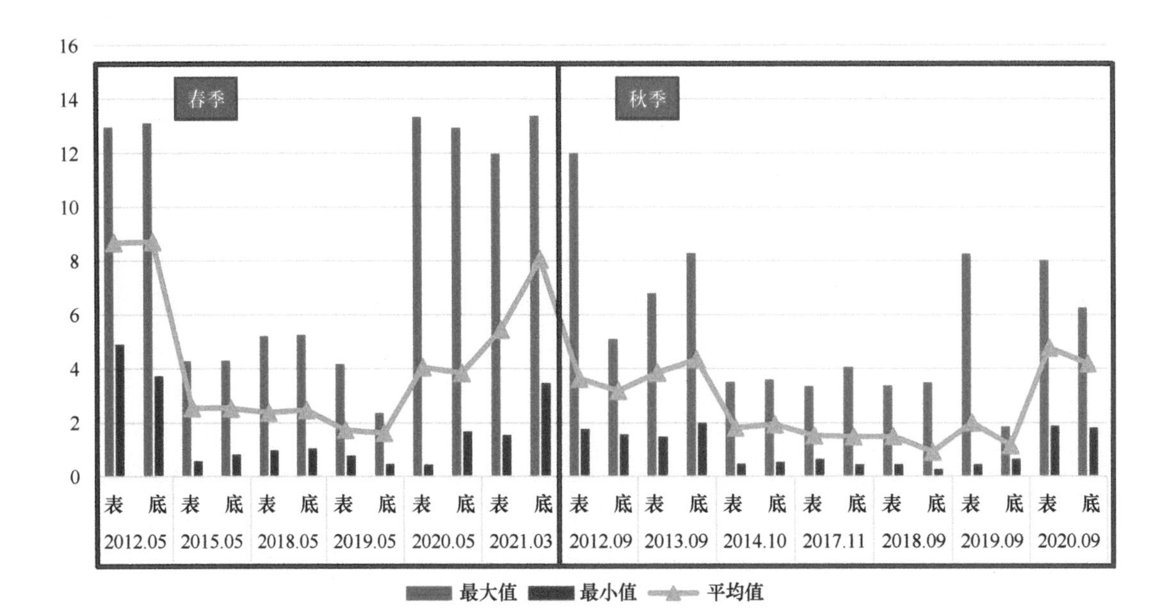

图 3. 2-15　叶绿素 *a* 参数（单位：mg/m³）年际及层次变化

由表 3. 2-21 和图 3. 2-15 可以看出，2012—2021 年调查中同一个调查航次表层和底层叶绿素 *a* 值相差不大，春、秋两季叶绿素 *a* 的含量均表现出两头高、中间低的规律，2012 年、2020 年和 2021 年叶绿素 *a* 含量较高，中间年份较低。

3. 2. 3. 3　浮游植物

浮游植物作为海洋食物链的初级生产者，是多种浮游动物和鱼类的饵料，是海洋生产力的基础。但浮游植物的过量增殖也会引发赤潮，对海洋生态环境具有极大的破坏作用。

浮游植物的种类与数量分布除与水温、盐度等水文环境密切相关外，还明显受到营养盐含量等化学因子的制约。2012—2021 年海洋调查浮游植物相关参数特征如表 3.2-22 和图 3.2-16 所示。

表 3.2-22　浮游植物指标特征

调查航次	种类	优势种	细胞密度/（10^4 个·m^{-3}）	多样性指数（H'）	均匀度（J）	优势度（$D2$）	丰度（d）
2012.05	15 种	尖刺菱形藻、具槽直链藻、星脐圆筛藻、刚毛根管藻、布氏双尾藻和加氏拟星杆藻	1.10	2.12	0.78	0.65	0.42
2012.09	20 种	—	9.43	2.60	0.80	0.57	0.54
2013.09	79 种	假弯角毛藻、垂缘角毛藻、扭鞘藻、尖刺拟菱形藻、奇异角毛藻和佛氏海线藻	17.01	3.27	0.68	0.46	1.22
2014.10	50 种	圆筛藻和威氏圆筛藻	72.21	2.58	0.57	0.67	3.58
2015.05	46 种	翼根管藻、夜光藻	26.44	2.12	0.68	0.70	0.46
2017.11	64 种	福环藻、夜光藻	37.69	2.66	0.65	0.62	1.29
2018.05	30 种	夜光藻、密联角毛藻	3.86	1.57	0.55	0.79	0.46
2018.09	75 种	洛氏角毛藻、旋链角毛藻	552.23	3.26	0.66	3.42	3.32
2019.05	46 种	圆筛藻、印度翼根管藻	11.32	1.88	0.57	/	0.61
2019.09	76 种	尖刺伪菱形藻、旋链角毛藻	606.78	2.57	0.54	/	1.27
2020.05	38 种	密联角毛藻、具槽帕拉藻	2.90	1.52	0.54	0.45	0.81
2020.09	68 种	尖刺伪菱形藻、圆筛藻	620.47	3.07	0.69	0.99	0.51
2021.03	63 种	优美旭氏藻、矮小变形中肋骨条藻	2162.82	2.30	0.54	0.77	0.68

注：“—”代表未检出；“/”代表本次调查未提供此项数据。

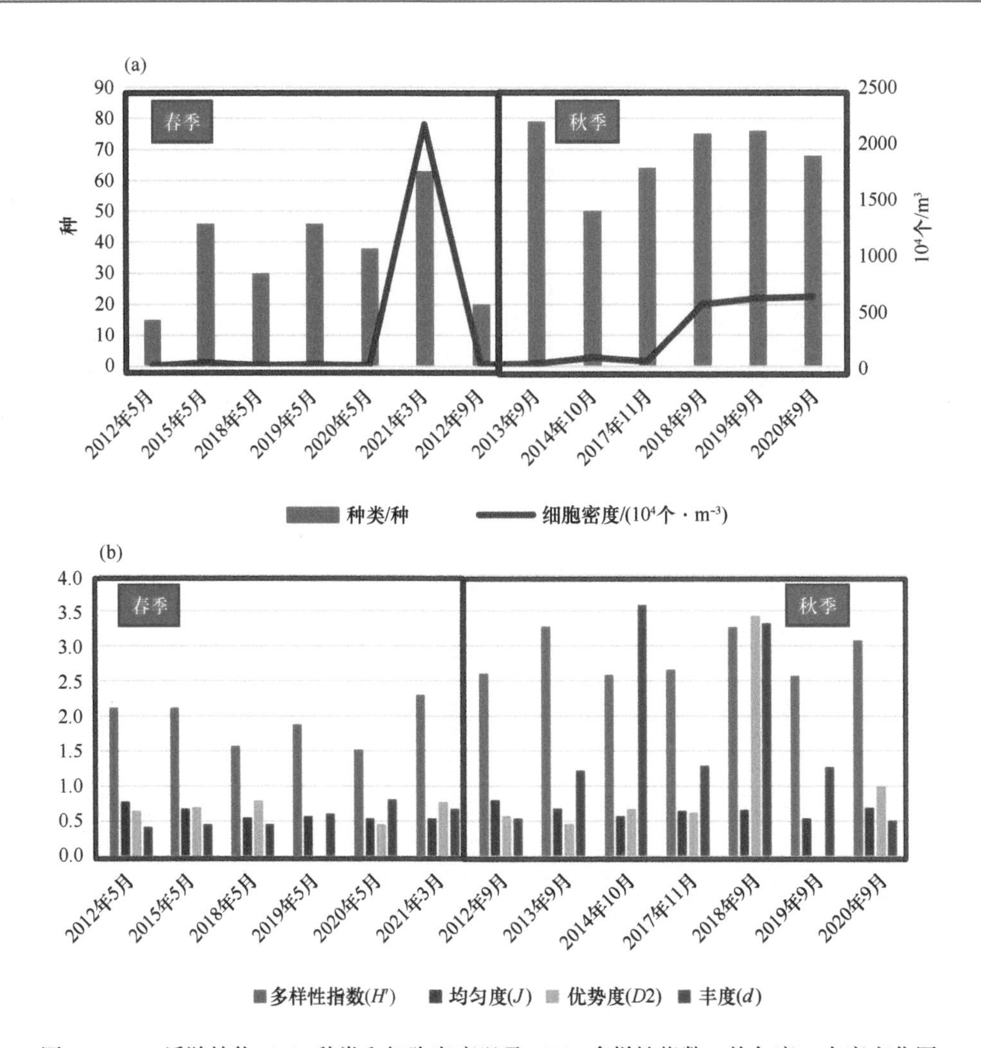

图 3.2-16　浮游植物（a）种类和细胞密度以及（b）多样性指数、均匀度、丰度变化图

由表 3.2-22 和图 3.2-16 可以看出，2012 年 5 月细胞密度最低，只有 1.1×10^4 个/m^3，2021 年 3 月细胞密度最大，达到 2 162.82×10^4 个/m^3。其他航次调查在 2018 年 5 月之前比较稳定，2018 年之后的秋季都会有一个小幅度增长。捕获的种类显示出春季较低、秋季较高的特点。除 2012 年和 2018 年 5 月种类较少外，其他种类数量相似，优势种类群突出且相近。

多样性指数、均匀度相对比较稳定，优势度除在 2018 年 9 月较高以外，其他调查航次也相对稳定，2014 年 10 月和 2018 年 9 月丰度值较高，其他航次差别不大。整体来看，秋季的各项指数均高于春季，随着年份整体呈现上升趋势。

3.2.3.4　浮游动物

2012—2021 年海洋调查浮游动物的相关参数如表 3.2-23 和图 3.2-17 所示。

表 3. 2-23　浮游动物指标特征

调查航次	种类	生物量/（mg·m⁻³）	个体密度/（个·m⁻³）	多样性指数（H'）	均匀度（J）	优势度（$D2$）	丰度（d）
2012. 05	16 种	156. 38	286. 3	2. 01	0. 76	0. 69	0. 80
2012. 09	27 种	31. 24	41. 29	2. 04	0. 63	0. 66	2. 22
2013. 09	54 种	63. 81	47. 51	1. 64	0. 63	0. 79	0. 79
2014. 10	29 种	/	/	1. 4	0. 45	0. 86	1. 28
2015. 05	19 种	240. 84	157. 63	2. 22	0. 67	0. 67	1. 25
2017. 11	21 种	95. 09	39. 23	1. 48	0. 57	0. 81	1. 65
2018. 05	24 种	756. 77	2 438. 30	1. 11	0. 38	0. 93	0. 67
2018. 09	33 种	0. 13	250. 12	2. 98	0. 86	4. 12	1. 36
2019. 05	28 种	201. 09	2 099. 29	1. 03	0. 37	/	0. 57
2019. 09	36 种	167. 7	212. 01	2. 17	0. 67	/	1. 17
2020. 05	30 种	281. 53	1 075. 92	1. 46	0. 48	0. 78	0. 86
2020. 09	41 种	594. 03	200. 40	2. 29	0. 63	1. 78	0. 66
2021. 03	19 种	156. 58	179. 86	1. 69	0. 63	0. 86	0. 78

注："/" 代表本次调查未提供此项数据。

由表 3. 2-23 和图 3. 2-17 可以看出，2018 年之前的航次个体密度、种类和生物量都相对较小，个体密度的高值出现在 2018 年、2019 年和 2020 年 5 月的春季航次里，其余航次密度相对较低，生物量和密度最大值均在 2018 年 5 月。除 2018 年 9 月优势度值较高外，其余航次的多样性指数、均匀度、优势度和丰度 4 个指标 10 年内比较稳定，航次之间相差不大。

各项指数在正常范围内，浮游动物群落状况一般。

3. 2. 3. 5　底栖生物

2012—2021 年海洋调查底栖生物的相关参数特征如表 3. 2-24 和图 3. 2-18 所示。

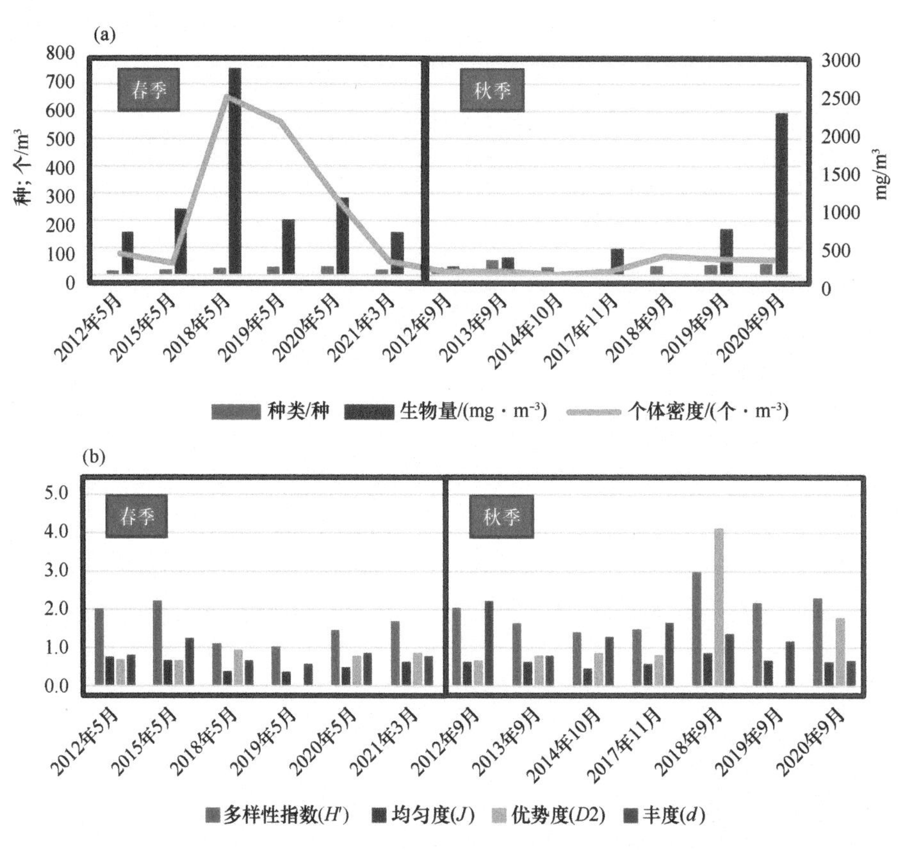

图 3.2-17 浮游动物（a）种类、个体密度、生物量和（b）多样性指数、均匀度、优势度、丰度变化

表 3.2-24 底栖生物指标特征

调查航次	种类	生物量/（g · m^{-2}）	个体密度/（个 · m^{-2}）	多样性指数（H'）	均匀度（J）	优势度（$D2$）	丰度（d）
2012.05	49 种	2.16	62.68	1.99	1.00	0.68	1.47
2012.09	35 种	0.84	102.26	1.54	0.34	0.66	1.40
2013.09	77 种	59.71	324.92	2.05	0.77	0.63	0.95
2014.10	36 种	/	/	2.60	0.95	0.49	0.96
2015.05	95 种	6.55	505.74	3.46	0.88	0.37	1.70
2017.11	69 种	12.20	356.82	2.90	0.84	0.49	1.98
2018.05	76 种	7.49	209.17	3.08	0.80	0.37	1.66
2018.09	82 种	39.04	453.45	3.26	0.89	4.65	1.51
2019.05	83 种	14.58	601.10	3.23	0.85	/	1.61
2019.09	92 种	20.29	515.05	3.52	0.87	/	2.98

续表

调查航次	种类	生物量/(g·m^{-2})	个体密度/(个·m^{-2})	多样性指数(H')	均匀度(J)	优势度($D2$)	丰度(d)
2020.05	78 种	4.92	108.30	2.85	0.91	0.46	1.34
2020.09	99 种	31.02	290.48	3.33	0.84	0.43	2.01
2021.03	89 种	8.37	365.42	3.34	0.84	0.42	2.02

注：“/”代表本次调查未提供此项数据。

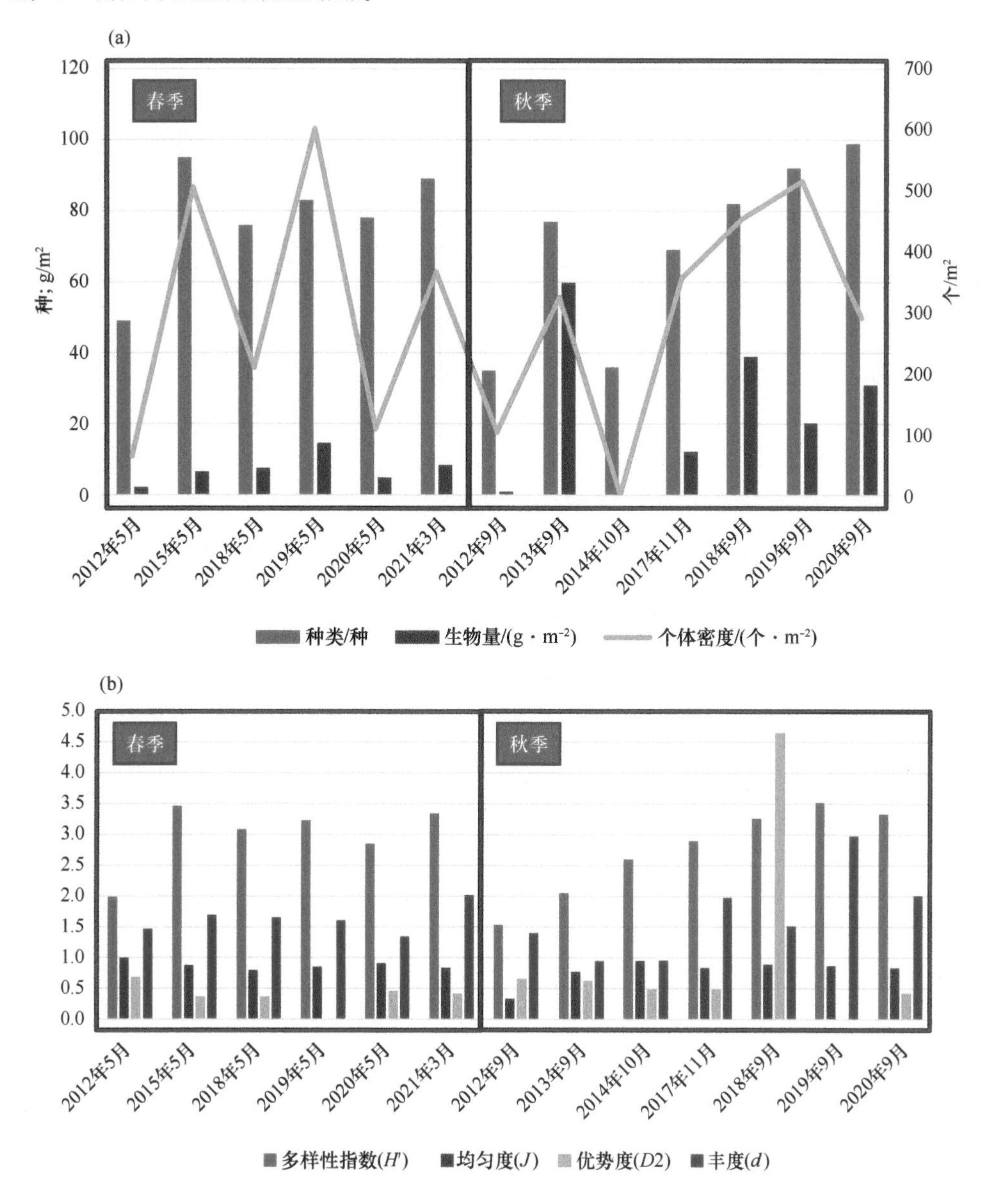

图 3.2-18　底栖生物（a）种类、个体密度、生物量和（b）多样性指数、均匀度、优势度、丰度变化

由表 3. 2-24 和图 3. 2-18 可以看出，底栖生物个体密度的最高值和最低值分别出现在 2019 年 5 月和 2012 年 5 月，生物量的最高值出现在 2013 年 9 月和 2012 年 5 月，秋季的生物量整体上高于春季的生物量。多样性指数、均匀度和丰度数值比较稳定，优势度除 2018 年 9 月较高外，其余也相对稳定，航次之间差别不大。

3. 2. 3. 6 渔业资源

2017 年 11 月航次没有渔业资源数据，因此对 2018 年 5 月至 2021 年 3 月历时 4 年间的渔业资源数据进行分析。渔业资源的调查分为鱼卵和仔鱼两种类型（表 3. 2-25）。

表 3. 2-25 渔业资源指标特征

调查航次	水平拖网种类	垂直拖网种类	个体密度/（个·m^{-3}）
2012. 05	鱼卵 12 种，仔鱼 8 种		仔鱼：0. 03 鱼卵：1. 18
2015. 05	鱼卵 14 种，仔鱼 3 种		仔鱼：0. 77 鱼卵：1. 01
2018. 05	仔鱼 4 种，鱼卵 9 种	仔鱼 3 种，鱼卵 4 种	平均：6. 03
2018. 09	仔鱼 4 种，鱼卵 2 种	仔鱼 1 种，鱼卵 1 种	仔鱼：0. 11 鱼卵：0. 09
2019. 05	/	仔鱼 3 种，鱼卵 6 种	仔鱼：1. 39 鱼卵：0. 27
2019. 09	仔鱼 4 种，鱼卵 1 种	仔鱼 1 种，鱼卵 2 种	仔鱼：0. 01 鱼卵：0. 11
2020. 05	仔鱼 2 种，鱼卵 2 种		仔鱼：1. 15 鱼卵：52. 81
2020. 09	仔鱼 1 种，鱼卵 1 种		仔鱼：0. 02 鱼卵：0. 04
2021. 03	仔鱼 1 种		仔鱼：0. 01 鱼卵：0

注：“/”代表本次调查未提供此项数据。

渔业资源的调查一般是对鱼卵和仔鱼进行调查，正常是分为垂直拖网和水平拖网两种调查方式。2012—2021 年的报告中，渔业资源调查的内容和方式差别较大。2012 年 5 月、2015 年 5 月、2020 年 5 月、2020 年 9 月和 2021 年 3 月的报告中未对拖网方式进行区分，

2012 年 9 月未进行鱼卵和仔鱼调查，2013 年 9 月和 2014 年 10 月的报告将鱼卵和仔鱼归在了浮游动物里进行统计分析，并且后者未捕获到鱼卵和仔鱼，2017 年 11 月未进行渔业资源调查，2018 年 5 月、2018 年 9 月和 2019 年 9 月分别进行了垂直拖网和水平拖网调查，2019 年 5 月只进行了垂直拖网调查。因此，在调查内容和方式上不具备可比性。此外，鱼卵和仔鱼种类差别不大，种类最多出现在 2012 年 5 月，最少出现在 2021 年 3 月，整体来看，随着时间的推移，渔业资源的种类越来越少。

在个体密度方面，2020 年 5 月数值较高，鱼卵的个体密度达到了 52.81 个/m^3，其他均不超过 1 个/m^3，2021 年 3 月，鱼卵个体密度数量为 0，达到最低。渔业资源的个体密度整体呈现降低趋势。

3.2.4　小结

针对海上油气田用海项目在用海论证过程中所需的调查站位多、频次多，易导致项目获批时效降低等问题，本研究拟通过多年来海洋环境质量现状调查数据的综合分析，从中发现典型海洋环境质量评价因子的变化特征和规律，研究海洋环境质量现状调查数据的时效性和延伸性的合理性，以期提高现有调查数据的利用效率和优化调查站位布设，从而加快海上油气田项目的用海论证报告编制和提升项目审批效率。

通过对 2012—2021 年共 14 期渤中海上油气田附近海域的海洋环境质量现状调查数据的海水水质、海洋沉积物和海洋生态中典型评价因子的综合分析，可得出 2012—2021 年上述典型评价因子存在以下变化特征。

（1）海水水质环境：DO 指标总体超标率较低；COD 指标中 99%的监测站位都符合一类海水水质标准，近几年呈上升趋势；活性磷酸盐指标呈现出持续降低的趋势，且秋季变化较小；无机氮尚无明显特征；石油类指标秋季呈下降趋势，春季呈上升趋势，但总体呈下降趋势；重金属锌、铅、铬含量呈转好趋势，波动较小。从春、秋季节调查来看，水质参数中 COD 和磷酸盐的季节调查特征不明显外，其余参数均表现出春季调查结果要优于秋季调查结果。

（2）海洋沉积物环境：海洋沉积物典型评价因子的总体较为稳定。春、秋季节调查航次对比后发现，石油类和重金属铬季节调查之间差别不大，其余均表现出秋季调查优于春季调查的特征。

（3）海洋生态环境：生物体的重金属和石油烃含量尚无明显变化规律；叶绿素 a 呈现出逐年增长的趋势；浮游植物种类数、多样性指数和丰度总体呈上升趋势，均匀度总体呈现下降趋势；浮游动物种类数、生物量、个体密度、多样性指数、均匀度总体呈上升趋势，丰度则总体表现为下降趋势；底栖生物的种类数、生物量、个体密度、多样性指数、均匀度和丰度等都呈现上升趋势。

（4）渔业资源：除 2020 年 5 月的个体密度较大以外，仔鱼和鱼卵在种类、数量和个体密度三个方面均呈下降趋势。

（5）生物体质量：年度报告之间的数据不具备可比性，仅从重金属超标率看，生物体质量呈下降趋势。

因此，总体来看10年内海水水质的典型评价指标较为稳定，尤其是DO、石油类、重金属指标的含量处于低水平年际变化中，建议可适当删减相应的调查指标。此外，站位数量的设定趋多，按照规范进行合理设定，站位太过于密集，数据差异很小。浮游植物和浮游动物的种类数、细胞密度、多样性指数、均匀度和丰度等指标有增有减，有待进一步研究分析。底栖生物的各项评价指标均呈现出逐年总体上升趋势。

3.3 资料时效延伸性分析结论

3.3.1 海洋生态环境指标变化趋势

通过上述5年期和10年期渤中和垦利海上油气田用海项目海域的海洋生态环境调查数据分析，典型评价指标存在以下变化趋势：

（1）渤中和垦利海域的海洋生态环境中表现较为稳定的指标为，水质指标中的DO、COD、石油类、锌、铅、铬，沉积物的所有指标（汞、铅、铬、锌、石油类等）。

（2）渤中和垦利海域的海洋生态环境中表现呈降低趋势的指标为，水质指标中的活性磷酸盐、浮游植物均匀度、浮游动物丰度、仔鱼和鱼卵的种类、数量、个体密度。

（3）渤中和垦利海域的海洋生态环境中表现呈增长趋势的指标为，叶绿素 a、浮游植物种类数、浮游植物多样性指数、浮游动物种类数、浮游动物生物量、浮游动物个体密度、浮游动物多样性指数、底栖生物种类数、底栖生物生物量、底栖生物个体密度、底栖生物多样性指数、底栖生物均匀度、底栖生物丰度。

3.3.2 调查数据时效延伸性分析

目前，按照新导则和旧导则要求，海水水质、沉积物、海洋生态的调查数据时效为3年。根据5年期和10年期渤中和垦利海上油气田用海项目海域海洋生态环境调查数据的统计分析，可见海洋沉积物各典型指标表现非常稳定，其时效可最多延伸至9年。

海水水质设定的站位除个别站位所在区域需采用一类评价外，其余站位大多可采用二类海水水质标准进行分析。如果采用二类评价标准，则大多数指标都是符合二类海水水质标准，其中COD、重金属锌、重金属铅、重金属铬10年内都相对稳定，可延长资料时效至5~9年；其余指标活性磷酸盐、无机氮、石油类、其他重金属等波动较大，变化趋势不明显，时高时低，因此难以延长资料时效。

生物体质量各指标年度差异较大，无法延长调查数据时效；叶绿素 a、浮游植物和浮游动物相关指标较多，指标多年统计表明趋势有增有减，故也无法做到延长时效。

3.3.3　调查季节

根据新导则，海上油气开采项目的海洋环境质量现状的调查频次为 1 个季节，故需要选择出一个较为典型的调查季节。根据渤中和垦利海上油气田用海项目海域历史数据分析表明，5 年期和 10 年期的海水水质和海洋沉积物的季节性变化较小，尤其是沉积物指标表现基本稳定，故水质和沉积物对调查季节要求较小；5 年内叶绿素 a 的值春季普遍高于秋季，浮游植物、浮游动物、底栖生物秋季整体优势优于春季，鱼卵仔鱼、生物体质量没有明显季节差别；10 年内春、秋两季叶绿素 a 的含量均表现出两头高、中间低的规律，浮游植物、底栖生物秋季整体优势优于春季，浮游动物春季略优于秋季，鱼卵仔鱼整体上呈下降趋势，中间年份秋季多于春季，故海洋生态各指标存在一定的季节性差异，春季和秋季各有优劣。

第4章 调查站位数量优化分析

4.1 旧导则最低调查站位分析

根据上文多年调查数据典型指标的统计分析，针对海水水质指标［温度、盐度、pH、COD、DO、悬浮物、石油类（限于表层）、磷酸盐、无机氮、铜、铅、镉、锌、铬、汞、砷、挥发酚］，海洋沉积物指标（有机碳、硫化物、石油类、铜、铅、锌、镉、铬、汞、砷）和海洋生态指标（叶绿素 *a*、浮游植物细胞密度、浮游动物生物量、浮游动物个体密度、底栖生物生物量、底栖生物个体密度）开展了分析，旨在研究满足旧导则最低调查站位数量要求时，调查数据是否具有代表性。

4.1.1 2017年11月调查数据分析

4.1.1.1 调查数据特征分析

1）海水水质指标

从表4.1-1表层水质各指标的标准差来看，温度、盐度、pH、DO、无机氮、铜、镉、铬、汞、砷、挥发酚的标准差较小，说明上述指标与其平均值相差不大，COD、悬浮物、石油类、磷酸盐、锌、铅的标准差相对较大。同时，温度、盐度、pH、DO、无机氮、铜、镉、铬、砷和挥发酚的变异系数小于0.2，其他指标的变异系数则大于0.2（图4.1-1）。由此看来，温度、盐度、pH、DO、无机氮、铜、镉、铬、砷和挥发酚分布较为均匀，上述指标缩减至20个调查站位后各指标数值分布仍会较均匀，对原调查数据的代表性较强。其他指标缩减至20个调查站位后，由于本身分布均匀性较差，对原调查数据的代表性可能较差，以COD、石油类、磷酸盐、铅、锌较为典型。

从表4.1-2底层水质各指标的标准差和平均值来看，温度、盐度、pH、DO、无机氮、铜、镉、汞的标准差较小，说明上述指标分布与平均值相差不大，COD、磷酸盐、悬浮物、铅、锌、铬、砷和挥发酚的标准差较大，说明上述指标的分布存在部分与平均值偏离较大的情况。同时，温度、盐度、pH、DO、无机氮、铜、铅、铬、锌、汞和挥发酚的变异系数小于0.2，其他指标的则大于0.2，并且与表层各指标的变异系数对比来看，底层水质指标的均匀性要高些（图 4. 1-2）。由此看来，温度、盐度、pH、DO、无机氮、铜、汞分布较为均匀，缩减至 20 个调查站位后均匀性变化可能较小，对原调查数据的代表性较强。其他指标缩减至 20 个调查站位后部分指标与原调查指标的平均值背离较大，对原调查数据的代表性可能差些。

表 4. 1-1 2017 年 11 月表层水质指标标准差、平均值和变异系数

	温度	盐度	pH	COD	DO	悬浮物	石油类	磷酸盐	无机氮
标准差	0. 044	0. 072	0. 030	0. 270	0. 030	16. 567	13. 682	4. 486	61. 775
平均值	13. 073	31. 250	8. 008	0. 923	7. 338	55. 840	24. 766	7. 363	595. 800
变异系数	0. 003	0. 002	0. 004	0. 293	0. 004	0. 297	0. 552	0. 609	0. 104

	铜	铅	镉	锌	铬	汞	砷	挥发酚
标准差	0. 134	0. 580	0. 037	4. 337	0. 464	0. 015	0. 343	0. 134
平均值	1. 786	2. 347	0. 901	20. 803	3. 630	0. 054	2. 291	1. 786
变异系数	0. 075	0. 247	0. 041	0. 208	0. 128	0. 279	0. 150	0. 075

注：除温度（℃）、盐度、pH、COD（mg/L）和 DO（mg/L）外，其余指标平均值单位均为 μg/L。

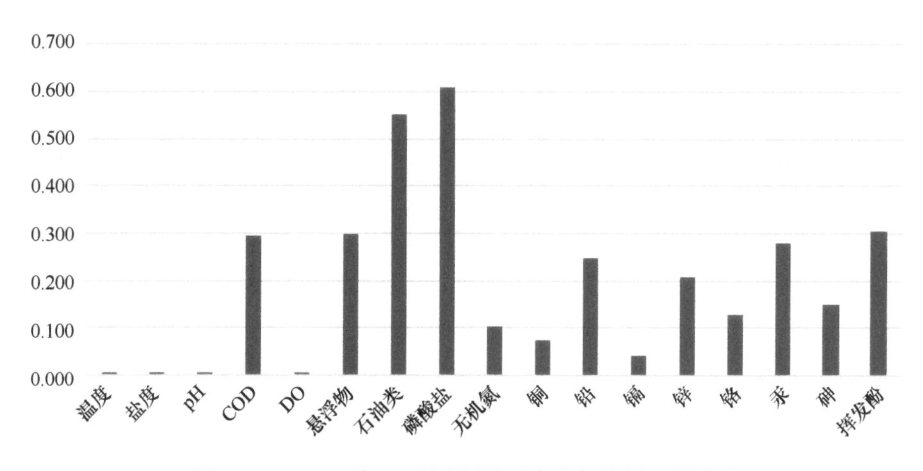

图 4. 1-1 2017 年 11 月表层水质各指标变异系数分布

表 4. 1-2 2017 年 11 月底层水质指标标准差、平均值和变异系数

	温度	盐度	pH	COD	DO	悬浮物	磷酸盐	无机氮
标准差	0. 045	0. 084	0. 056	0. 283	0. 034	19. 094	3. 680	77. 279
平均值	13. 071	31. 261	7. 992	0. 872	7. 325	59. 428	7. 570	582. 095
变异系数	0. 003	0. 003	0. 007	0. 324	0. 005	0. 321	0. 486	0. 003

续表

	铜	铅	镉	锌	铬	汞	砷	挥发酚
标准差	0.133	0.575	0.036	4.002	0.533	0.014	0.351	0.710
平均值	1.780	2.382	0.913	20.585	3.557	0.049	2.162	2.216
变异系数	0.133	0.075	0.241	0.039	0.194	0.150	0.287	0.162

注：除温度（℃）、盐度、pH、COD（mg/L）和DO（mg/L）外，其余指标平均值单位均为μg/L。

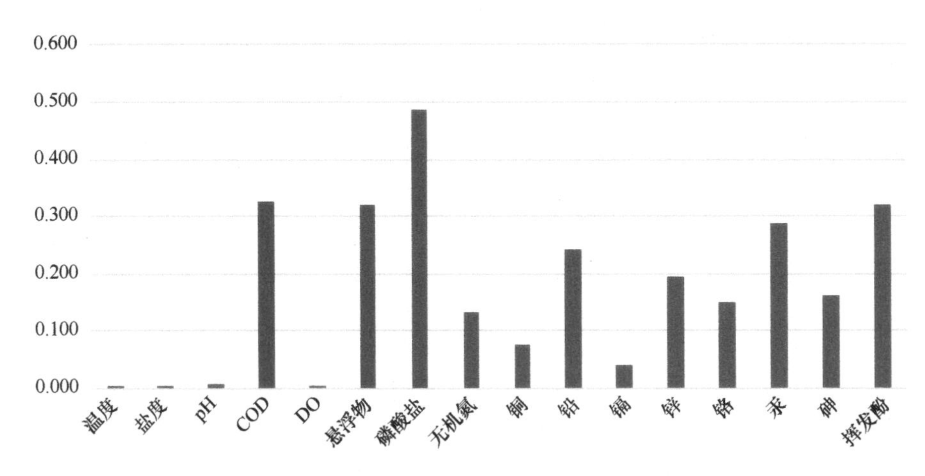

图 4.1-2　2017 年 11 月底层水质各指标变异系数分布

2）沉积物

从表 4.1-3 沉积物各指标的标准差来看，只有铬标准差的较小，其他指标的标准差较大，硫化物、石油类的最大；铜、锌、铬的变异系数小于 0.2，其他指标的则大于 0.2（图 4.1-3）。由此看来，铜、锌、铬分布较为均匀，缩减至 20 个调查站位后其指标代表性仍可能较好，而其他指标的分布均匀性相对较差，以石油类和硫化物较为典型，分布均匀性较差的指标在缩减至 20 个站位后数值的代表性可能较差。

表 4.1-3　2017 年 11 月沉积物指标标准差、平均值和变异系数

	有机碳	硫化物	石油类	铜	铅	锌	镉	铬	汞	砷
标准差	0.195	39.801	37.904	2.822	3.543	8.558	0.063	5.449	0.022	1.492
平均值	0.578	52.848	46.154	14.971	16.188	58.076	0.154	43.457	0.095	5.631
变异系数	0.337	0.753	0.821	0.188	0.219	0.147	0.411	0.125	0.231	0.265

注：除有机碳（10^{-2}）外，其余指标平均值单位均为 10^{-6}。

3）海洋生态

由表 4.1-4 可见，海洋生态的各指标标准差、平均值均差异较大，就各指标的标准差

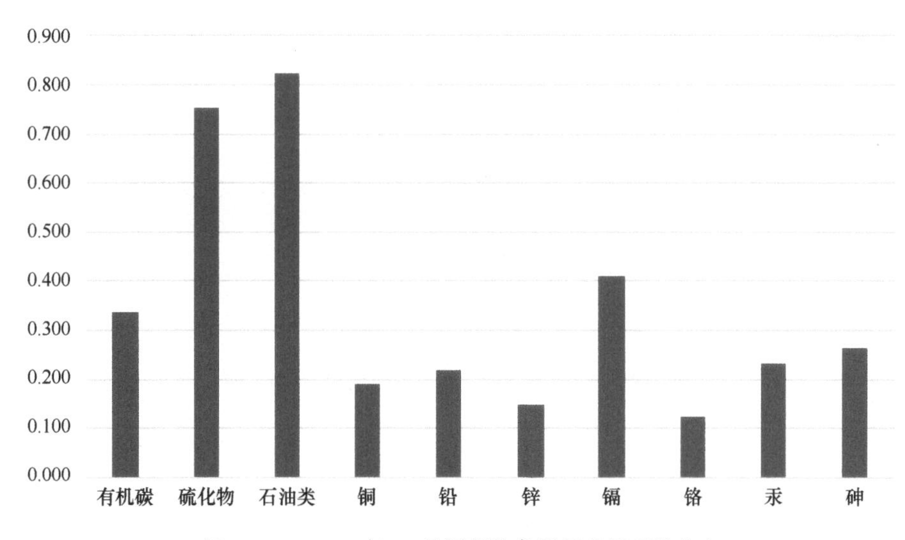

图 4.1-3　2017 年 11 月沉积物各指标变异系数分布

和平均值差异来说，叶绿素 *a*、浮游植物和浮游动物各指标的标准差均较大，说明各指标的数值离散程度较高，且各指标的变异系数也均大于 0.2（图 4.1-4），说明分布均匀性较差，以底栖生物生物量和个体密度最为典型。因此，叶绿素 *a*、浮游植物细胞密度、浮游植物生物量、浮游动物个体密度、底栖生物生物量、底栖生物个体密度这些指标在缩减至 12 个站位后的指标数值可能存在较大波动，数值的代表性相对较差。

表 4.1-4　2017 年 11 月海洋生态指标标准差、平均值和变异系数

	叶绿素 *a*/（$mg \cdot m^{-3}$）	浮游植物细胞密度/（10^4 个 · m^{-3}）	浮游动物生物量/（$mg \cdot m^{-3}$）	浮游动物个体密度/（个 · m^{-3}）	底栖生物生物量/（$g \cdot m^{-2}$）	底栖生物个体密度/（个 · m^{-2}）
标准差	0.71	31.63	91.00	28.96	25.63	337.29
平均值	1.510	37.69	95.09	39.24	12.20	356.19
变异系数	0.471	0.839	0.957	0.738	2.102	0.947

注：表头中所列为各指标平均值的计量单位。

4.1.1.2　各指标最低调查站位数量随机性分析

1）水质

针对本期表层 30 个站位和底层 21 个站位水质调查资料，分别 3 次随机选取 20 个站位调查数据，分析比较随机选取站位数据的平均值和标准差与原数据的差异性。

由图 4.1-5 可见，对表层水质进行随机选取 20 个站位的统计分析，3 次随机选取 20

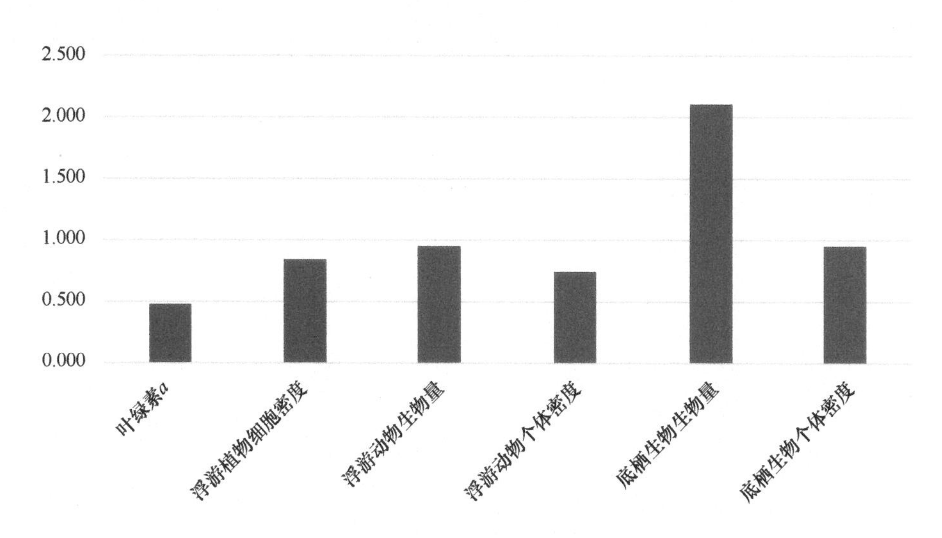

图 4.1-4　2017 年 11 月海洋生态各指标变异系数分布

个站位后，平均值的变化率基本在±10%之间，标准差的变化率略大，磷酸盐和挥发酚有 2 次随机分析中波动较大。表层温度、盐度、COD、DO、悬浮物、石油类、无机氮、铜、铅、锌、镉、砷、汞在 3 次随机选取站位分析中表现较为稳定，其中如温度、盐度、pH、DO、无机氮、铜、镉、铬、砷变异系数小于 0.2，COD、石油类的变异系数略大。底层温度、盐度、pH、COD、DO、悬浮物、磷酸盐、无机氮、铜、铅、锌、镉、铬、汞、砷和挥发酚相对表层变化更小，其中温度、盐度、pH、DO、无机氮、铜、铅、铬、锌、汞和挥发酚的变异系数均小于 0.2，磷酸盐、镉的变异系数略大。因此，结合表层和底层水质指标随机选取 20 个站位的统计分析结果，可得出温度、盐度、COD、DO、悬浮物、无机氮、铜、铅、锌、砷、汞的波动较小，随机缩减至 20 个站位后其指标数值基本可代表原数值的大小，石油类、磷酸盐、铬、挥发酚的波动相对较大，随机缩减至 20 个站位后其指标数值与原监测数值存在相对较大波动。同时，还可初步得出变异系数在 0~0.5 范围内的指标，在随机缩减站位的分析中分布与原调查指标相差不大。

2）沉积物

针对本期 21 个站位沉积物调查资料，分别 3 次随机选取 10 个站位调查数据，分析比较随机选取站位数据的平均值和标准差与原数据的差异性。

由图 4.1-6 可见，变异系数高于 0.2 的沉积物指标的 3 次随机选取 10 站位的标准差和平均值存在较大波动，有机碳、硫化物、石油类、镉波动明显，铜、铅、锌、铬、汞和砷的变化相对小，其中原调查数据中铜、锌、铬的变异系数小于 0.2，铅、汞、砷的变异系数在 0.2~0.3 范围内，有机碳、硫化物、石油类、镉的变异系数大于 0.3。因此，可初步认为，对于沉积物各指标来说，原调查数据中变异系数小于 0.3 的指标，在缩减调查站位后分布仍较均匀，与原调查数据的分布相差不大。

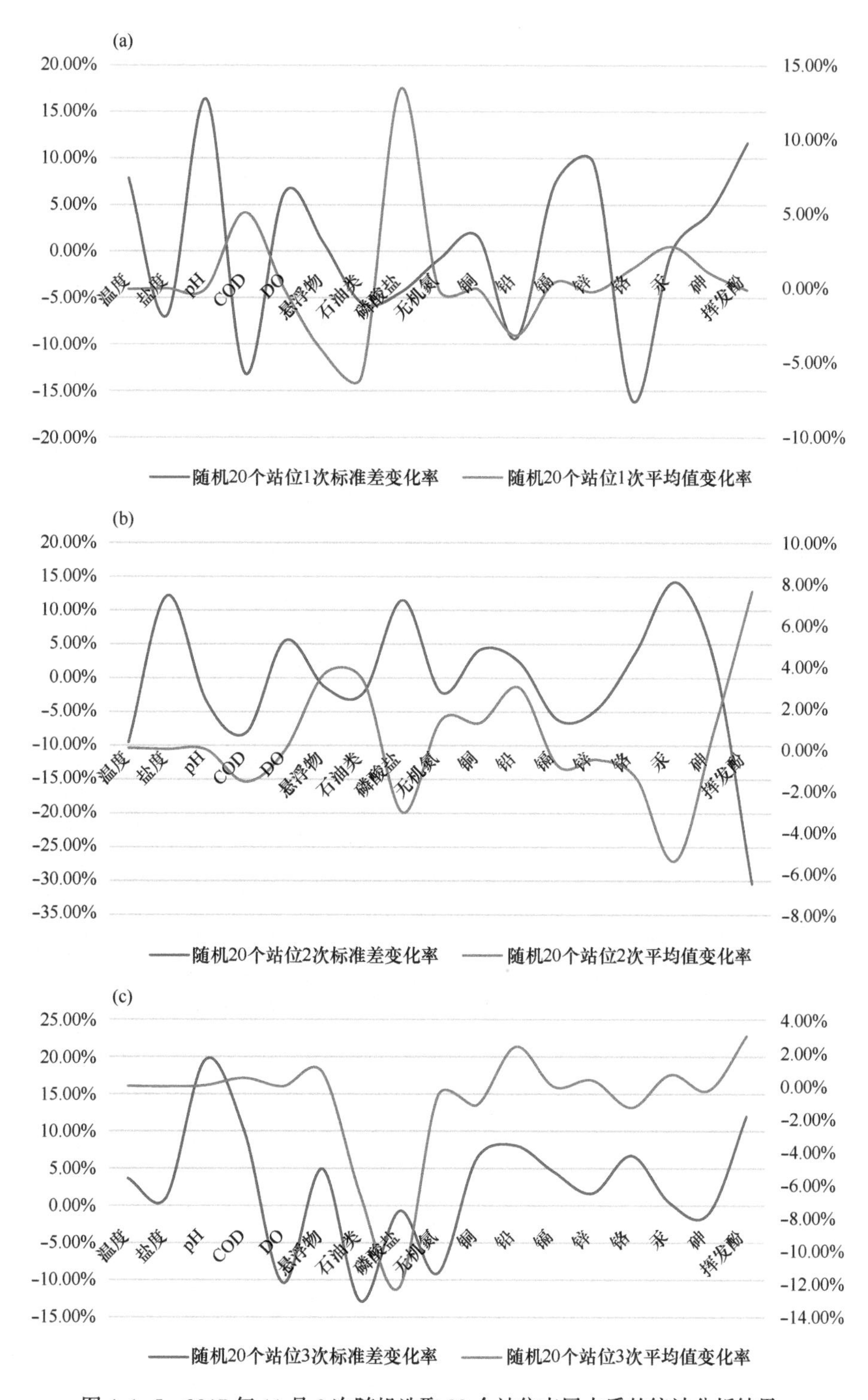

图 4.1-5　2017 年 11 月 3 次随机选取 20 个站位表层水质的统计分析结果

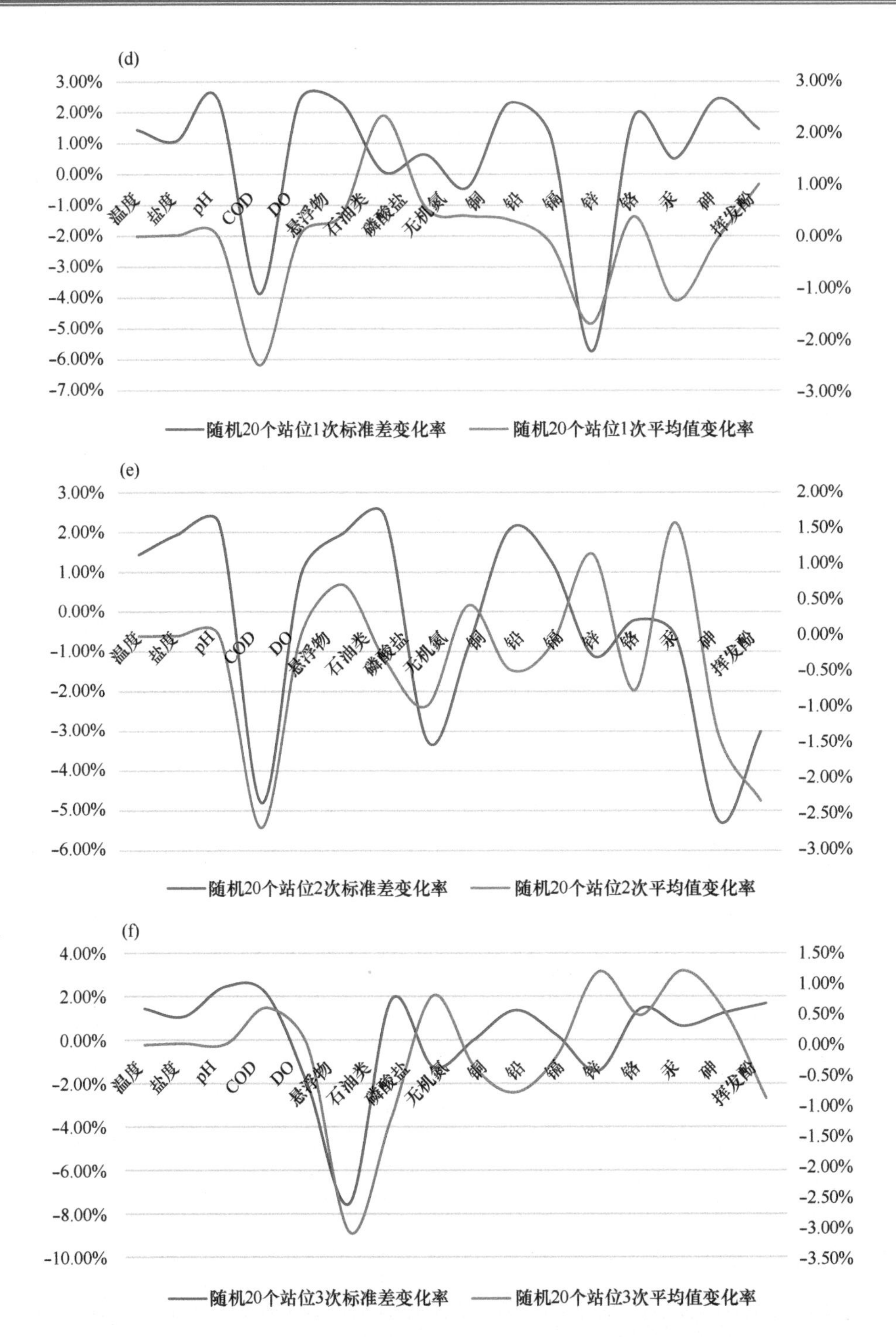

图 4.1-5　2017 年 11 月 3 次随机选取 20 个站位表层水质的统计分析结果（续）

（a）表层水质第 1 次随机选取结果；（b）表层水质第 2 次随机选取结果；（c）表层水质第 3 次随机选取结果；（d）表层水质第 4 次随机选取结果；（e）表层水质第 5 次随机选取结果；（f）表层水质第 6 次随机选取结果

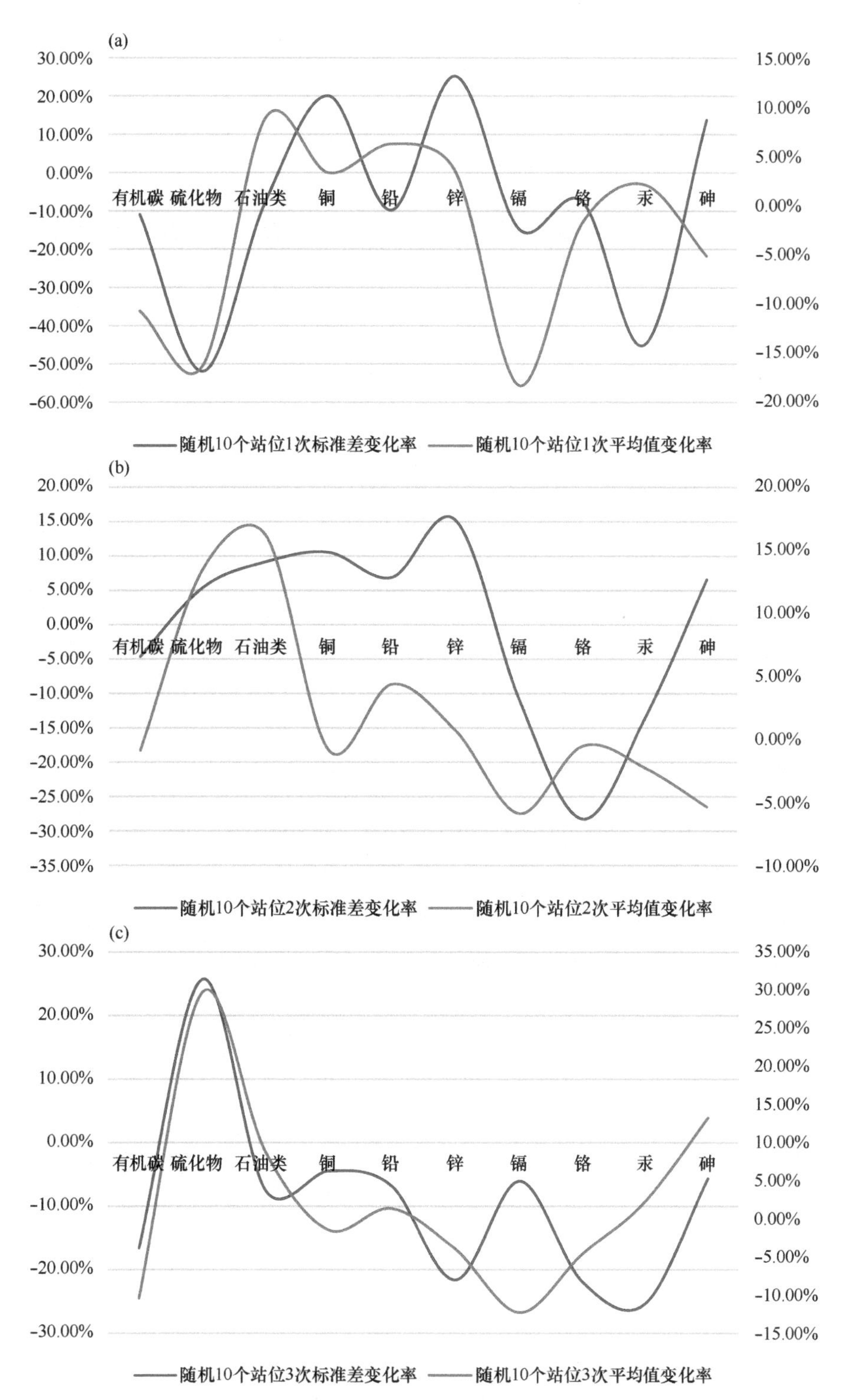

图 4.1-6 2017 年 11 月 3 次随机选取 10 个站位沉积物的统计分析结果

（a）第 1 次随机选取结果；（b）第 2 次随机选取结果；（c）第 3 次随机选取结果

3）海洋生态

针对本期 21 个站位海洋生态调查资料，分别 3 次随机选取 12 个站位调查数据，分析比较随机选取站位数据的平均值和标准差与原数据的差异性。

由图 4.1-7 可见，除了 3 次随机选取的 12 个站位中只有叶绿素 *a* 的标准差和平均值变化基本在±10%以内，浮游植物、浮游动物和底栖生物相关指标的变化较大。由此可见，叶绿素 *a* 较为适合缩减站位，对原调查数据代表性较好，浮游植物、浮游动物和底栖生物各相关指标在缩减调查站位后数值分布较原调查数据波动较大，代表性较差。

4.1.1.3 各指标最低调查站位数量均匀站位法分析

1）水质

针对本期表层 30 个站位和底层 21 个站位水质调查资料，由于底层水质站位数量少于表层水质站位数量，为保证表层和底层水质调查站位的一致性，并包含 10 个沉积物站位和 12 个海洋生态站位，故从底层站位中按照空间均匀分布的原则，选取 20 个站位，兼顾了水质、沉积物、海洋生态调查站位的分布均匀性，若底层水质站位不能涵盖所有 10 个沉积物站位和 12 个海洋生态站位，则按照空间均匀分布原则，从表层水质站位中选取剩余的沉积物站位和海洋生态站位。分析比较上述站位数据的平均值和标准差与原数据的差异性。

由图 4.1-8 可见，空间均匀选取站位较 3 次随机选取 20 个站位的水质指标与原数据对比结果，其标准差和平均值变化率要低不少，尤其是标准差变化率要低不少，说明均匀选取站位后各指标的数值离散程度与原数据的离散程度差异较小。表层水质指标除 DO 和悬浮物外，其他水质指标标准差和平均差变化率均在±10%左右，但均未超过±15%，底层水质指标的标准差和平均值变化率较表层更小，均小于±10%。结合原调查数据的变异系数分布来看，绝大多数水质指标的变异系数均小于 0.6，可初步认为，前文中选取变异系数 0.2 作为临界值较为保守，当原水质调查数据指标的变异系数小于 0.6 时，该指标通过均匀缩减调查站位后的分布与原数据基本相当。对于原数据中超标严重的指标，如石油类、无机氮、锌、汞、铅这 5 个指标，在均匀缩减至 20 个站位后，其平均值变化率为-3.2%~3.9%，标准差变化率为-7.6%~2.6%，变化幅度较小，故均匀缩减至 20 个站位的数据可以代表原数据中典型超标污染物。因此，可初步认为采用均匀站位法适合水质调查。

2）沉积物

由图 4.1-9 可见，采用均匀站位法选取站位的沉积物标准差和平均值与原监测指标对比，硫化物和石油类指标变化较大，其他指标变化均在±10%以内。经与前文中 3 次随机选取 10 个站位的结果对比来看，除硫化物和石油类指标变化较大外，分别为 0.75 和 0.82，其他指标的变化小。结合本次原沉积物质量评价结果（最大值 0.69）来看，即使

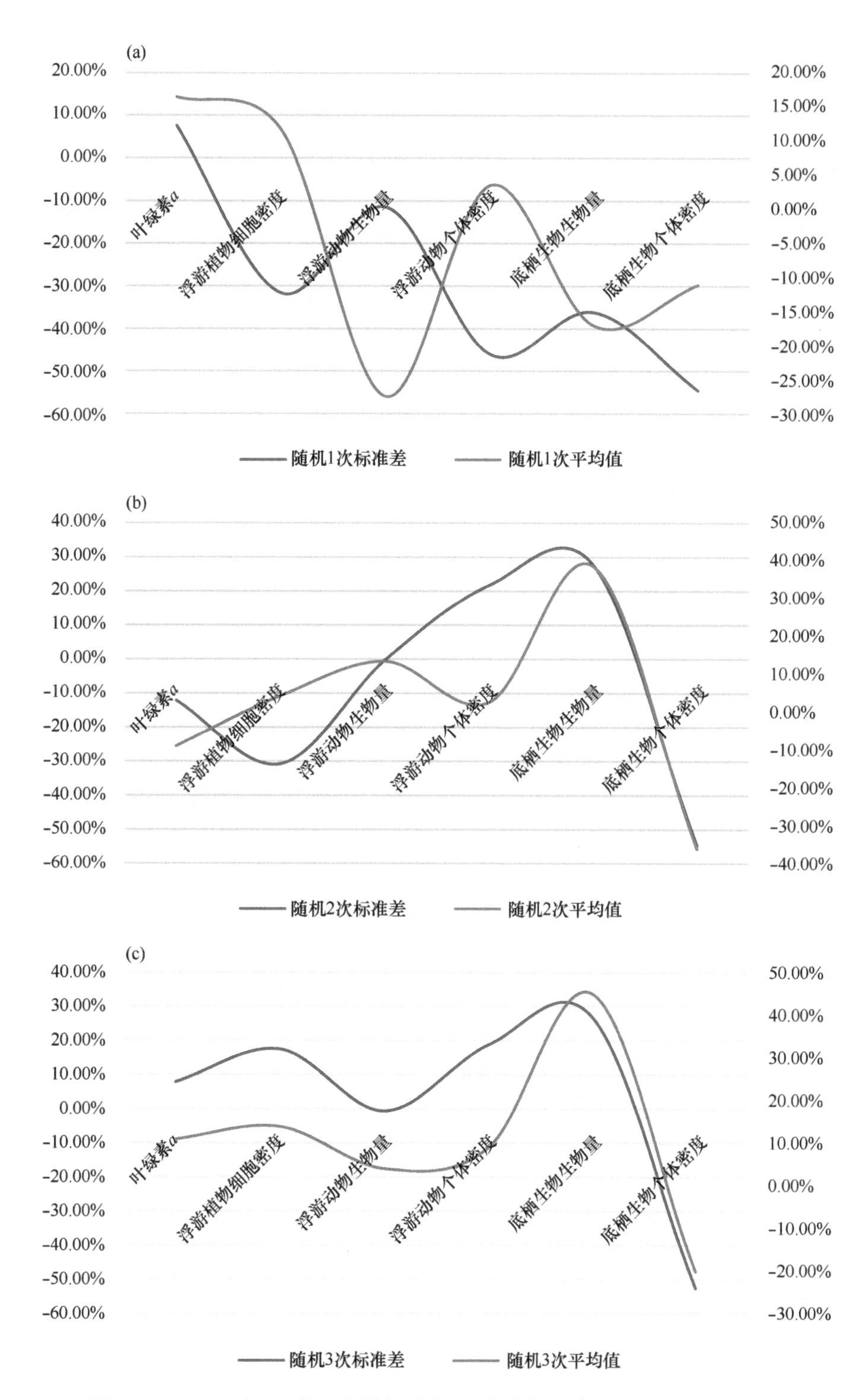

图 4. 1-7　2017 年 11 月 3 次随机选取 12 个站位海洋生态的统计分析结果

（a）第 1 次随机选取结果；（b）第 2 次随机选取结果；（c）第 3 次随机选取结果

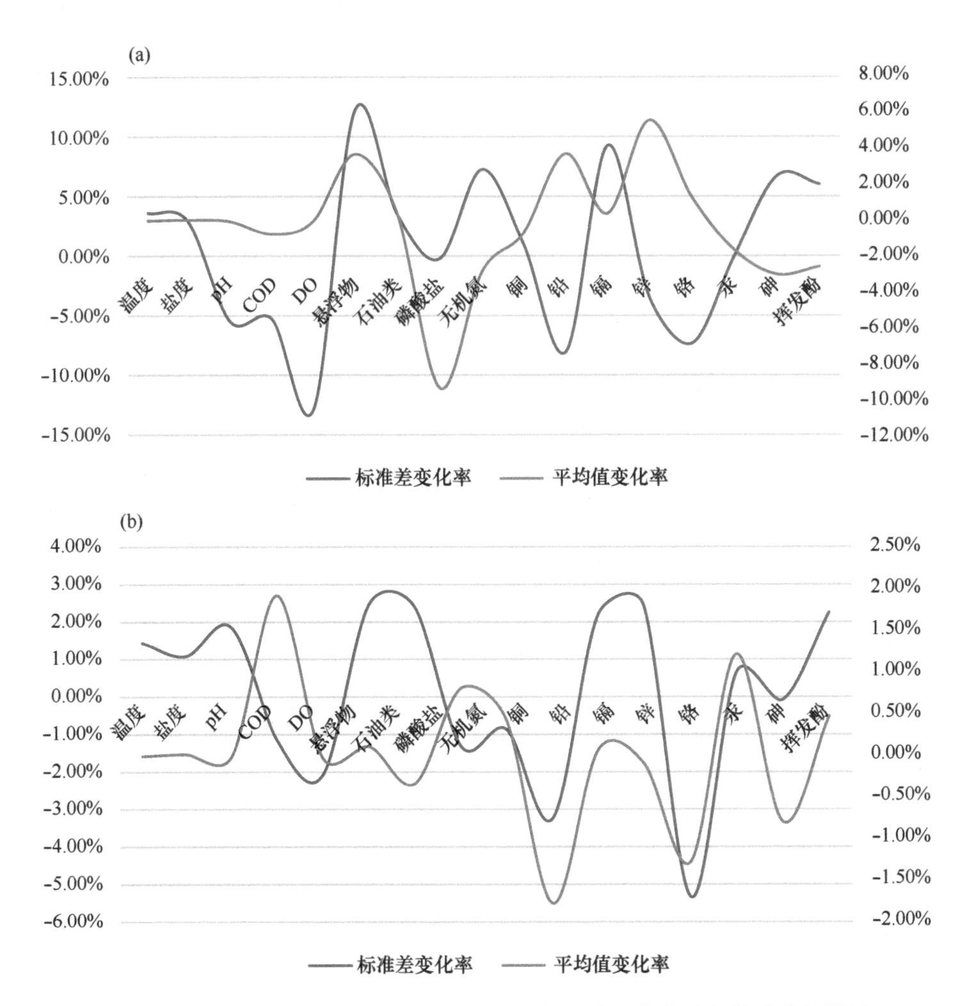

图 4.1-8　2017 年 11 月采用均匀站位法选取 20 个站位水质的统计分析结果

（a）表层水质；（b）底层水质

按照均匀站位法选取站位后波动较大的指标硫化物和石油类，波动±15%计算，也不会超标，故均匀站位法选取的沉积物数据代表性较好。根据前文中变异系数，硫化物和石油类的变异系数均大于 0.7，可初步得出对于沉积物指标，若评价指标的变异系数较大，不适于均匀站位法，但还有待后文更多的资料进一步验证。

3）海洋生态

由图 4.1-10 可见，采用均匀站位法选取站位的海洋生态标准差和平均值与原监测指标对比来看，除了叶绿素 a 的标准差和平均值与原监测数据相比变化较小外，浮游植物、浮游动物和底栖生物相关指标标准差和平均值的变化较大，与原数据的分布特征差异较大，代表性较差。结合前文中海洋生态的各指标变异系数，除叶绿素 a 小于 0.5 外，浮游植物、浮游动物和底栖生物相关指标变异系数均较大。因此，可初步得出若海洋生态评价指标的变异系数大于 0.5，不适于均匀站位法。

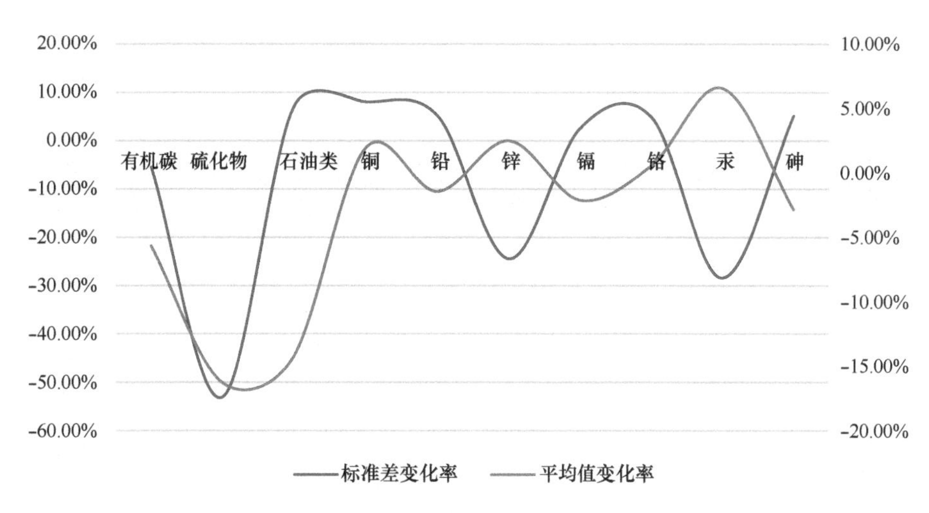

图 4.1-9　2017 年 11 月采用均匀站位法选取 10 个站位沉积物的统计分析结果

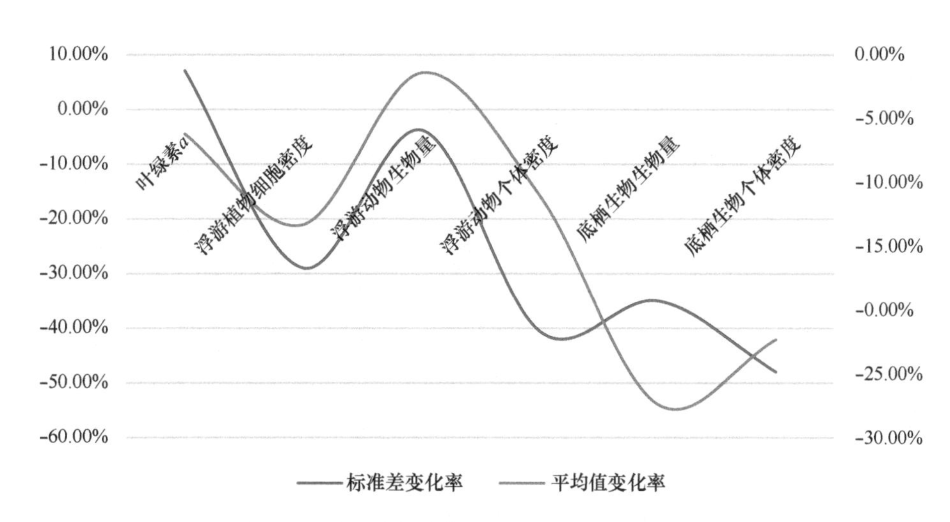

图 4.1-10　2017 年 11 月采用均匀站位法选取 12 个站位海洋生态的统计分析结果

4.1.2　2019 年 5 月调查数据分析

4.1.2.1　各监测指标统计分析

1）水质

从表 4.1-5 表层水质各指标的标准差来看，只有温度、盐度、pH 和 DO 较小，其他指标较大，且温度、盐度、pH 和 DO 的变异系数也都小于 0.2，其他指标变异系数虽然大于 0.2，但多数指标的变异系数为 0.2～0.3，只有磷酸盐和无机氮的变异系数大于 0.5（图 4.1-11）。由此看来，2019 年 5 月的海水水质调查结果表明，多数指标的均匀性相对好，除无机氮和挥发酚外，其他水质指标分布均匀性好，温度、盐度、pH、DO 分布较优，适合缩减调查站位。

表 4.1-5 2019 年 5 月表层水质指标标准差、平均值和变异系数

	温度	盐度	pH	COD	DO	悬浮物	石油类	磷酸盐	无机氮
标准差	1.038	1.389	0.032	0.212	0.356	14.334	5.509	1.847	121.616
平均值	12.465	30.481	8.151	0.762	9.752	36.717	15.520	3.689	162.746
变异系数	0.083	0.046	0.004	0.278	0.037	0.390	0.355	0.501	0.747

	铜	铅	镉	锌	铬	汞	砷	挥发酚
标准差	0.572	0.430	0.042	4.065	0.576	0.006	0.113	0.440
平均值	1.735	1.504	0.157	16.437	1.950	0.025	0.542	0.220
变异系数	0.330	0.286	0.267	0.247	0.296	0.237	0.209	2.000

注：除温度（℃）、盐度、pH、COD（mg/L）和 DO（mg/L）外，其余指标平均值单位均为 μg/L。

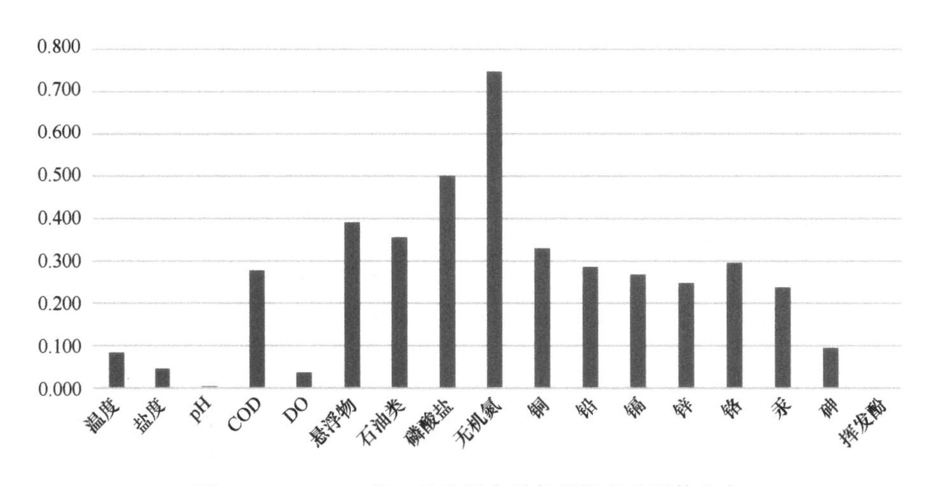

图 4.1-11 2019 年 5 月表层水质各指标变异系数分布

从表 4.1-6 底层水质各指标的标准差来看，温度、盐度、pH、DO、无机氮较小，COD、悬浮物、磷酸盐、铜、铅、锌、镉、铅、铬和砷较大。同时，温度、盐度、pH、DO、汞的变异系数小于 0.2，其他指标的变异系数则大于 0.2，以无机氮的变异系数最大，为 0.742（图 4.1-12）。由此看来，2019 年 5 月的海水水质调查结果表明，多数指标的均匀性相对好，除无机氮外其他水质指标分布均匀性好，温度、盐度、pH、DO、汞分布较优，适合缩减调查站位。

表 4.1-6　2019 年 5 月底层水质指标标准差、平均值和变异系数

	温度	盐度	pH	COD	DO	悬浮物	磷酸盐	无机氮
标准差	1.142	1.381	0.036	0.252	0.356	18.012	1.600	106.802
平均值	11.377	30.770	8.174	0.784	9.649	40.184	3.762	143.992
变异系数	0.100	0.045	0.004	0.321	0.037	0.448	0.425	0.742
	铜	铅	镉	锌	铬	汞	砷	挥发酚
标准差	0.612	0.451	0.039	4.472	0.546	0.006	0.133	—
平均值	1.817	1.382	0.157	16.103	1.980	0.029	0.529	—
变异系数	0.337	0.326	0.248	0.278	0.276	0.200	0.252	—

注：除温度（℃）、盐度、pH、COD（mg/L）和 DO（mg/L）外，其余指标平均值单位均为 μg/L。

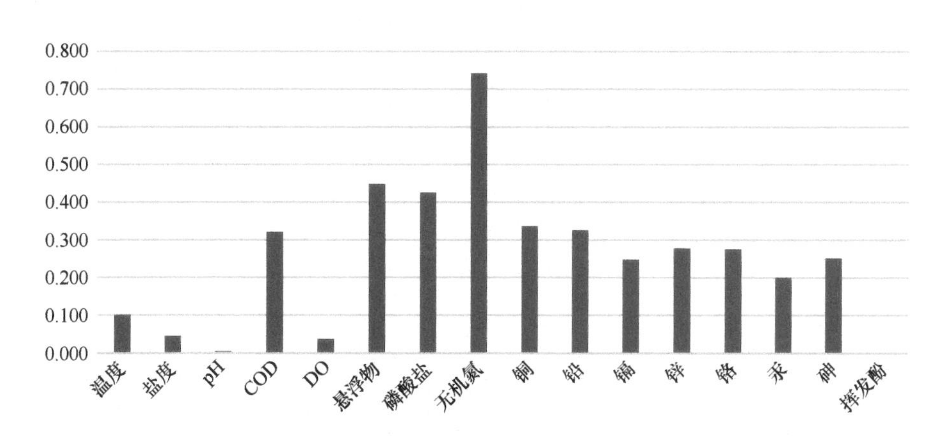

图 4.1-12　2019 年 5 月底层水质各指标变异系数分布

2）沉积物

从表 4.1-7 的各指标的标准差数值来看，砷的较小，其他指标相对较大，但沉积物各指标的标准差叠加平均值后数值均低于第一类沉积物质量标准，说明 2019 年 5 月沉积物质量基本都符合第一类沉积物质量标准，这与本次调查数据的沉积物质量评价结果相同。铜、铅、铬、锌、汞、砷的变异系数小于 0.2，其他指标的变异系数则大于 0.2，其中石油类的变异系数最大（图 4.1-13）。由此看来，铜、铅、铬、锌、汞、砷的分布较为均匀，缩减至 20 个站位后，铜、铅、铬、锌、汞、砷的分布均匀性可能较好，但由于 2019 年 5 月沉积物调查结果基本都符合一类沉积物质量标准，故除石油类指标外，其他沉积物指标在缩减调查站位至 20 个站位后，虽然分布均匀性可能会发生一定的变化，但仍符合第一类沉积物质量标准。

表 4.1-7　2019 年 5 月沉积物指标标准差、平均值和变异系数

	石油类	铜	铅	镉	铬	锌	汞	砷	硫化物	有机碳
标准差	100.752	3.408	2.642	0.052	4.391	4.151	0.004	1.405	10.424	0.106
平均值	70.401	18.543	14.152	0.136	26.476	23.900	0.030	11.310	24.475	0.239
变异系数	1.326	0.184	0.187	0.380	0.166	0.174	0.129	0.124	0.426	0.443

注：除有机碳（10^{-2}）外，其余指标平均值单位为 10^{-6}。

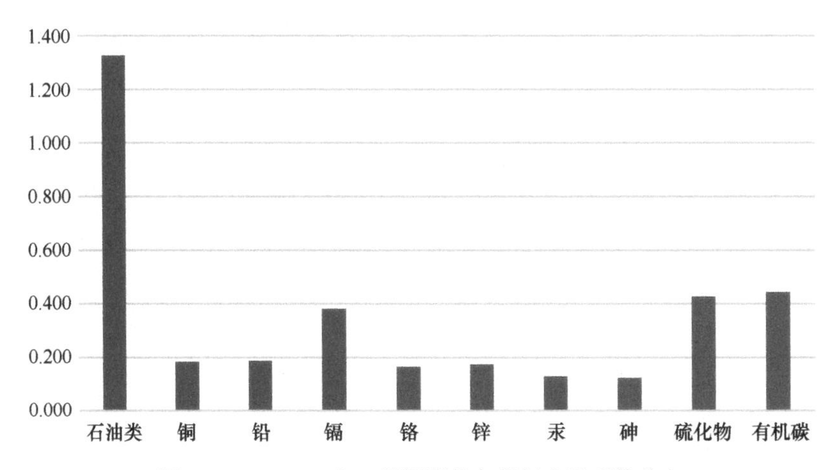

图 4.1-13　2019 年 5 月沉积物各指标变异系数分布

3）海洋生态

由表 4.1-8 可见，海洋生态的各指标标准差、平均值均差异较大，其变异系数也均大于 0.2，说明分布均匀性较差，除叶绿素 a 的变异系数依旧相对好些外，浮游植物、浮游动物和底栖生物的变异系数均较大。由于浮游植物和浮游动物具有种类多、数量大、繁殖快的特点，故不同调查站位之间的浮游植物细胞密度、生物量数值波动很大。因此，缩减调查站位后，可能只有叶绿素 a 的分布与原数据相近，浮游植物、浮游动物和底栖生物相关指标缩减站位后的均匀性可能会发生较大变化。

表 4.1-8　2019 年 5 月海洋生态指标标准差、平均值和变异系数

	叶绿素 a/（$mg \cdot m^{-3}$）	浮游植物细胞密度/（10^4 个 · m^{-3}）	浮游动物生物量/（$mg \cdot m^{-3}$）	浮游动物个体密度/（个 · m^{-3}）	底栖生物生物量/（$g \cdot m^{-2}$）	底栖生物个体密度/（个 · m^{-2}）
标准差	0.674	18.542	180.255	1 603.020	19.401	407.536
平均值	1.717	11.32	201.09	2 099.21	14.58	601.08
变异系数	0.393	1.637	0.896	0.764	1.330	0.678

注：表头中所列为各指标平均值的计量单位。

4.1.2.2 各指标最低调查站位数量随机性分析

1）水质

针对本期表层60个站位和底层55个站位水质调查资料，分别3次随机选取20个站位调查数据，分析比较随机选取站位数据的平均值和标准差与原数据的差异性。

由图4.1-14可见，3次随机选取20个站位后，表层水质平均值的变化率基本在±10%之间，磷酸盐和挥发酚分别有1次平均值变化率超过±10%，标准差的变化率略大，COD、磷酸盐、石油类、锌、铬、汞、砷、挥发酚的标准差变化率超过±10%，挥发酚由于多数站位未检出，导致波动较大。因此，表层水体的温度、盐度、pH、DO、悬浮物、无机氮、铜、铅、镉、汞在3次随机选取站位分析中表现较为稳定，上述指标对应的原数据变异系数都在0.5以下。

由图4.1-15可见，3次随机选取20个站位后，底层水质平均值的变化率基本都在±10%之间，只有无机氮和铜变化率超过±10%，标准差的变化率略大，COD、DO、砷、汞的标准差变化率超过±10%。因此，底层水体的温度、盐度、pH、DO、悬浮物、磷酸盐、无机氮、铜、铅、锌、镉、铬、砷在3次随机选取站位分析中表现较为稳定，上述指标对应的原数据变异系数都在0.5以下。

因此，结合表层和底层水质指标3次随机选取20个站位的统计分析结果，可以得出温度、盐度、pH、COD、DO、悬浮物、铜、铅、锌、砷的波动较小，随机缩减至20个站位后其指标数值基本可代表原数值的大小。

2）沉积物

针对本期37个站位沉积物调查资料，分别3次随机选取10个站位调查数据，分析比较随机选取站位数据的平均值和标准差与原数据的差异性。

由图4.1-16可见，石油类、有机碳在3次随机选取10个站位中平均值变化率较大，其他指标的平均值变化率在±10%之间，石油类、铜、锌、汞、有机碳、硫化物、铬、砷的标准差变化率较大。根据前文2019年5月37个站位的沉积物质量分析结果，沉积物总体基本符合一类沉积物质量标准，在每次随机选取的10个站位中，个别指标存在较大的波动，说明每次随机中各沉积物指标的极值会发生变化，从而导致平均值和标准差的变化，但总体符合一类沉积物质量标准。同时，可发现原调查数据中变异系数小于0.3的沉积物指标在3次随机选取10个站位分析中仍与原数据分布相差很小。

3）海洋生态

针对本期37个站位海洋生态调查资料，分别3次随机选取12个站位调查数据，分析比较随机选取站位数据的平均值和标准差与原数据的差异性。

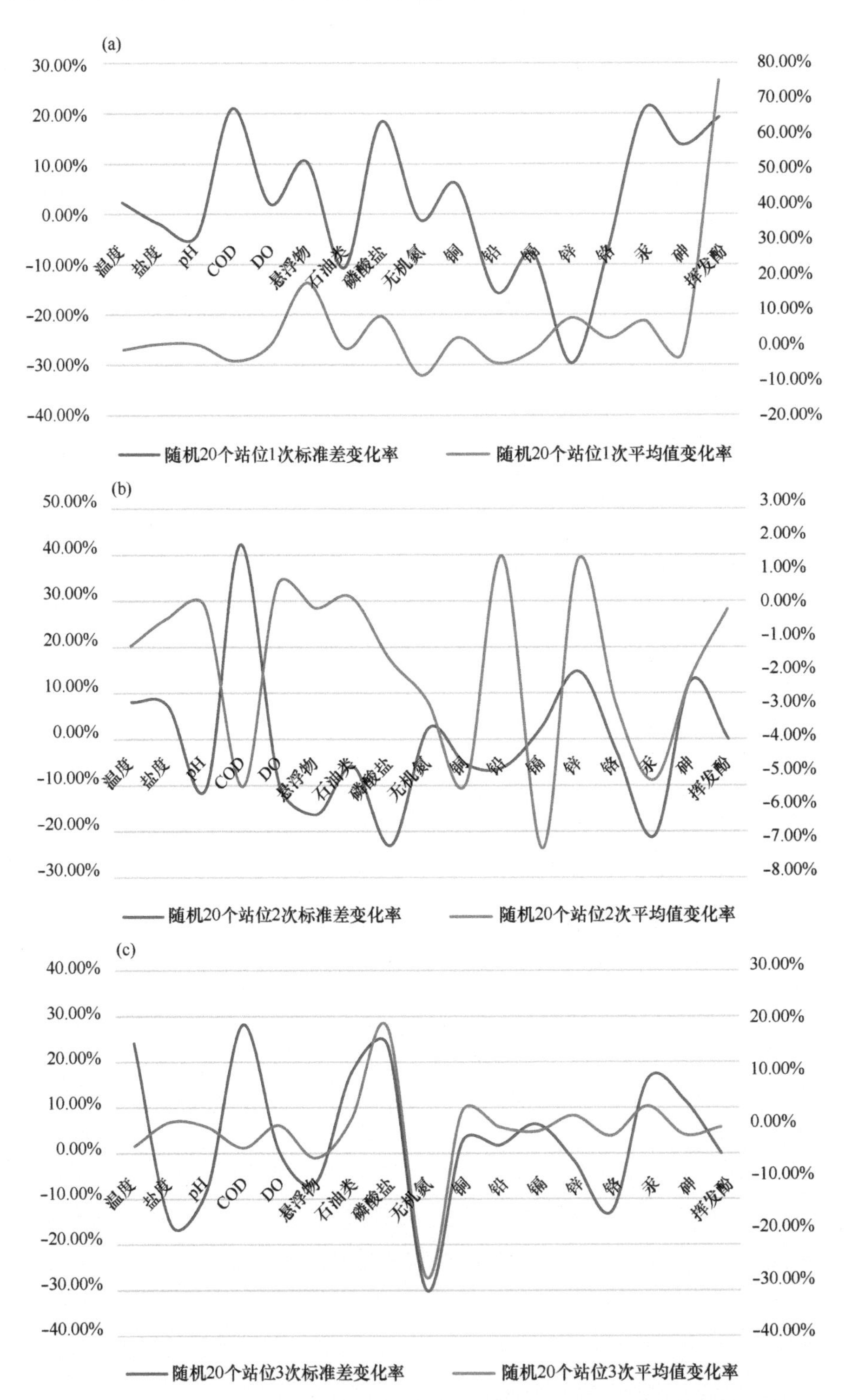

图 4.1-14　2019 年 5 月随机选取 20 个站位表层水质的统计分析结果

（a）第 1 次随机选取结果；（b）第 2 次随机选取结果；（c）第 3 次随机选取结果

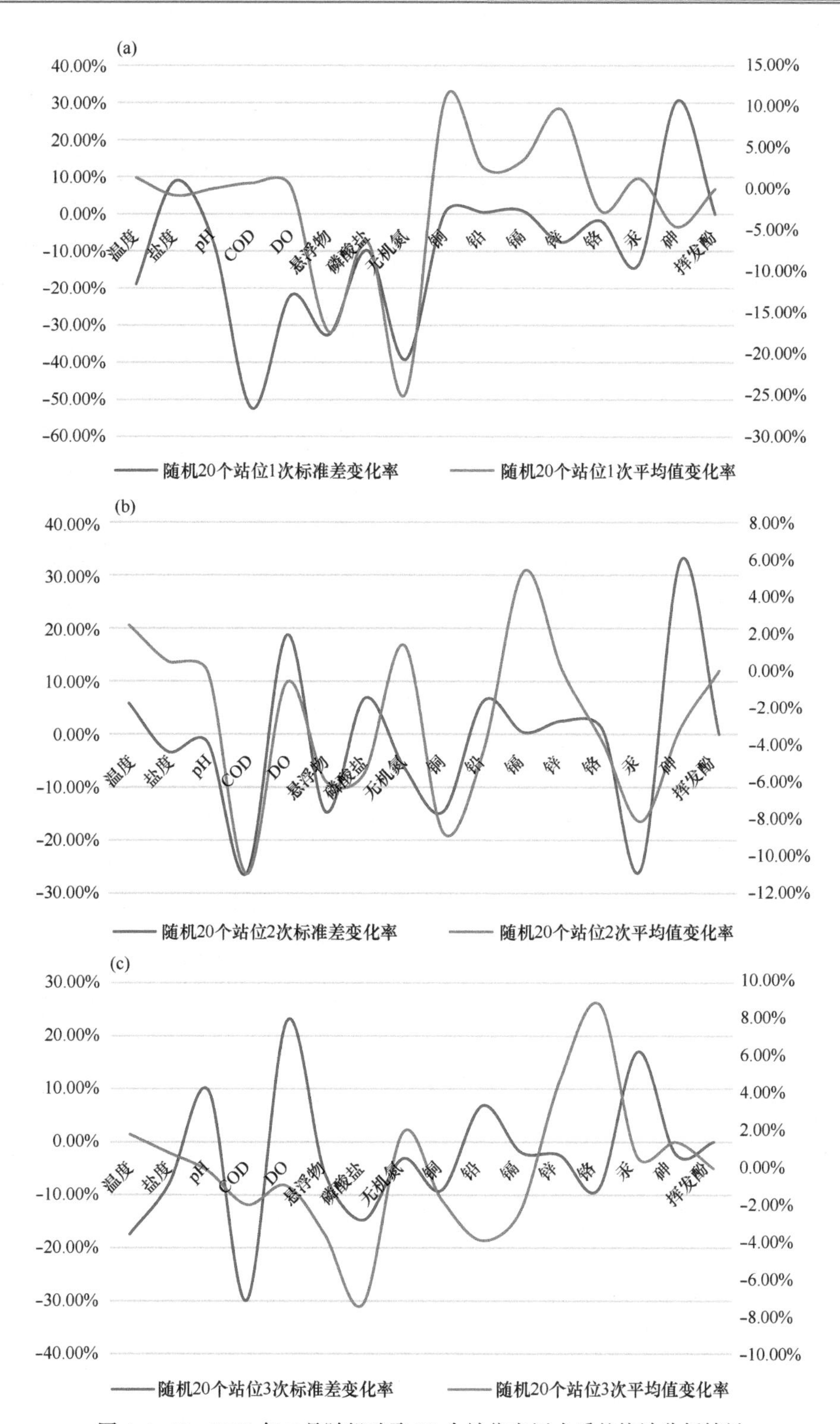

图 4.1-15　2019 年 5 月随机选取 20 个站位底层水质的统计分析结果

（a）第 1 次随机选取结果；（b）第 2 次随机选取结果；（c）第 3 次随机选取结果

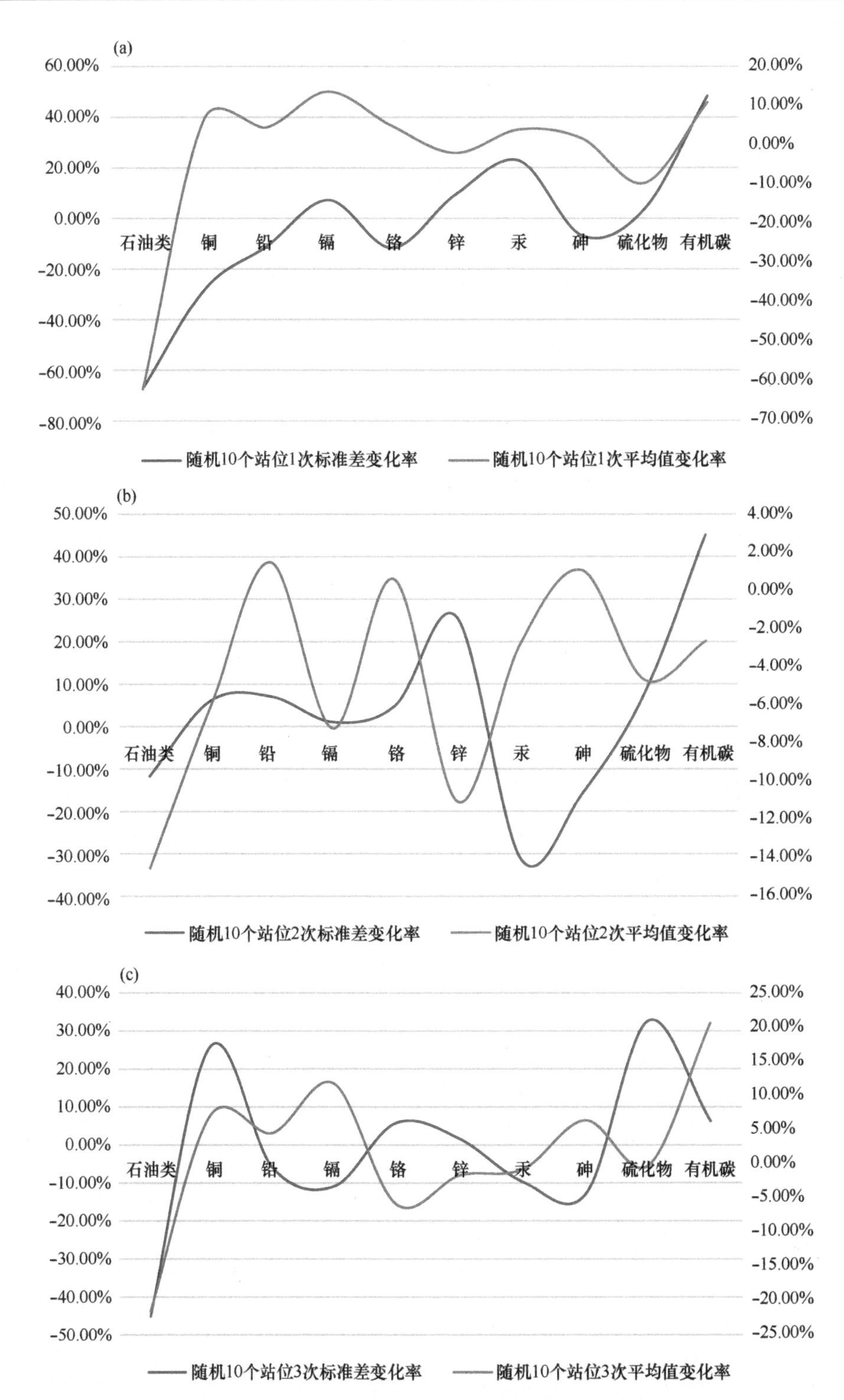

图 4.1-16　2019 年 5 月随机选取 10 个站位表层水质的统计分析结果

（a）第 1 次随机选取结果；（b）第 2 次随机选取结果；（c）第 3 次随机选取结果

由表 4.1-9 可见，由于叶绿素 a、浮游植物、浮游动物和底栖生物相关指标的变异系数均大于 0.2，所以在 3 次随机选取的 12 个站位的分析结果中，上述指标波动较大。叶绿素 a 和底栖生物个体密度在 3 次随机选取站位中有 1～2 次的平均值变化率相对较小，浮游植物和浮游动物相关指标的平均值变化率和标准差变化率均差异较大，表明浮游植物和浮游动物的相关指标本身波动较大，其指标变异系数一般都大于 0.5，故无实质性规律可循。

表 4.1-9　2019 年 5 月随机选取 12 个站位海洋生态统计结果

	叶绿素 a	浮游植物细胞密度	浮游动物生物量	浮游动物个体密度	底栖生物生物量	底栖生物个体密度
随机 1 次标准差变化率	16.44%	5.03%	-69.67%	-1.76%	-5.17%	12.26%
随机 1 次平均值变化率	2.39%	7.86%	-43.58%	-7.27%	34.97%	11.74%
随机 2 次标准差变化率	-27.74%	3.47%	-36.91%	-10.59%	-38.88%	-41.08%
随机 2 次平均值变化率	-4.40%	-0.43%	-1.14%	9.65%	-32.29%	-5.59%
随机 3 次标准差变化率	-58.58%	-68.91%	-38.12%	-22.48%	-23.92%	-0.70%
随机 3 次平均值变化率	-8.19%	-50.40%	-29.86%	-20.98%	-15.95%	10.77%

4.1.2.3　各指标最低调查站位数量均匀站位法分析

1）水质

针对本期表层 60 个站位和底层 55 个站位水质调查资料，由于底层水质站位数量少于表层水质站位数量，为保证表层和底层水质调查站位的一致性，并包含 10 个沉积物站位和 12 个海洋生态站位，故从底层站位中按照空间均匀分布的原则，选取 20 个站位，兼顾了水质、沉积物、海洋生态调查站位的分布均匀性，若底层水质站位不能涵盖所有 10 个沉积物站位和 12 个海洋生态站位，则按照空间均匀分布的原则，从表层水质站位中选取剩余的沉积物站位和海洋生态站位。分析比较上述站位数据的平均值和标准差与原数据的差异性。

由图 4. 1-17 可见，均匀选取站位较 3 次随机选取 20 个站位的水质指标与原数据对比结果，其标准差和平均值变化率要低不少，尤其是标准差变化率要低不少。平均值变化率和标准差变化率越小，说明均匀选取站位的各指标离散程度与原调查数据的离散程度的相近程度越高，代表性就越强。

由图 4. 1-17 可见，除铅外（原调查数据中挥发酚多数站位未检出，故挥发酚平均值变化率较大，不具有代表性），按均匀站位法选取的 20 个站位表层水质各指标与原调查数据各指标的平均值变化率都在±10%以内，其中温度、盐度、pH、COD、DO、石油类、无机氮、铜、镉、铬、锌、汞、砷的变化率均在±5%以内，悬浮物和磷酸盐变化率为±5%~±10%。从标准差的变化率来看，DO、悬浮物、铅、砷的较大，温度、盐度、pH、COD、石油类、磷酸盐、无机氮、铜、铬、镉、汞、挥发酚的标准差变化率在±10%以内。可见，多数水质指标的总体变化较小，结合本次调查的水质评价结果来看，原调查数据中表层水质无机氮、铅、锌指标超一类海水水质标准的超标率分别为 29. 69%、90. 63%、21. 88%，其他指标未超标。根据均匀站位法选取站位得到的水质指标平均值变化率基本都在±5%之内，标准差仅有铅、砷和 DO 的变化略大，因此，采用均匀站位法得到的水质指标总体质量水平与原数据基本相近。

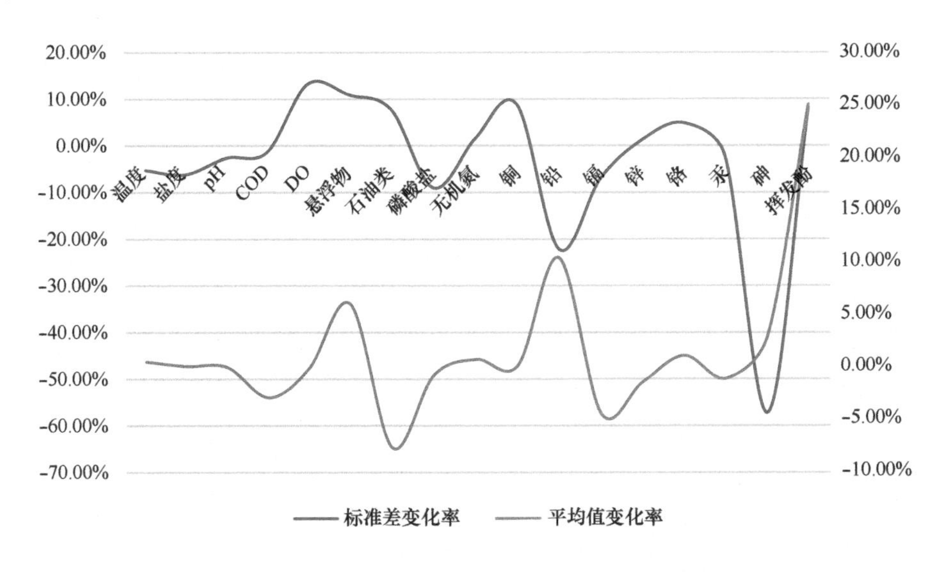

图 4. 1-17　2019 年 5 月按均匀站位法选取 20 个站位表层水质的统计分析结果

由图 4. 1-18 可见，按均匀站位法选取的 20 个站位底层水质各指标与原调查数据各水质指标的平均值变化率基本在±10%以内，其中温度、盐度、pH、COD、DO、无机氮、铜、铅、铬、镉、锌、汞、砷和挥发酚的平均值变化率均在±5%以内，只有磷酸盐的平均值变化率略超±10%。从标准差的变化率来看，COD、磷酸盐、铬和砷的较大，其他指标如温度、盐度、pH、DO、悬浮物、无机氮、铜、铅、铬、镉、锌、汞和挥发酚的标准差变化率均在±10%以内。因此，各水质指标的总体变化与原数据相比并不大。

因此，采用均匀站位法选取的 20 个站位的水质指标总体分布特征与原调查数据较为相近，具有较好的代表性。

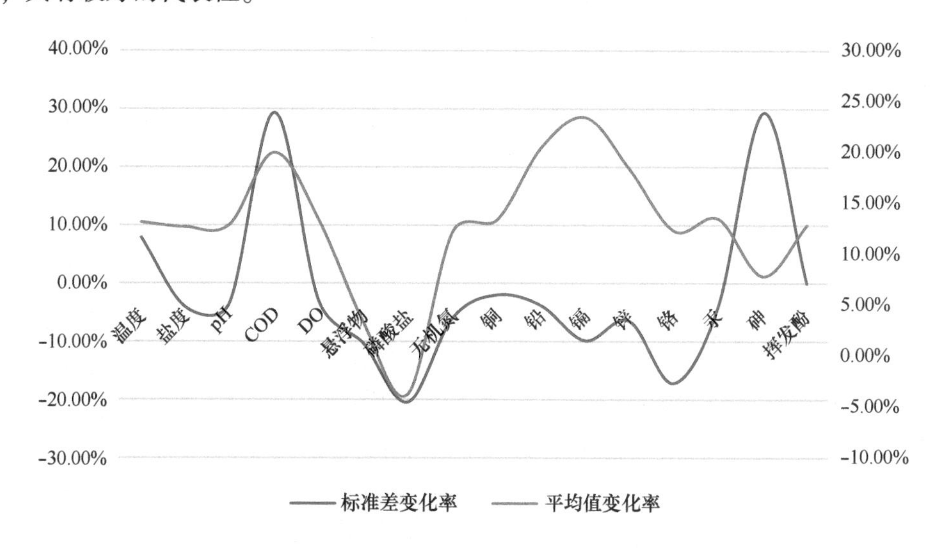

图 4.1-18　2019 年 5 月按均匀站位法选取 20 个站位底层水质的统计分析结果

2）沉积物

由图 4.1-19 看来，采用均匀站位法选取的 10 个站位沉积物标准差和平均值与原调查数据各沉积物指标对比来看，除镉和有机碳的平均值变化率较大外，其他指标的平均值变化率均在±10%以内；除锌、汞、砷、有机碳的标准差变化率较大外，其他指标的标准差变化率均在±10%以内。因此，结合沉积物环境质量的评价结果来看，所有沉积物指标都符合第一类海洋沉积物质量标准，只有石油类和镉的平均值变化为正值，其他指标均为负值，由此可见，按均匀站位法选取的 10 个站位沉积物各指标的评价结果基本符合第一类海洋沉积物质量标准。由此可见，均匀站位法对于缩减沉积物调查站位数量是适用的，具有较好的代表性。

3）海洋生态

采用均匀站位法选取的站位的海洋生态标准差和平均值与原监测指标对比来看（表 4.1-10），除了叶绿素 a 的标准差和平均值与原监测数据相比变化较小外，具有一定的代表性，其他指标的变化较大，不具有代表性。结合前文中海洋生态的各指标变异系数，除叶绿素 a 小于 0.5 外，其他指标变异系数均较大，因此，可初步得出若海洋生态评价指标的变异系数大于 0.5，不适于均匀站位法。

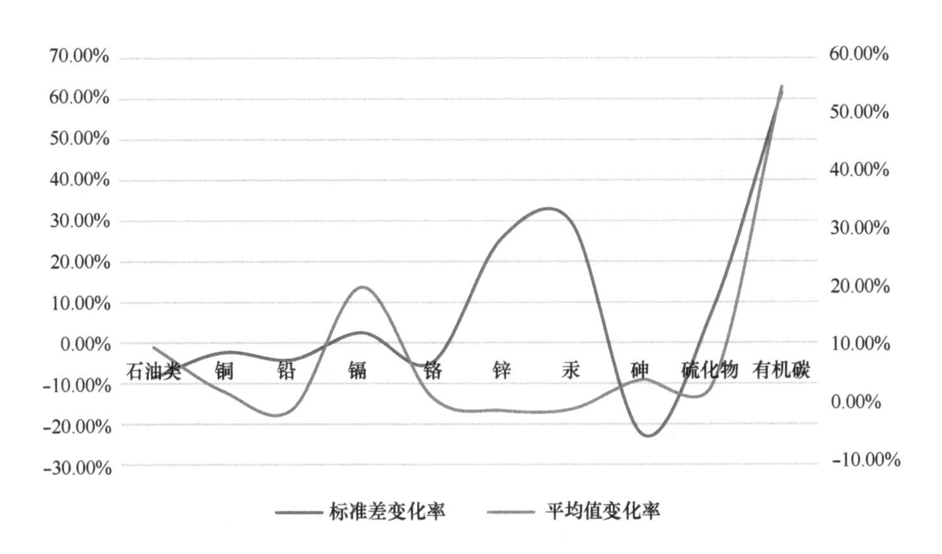

图 4.1-19　2019 年 5 月按均匀站位法选取 10 个站位沉积物的统计分析结果

表 4.1-10　2019 年 9 月按均匀站位法选取的 12 个站位海洋生态统计结果

	叶绿素 *a*	浮游植物细胞密度	浮游动物生物量	浮游动物个体密度	底栖生物生物量	底栖生物个体密度
标准差变化率	3.20%	-80.95%	-13.94%	28.30%	-10.36%	-44.10%
平均值变化率	0.97%	-53.69%	-10.75%	9.01%	20.85%	-10.44%

4.1.3　2019 年 9 月调查数据分析

4.1.3.1　各监测指标统计分析

1）水质

从表 4.1-11 中表层水质各指标的标准差来看，只有温度、盐度、pH 较小，其他指标均较大，且温度、盐度、pH、砷和挥发酚的变异系数小于 0.2，说明温度、盐度、pH、砷和挥发酚 5 个指标的均匀性较好，其他指标的变异系数多在 0.2~0.3 范围内，其分布均匀性也相对较好，只有磷酸盐的变异系数略大（图 4.1-20）。因此，可初步认为除磷酸盐外，其他表层水质指标缩减调查站位后受影响较小。

表 4.1-11 2019 年 9 月表层水质指标标准差、平均值和变异系数

	温度	盐度	pH	COD	DO	悬浮物	石油类	磷酸盐	无机氮
标准差	0.592	2.928	0.060	0.269	0.411	9.811	8.900	3.349	29.305
平均值	22.797	29.778	8.205	1.157	7.225	32.070	23.240	7.511	111.428
变异系数	0.026	0.098	0.007	0.233	0.057	0.306	0.383	0.446	0.263

	铜	铅	镉	锌	铬	汞	砷	挥发酚
标准差	0.602	0.415	0.042	4.587	0.590	0.007	0.081	0.328
平均值	1.809	1.344	0.145	15.148	1.803	0.031	1.665	0.106
变异系数	0.333	0.309	0.287	0.303	0.327	0.221	0.048	0.036

注：除温度（℃）、盐度、pH、COD（mg/L）和 DO（mg/L）外，其余指标平均值单位均为 μg/L。

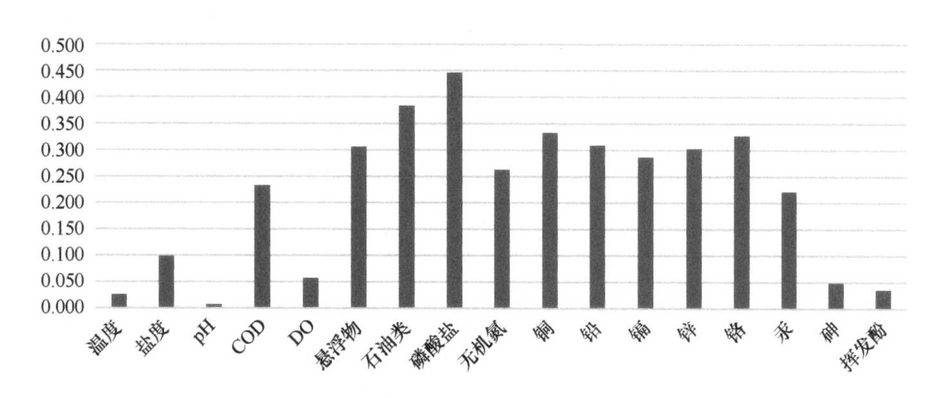

图 4.1-20 2019 年 9 月表层水质各指标变异系数分布

从表 4.1-12 中的底层水质各指标的标准差来看，温度、盐度、pH、DO、砷的标准差很小，磷酸盐、无机氮、铜的标准差较大。温度、盐度、pH、DO、砷的变异系数较小，COD、悬浮物、无机氮、铜、铅、铬、镉、锌、汞的变异系数略大，挥发酚变异系数较大是因为多数站位未检出（图 4.1-21）。因此，温度、盐度、pH、DO 缩减至 20 个调查站位后均匀性变化可能较小，砷、COD、悬浮物、铅、铬、镉、锌、汞、挥发酚缩减至 20 个调查站位后均匀性变化略大，其他指标的均匀性相对差，缩减调查站位后数值变动较大。

表 4.1-12 2019 年 9 月底层水质指标标准差、平均值和变异系数

	温度	盐度	pH	COD	DO	悬浮物	磷酸盐	无机氮
标准差	0.500	1.497	0.058	0.229	0.356	10.786	2.961	27.935
平均值	22.447	30.560	8.211	1.073	7.010	35.669	6.715	106.544
变异系数	0.022	0.049	0.007	0.213	0.051	0.302	0.441	0.262

续表

	铜	铅	镉	锌	铬	汞	砷	挥发酚
标准差	0.610	0.399	0.045	4.578	0.543	0.006	0.080	0.153
平均值	1.809	1.449	0.142	14.790	1.894	0.031	1.659	0.022
变异系数	0.337	0.275	0.319	0.310	0.286	0.194	0.048	7.071

注：除温度（℃）、盐度、pH、COD（mg/L）和DO（mg/L）外，其余指标平均值单位均为μg/L。

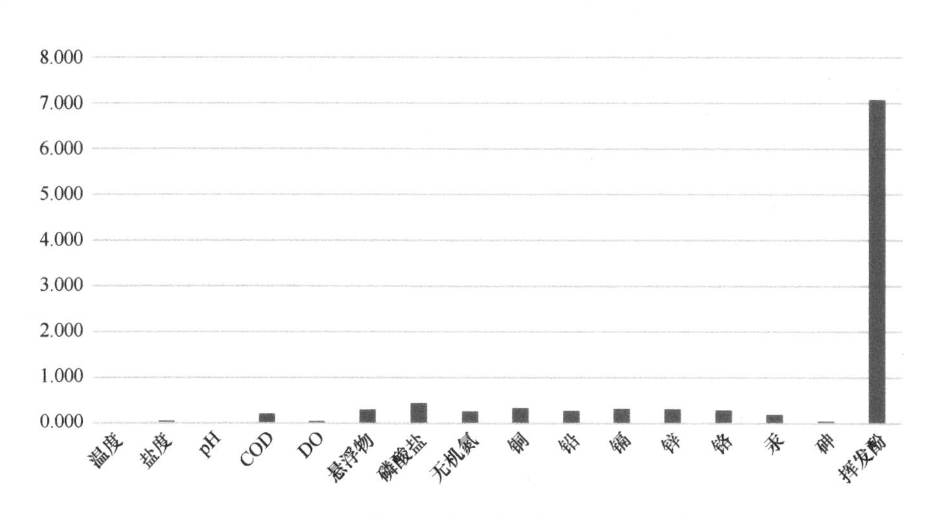

图4.1-21　2019年9月底层水质各指标变异系数分布

2）沉积物

从表4.1-13中沉积物各指标的标准差来看，镉和砷最小，铜、铅、铬、锌、汞指标相对小，石油类、有机碳和硫化物相对较大，其他指标相对变化略大。铜、铅、铬、锌、汞、砷的变异系数均小于0.2，石油类和硫化物的变异系数较大（图4.1-22）。因此，沉积物调查站位缩减至10个站位后，铜、铅、铬、镉、锌、汞、砷的分布均匀性可能较小，石油类、硫化物、有机碳的分布均匀性相对较大。结合本次沉积物各指标的评价结果来看，只有石油类个别站位超一类，其他指标都符合第一类海洋沉积物质量标准，故缩减至10个站位后，除石油类外其他指标仍符合第一类海洋沉积物质量标准，且分布均匀性也较好。

表4.1-13　2019年9月沉积物指标标准差、平均值和变异系数

	石油类	铜	铅	镉	铬	锌	汞	砷	硫化物	有机碳
标准差	130.998	3.227	2.358	0.050	3.806	4.227	0.004	0.977	12.171	0.187
平均值	150.444	18.734	14.778	0.160	25.447	21.225	0.033	8.745	20.655	0.403
变异系数	0.871	0.172	0.160	0.310	0.150	0.199	0.130	0.112	0.589	0.465

注：除有机碳（10^{-2}）外，其余指标平均值单位为10^{-6}。

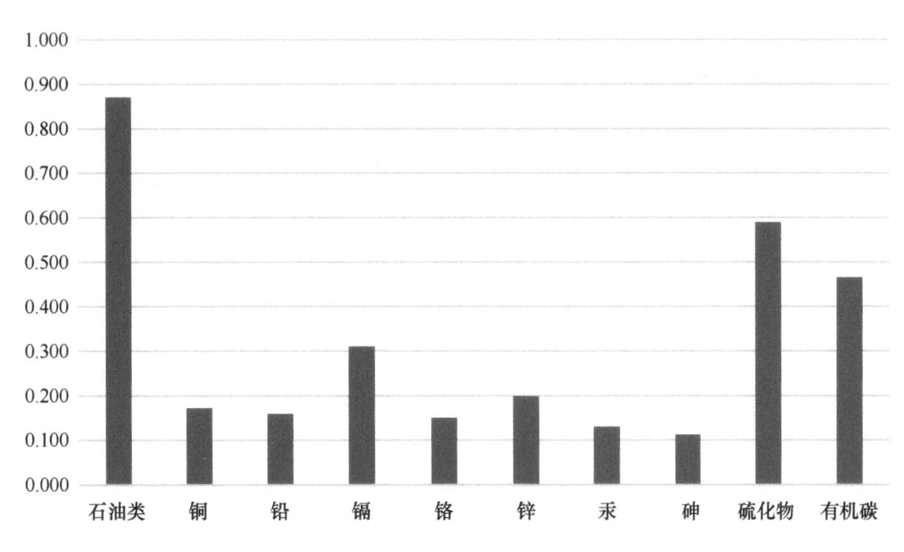

图 4.1-22　2019 年 9 月沉积物指标变异系数分布

3）海洋生态

由表 4.1-14 可见，海洋生态的各指标标准差、平均值均差异较大，其变异系数也均大于 0.2，说明分布均匀性较差，除叶绿素 *a* 的变异系数相对好些外，浮游植物、浮游动物和底栖生物的变异系数均较大。由于浮游植物和浮游动物具有种类多、数量大、繁殖快的特点，故不同调查站位之间的浮游植物细胞密度、生物量数值波动很大，因此，浮游植物和浮游动物相关指标缩减至 12 个站位后均匀性好的可能性较小。

表 4.1-14　2019 年 9 月海洋生态指标标准差、平均值和变异系数

	叶绿素 *a*/（$mg \cdot m^{-3}$）	浮游植物细胞密度/（10^4 个 $\cdot m^{-3}$）	浮游动物生物量/（$mg \cdot m^{-3}$）	浮游动物个体密度/（个 $\cdot m^{-3}$）	底栖生物生物量/（$g \cdot m^{-2}$）	底栖生物个体密度/（个 $\cdot m^{-2}$）
标准差	1.612	1 198.076	99.812	155.439	33.955	292.938
平均值	1.988	606.66	167.66	212.01	20.29	515.00
变异系数	0.811	1.975	0.595	0.733	1.673	0.569

注：表头中所列为各指标平均值的计量单位。

4.1.3.2　各指标最低调查站位数量随机性分析

1）水质

针对本期表层 53 个站位和底层 51 个站位水质调查资料，分别 3 次随机选取 20 个站位调查数据，分析比较随机选取站位数据的平均值和标准差与原数据的差异性。

由图 4.1-23 可见，3 次随机选取 20 个站位后，表层水质各指标除挥发酚外（多数站位未检出），其他标称水质指标的平均值变化率基本在±10%之间，说明表层水质各指标分布基本均匀，石油类、无机氮、锌、COD、铬、汞在3次随机选取20个站位中的标准差略大，说明离散程度较原数据有所增加。因此，表层水体的温度、盐度、pH、DO、磷酸盐、铜、铅、镉、砷和挥发酚在3次随机选取站位分析中表现较为稳定。

由图4.1-24可见，3次随机选取20个站位后，除挥发酚外（多数站位未检出），底层水体其他水质各指标平均值的变化率基本都在±10%以内，标准差的变化率略大，COD、DO、砷、汞的标准差变化率超过10%，说明部分站位的数据离散程度较高。因此，底层水体的温度、盐度、pH、DO、悬浮物、磷酸盐、无机氮、铜、铅、锌、镉、铬和挥发酚在3次随机选取站位分析中表现较为稳定。

因此，结合表层和底层水质指标3次的随机20个站位的统计分析结果，可得出温度、盐度、pH、COD、DO、悬浮物、磷酸盐、无机氮、石油类、铜、铅、锌、铬、镉的波动较小，随机缩减至20个站位后其指标数值基本可代表原数值的大小。

2）沉积物

针对本期31个站位沉积物调查资料，分别3次随机选取10个站位调查数据，分析比较随机选取站位数据的平均值和标准差与原数据的差异性。

由图4.1-25可见，石油类、有机碳、铅、硫化物在3次随机选取10个站位中存在平均值变化率超过±10%的现象，其中石油类超出现象明显，石油类、镉、汞、砷、硫化物、铬、铅在3次随机选取10个站位中的标准差变化率超过±10%，以石油类和汞最为明显。在随机选取10个沉积物调查站位中，个别指标存在较大的波动，说明每次随机中各沉积物指标的极值会发生变化，从而导致平均值和标准差的变化，平均值和标准值变化较大，说明该指标的分布均匀性较差。结合本次沉积物调查中质量评价结果，除石油类个别站位超一类标准外，其他沉积物都符合第一类海洋沉积物质量标准。因此，在缩减至10个沉积物调查站位后，仍可符合第一类沉积物质量标准，但石油类的评价结果可能会发生一定的变化。

3）海洋生态

针对本期31个站位海洋生态调查资料，分别3次随机选取12个站位调查数据，分析比较随机选取站位数据的平均值和标准差与原数据的差异性。

由表4.1-15可见，叶绿素*a*在3次随机选取12个站位中，平均值变化率在-33.34%~21.07%范围内，标准差变化率在-65.06%~32.03%范围内，浮游植物细胞密度的平均值变化率在-97.16%~-81.37%范围内，浮游植物细胞密度的标准差变化率在-98.45%~-85.25%范围内，浮游动物生物量的平均值变化率在-25.97%~4.23%范围内，浮游动物生物量的标准差变化率在-28.79%~-12.83%范围内，底栖生物生物量的平均值变化率在17.17%~63.29%范围内，底栖生物生物量的标准差变化率在32.83%~47.75%范围内，底栖生物个体数量的平均值变化率在-12.14%~13.92%范围内，底栖生物个体密度的标准差

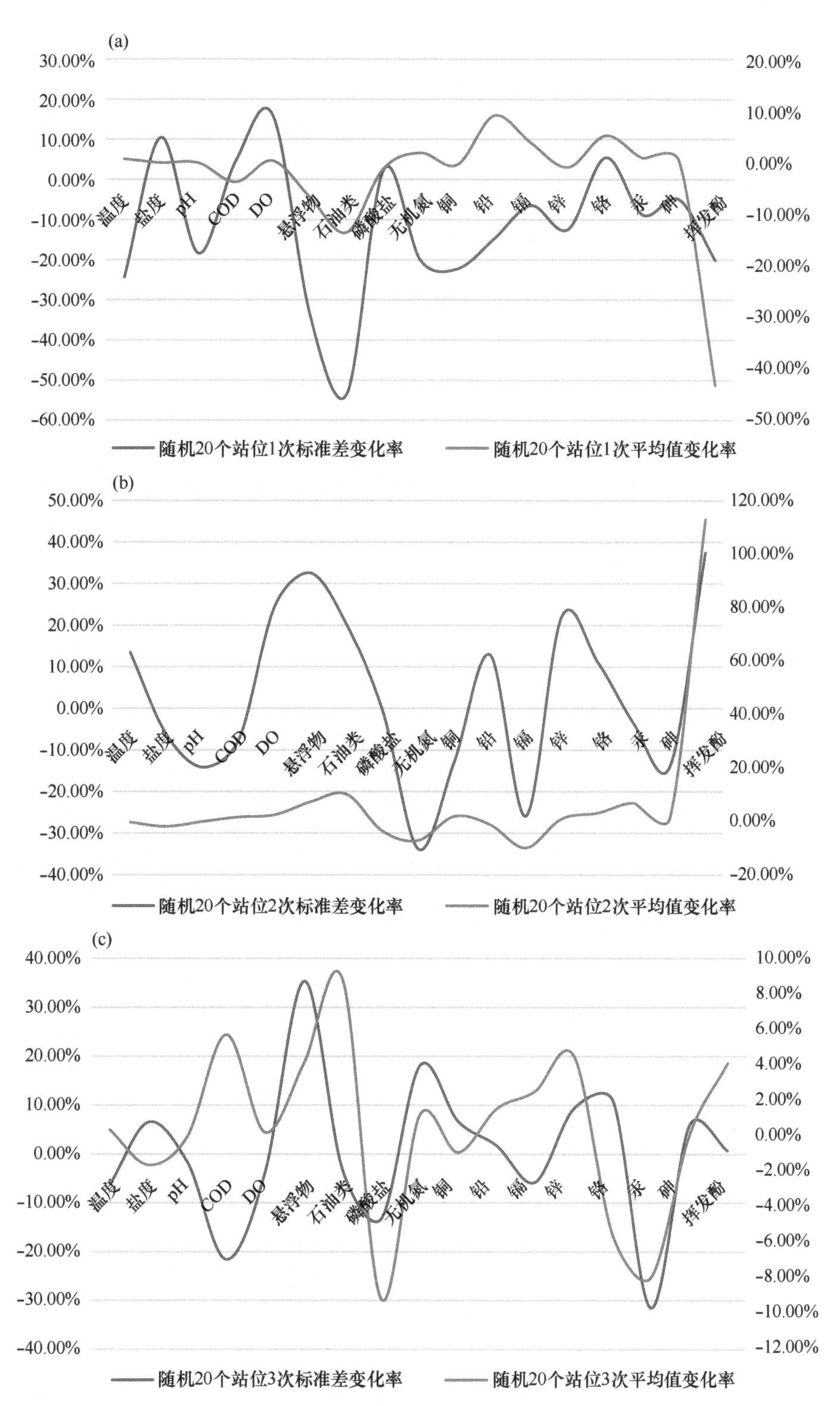

图 4.1-23 2019 年 9 月随机选取 20 个站位表层水质的统计分析结果

（a）第 1 次随机选取结果；（b）第 2 次随机选取结果；（c）第 3 次随机选取结果

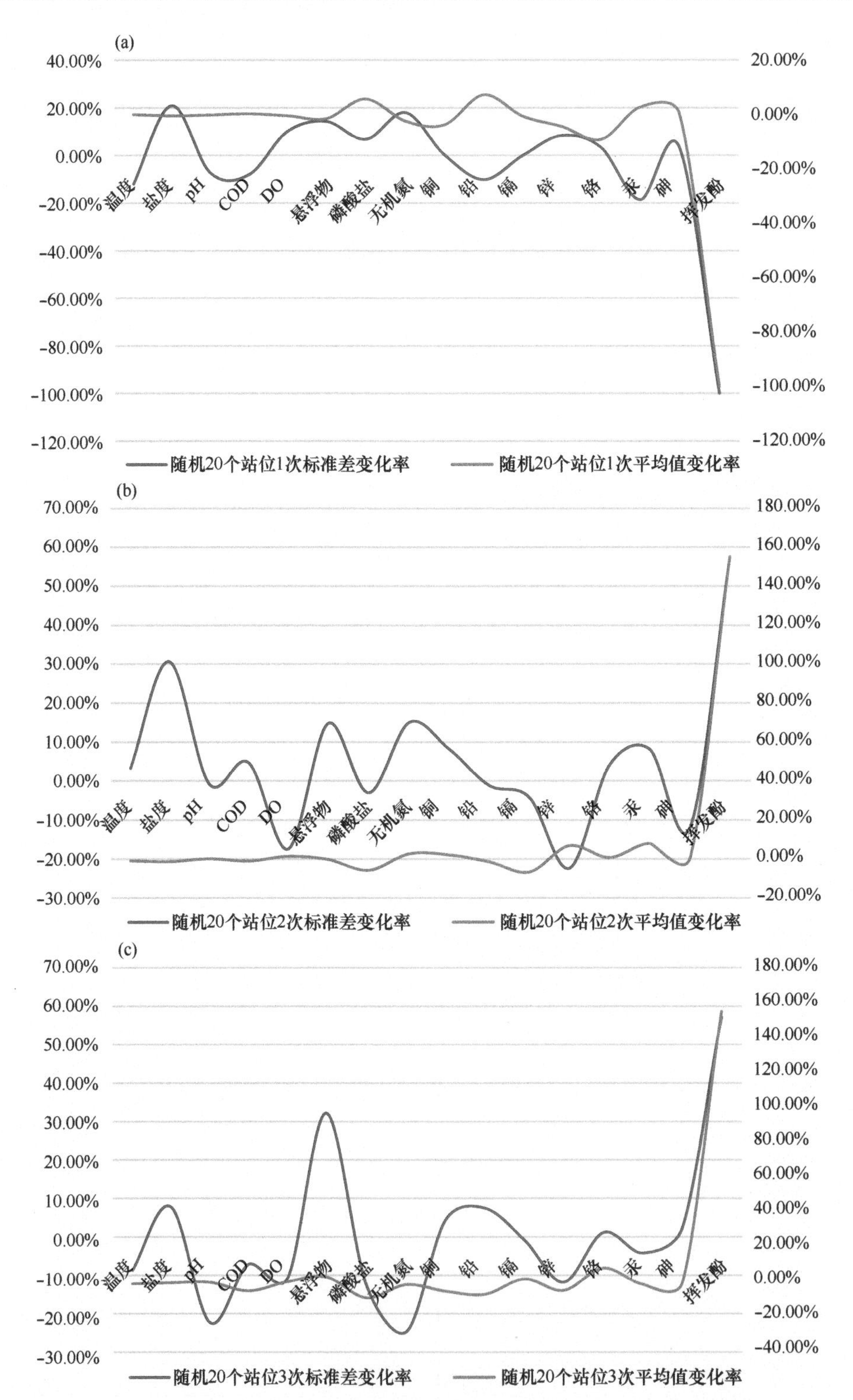

图 4.1-24　2019 年 9 月随机选取 20 个站位底层水质的统计分析结果

（a）第 1 次随机选取结果；（b）第 2 次随机选取结果；（c）第 3 次随机选取结果

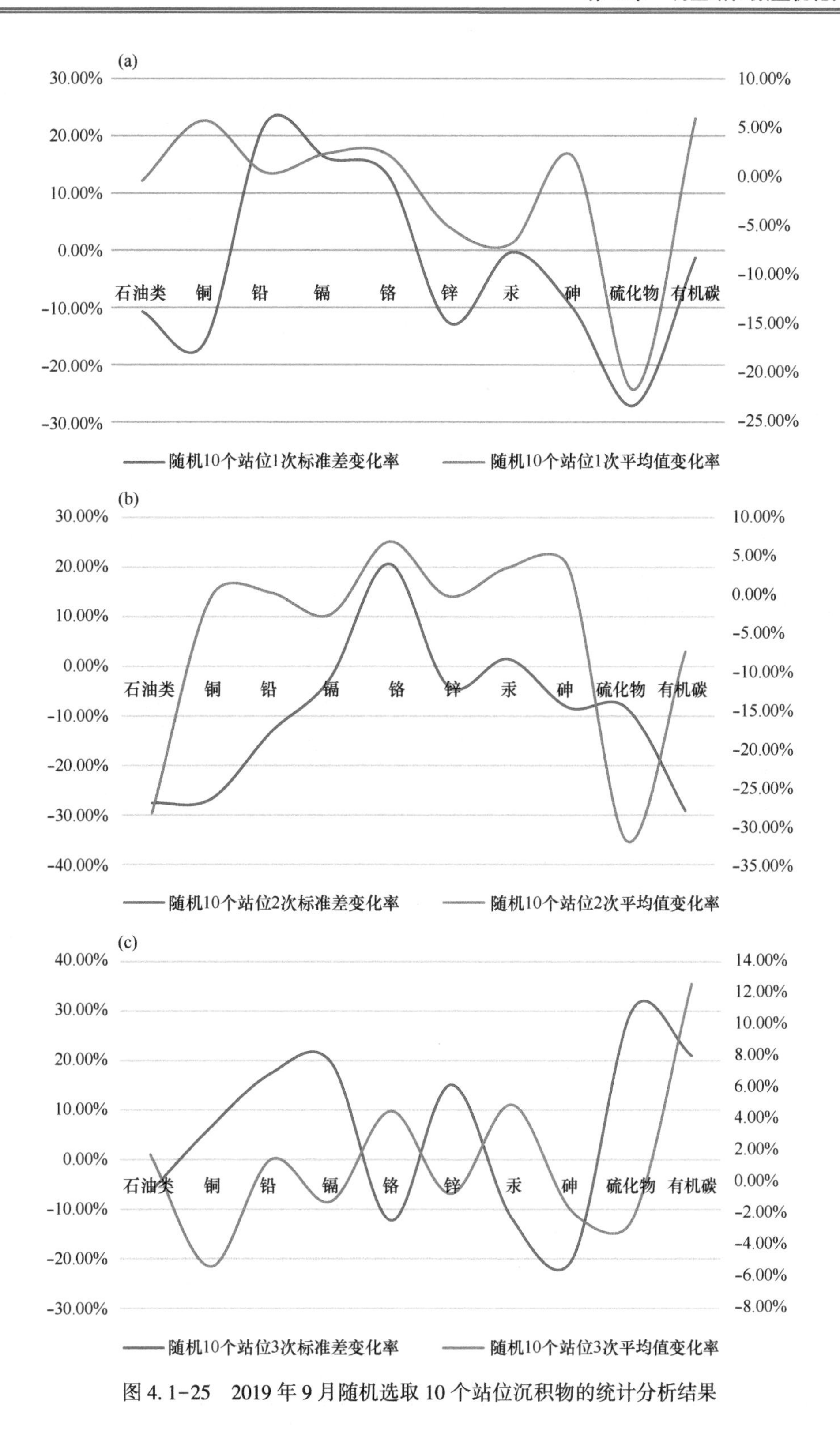

图 4. 1-25　2019 年 9 月随机选取 10 个站位沉积物的统计分析结果

变化率在-12.94%~28.50%范围内。因此，海洋生态的5个指标在3次随机选取12个站位中平均值变化率和标准差变化率均较大，说明叶绿素 *a*、浮游植物细胞密度、浮游动物生物量、浮游动物个体密度、底栖生物生物量、底栖生物个体密度这5个指标的变化范围较大，随机选取12个调查站位后，各指标的极值和平均值都发生了较大变化。因此，随机选取12个调查站位后海洋生态上述5个指标的代表性相对较差。

表4.1-15　2019年9月随机选取12个站位海洋生态统计结果

	叶绿素 *a*	浮游植物细胞密度	浮游动物生物量	浮游动物个体密度	底栖生物生物量	底栖生物个体密度
随机1次标准差变化率	30.09%	-86.95%	-16.74%	5.97%	33.21%	28.50%
随机1次平均值变化率	-2.61%	-87.95%	-25.97%	19.48%	19.51%	13.92%
随机2次标准差变化率	-65.06%	-98.45%	-12.83%	-19.03%	32.83%	2.59%
随机2次平均值变化率	-33.34%	-97.16%	-12.32%	-6.52%	17.17%	12.30%
随机3次标准差变化率	32.03%	-85.25%	-28.79%	-11.72%	47.75%	-12.94%
随机3次平均值变化率	21.07%	-81.32%	4.23%	-19.79%	63.29%	-12.14%

4.1.3.3　各指标最低调查站位数量均匀站位法分析

1）水质

针对本期表层53个站位和底层51个站位水质调查资料，由于底层水质站位数量少于表层水质站位数量，为保证表层和底层水质调查站位的一致性，并包含10个沉积物站位和12个海洋生态站位，故从底层站位中按照空间均匀分布的原则，选取20个站位，兼顾了水质、沉积物、海洋生态调查站位的分布均匀性，若底层水质站位不能涵盖所有10个沉积物站位和12个海洋生态站位，则按照空间均匀分布原则，从表层水质站位中选取剩余的沉积物站位和海洋生态站位。分析比较上述站位数据的平均值和标准差与原数据的差异性。

由图 4. 1-26 可见，按均匀站位法选取站位表层水质各指标的标准差和平均值变化率均较前 3 次随机选取 20 个站位水质指标与原数据对比结果，其标准差和平均值变化率要低不少，尤其是标准差变化率要低不少。除磷酸盐和挥发酚外，其他表层水质指标平均差变化率均在±10%以内，且挥发酚多数站位未检出，是造成均匀选取 20 个调查站后平均值变化率高的原因，表层水质指标中盐度、石油类、汞、挥发酚的标准差变化率较大，其他表层水质指标的标准差变化率都在±10%以内。

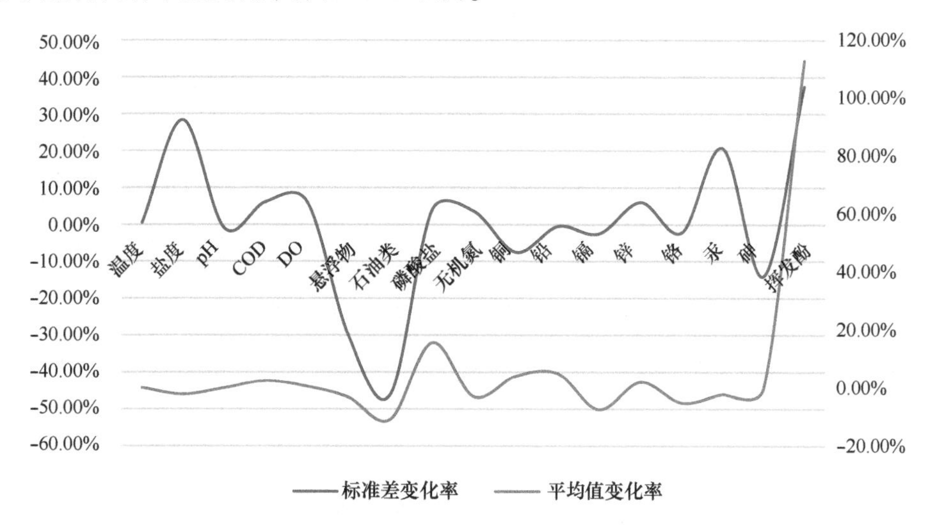

图 4. 1-26　2019 年 9 月采用均匀站位法选取 20 个站位表层水质的统计分析结果

由图 4. 1-27 可见，底层水质指标的标准差和平均值变化率较表层更小，底层水质各指标的平均值变化率都在±10%以内，底层水质指标中盐度、DO、无机氮、锌、汞的标准差变化率在 10%~15%范围内，其他底层水质指标标准差变化率在±10%范围内。

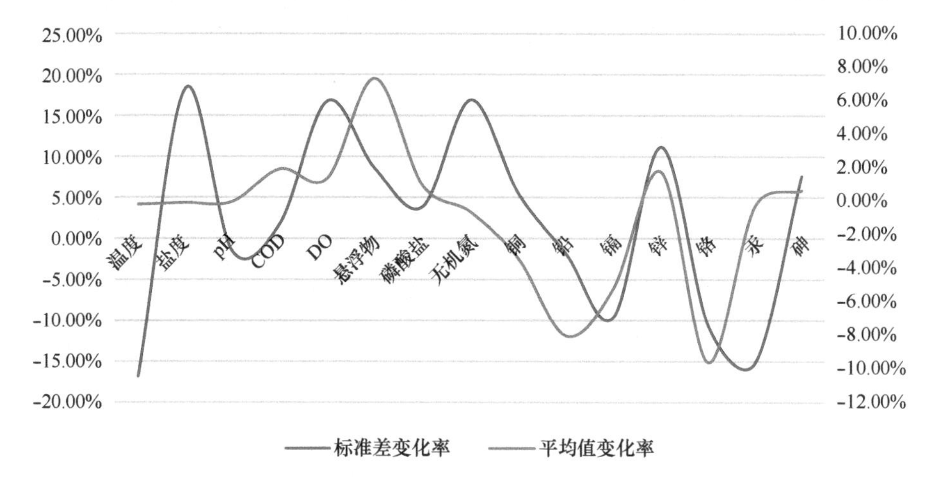

图 4. 1-27　2019 年 9 月按均匀站位法选取 20 个站位底层水质的统计分析结果

因此，采用均匀站位法选取 20 个水质调查站位后，多数指标的平均值和标准差变化较小，结合本次水质调查的质量评价结果来看，主要超标指标除无机氮、铅、锌外，其他指标都符合一类海水水质标准。均匀选取 20 个站位后，水质平均值波动在±10%范围内，对评价结果影响很小，主要超标指标的平均值变动较小，故具有较好的代表性。

2）沉积物

由图 4.1–28 可见，采用均匀站位法的沉积物标准差和平均值与原监测指标对比来看，硫化物、石油类、镉指标变化较大，其他指标的平均值变化率均在±10%范围内，石油类、铅、铜、铬、砷、有机碳的标准差变化率超出了±10%，说明均匀选取 12 个沉积物站位后，上述指标的极值有一定的变化，其他指标的标准差变化较小。因此，结合该次沉积物质量评价结果，除石油类个别站位超标外，其他指标都符合一类沉积物质量标准，且指标平均值在变化±10%后对评价结果基本无影响，可以认为均匀选取 10 个沉积物调查站位后，其结果具有一定的代表性。但超标污染指标石油类的平均值变化率为负值，表明缩减站位后该指标的总体向好，与原数据评价结果略有差异。

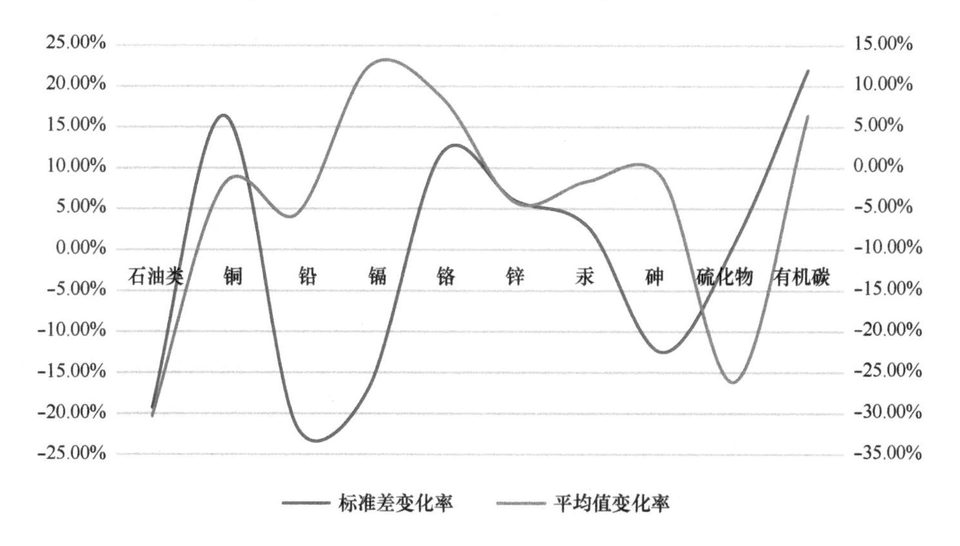

图 4.1–28　2019 年 9 月按均匀站位法选取 10 个站位沉积物的统计分析结果

3）海洋生态

由表 4.1–16 可见，采用空间均匀站位法的海洋生态标准差和平均值与原监测指标对比来看，除了叶绿素 *a* 和底栖生物个体密度的标准差和平均值与原监测数据相比变化较小外，其他指标的变化较大，浮游植物细胞密度、浮游动物生物量、浮游动物个体密度和底栖生物生物量的平均值和标准差变化相对较大。因此，除叶绿素 *a* 外，浮游植物、浮游动物和底栖生物指标不适合均匀站位法。

表 4.1-16　2019 年 9 月按均匀站位法选取 12 个站位海洋生态统计分析结果

	叶绿素 a	浮游植物细胞密度	浮游动物生物量	浮游动物个体密度	底栖生物生物量	底栖生物个体密度
标准差变化率	3.25%	-77.04%	-20.29%	12.91%	30.34%	10.84%
平均值变化率	3.77%	-59.59%	-3.35%	9.76%	25.96%	2.10%

4.1.4　2020 年 5 月调查数据分析

4.1.4.1　各监测指标统计分析

1）水质

从表 4.1-17 中表层水质各指标的标准差来看，只有温度、盐度、pH 和 DO 较小，其他指标均较大，且温度、盐度、pH 和 DO 的变异系数也都小于 0.2，表层水质重金属多个指标的变异系数超过 0.5（图 4.1-29）。由此看来，2020 年 5 月的海水水质调查结果表明，多数指标的均匀性相对较差，温度、盐度、pH、DO 分布较为均匀，适合缩减调查站位，其他指标不适合。

表 4.1-17　2020 年 5 月表层水质指标标准差、平均值和变异系数

	温度	盐度	pH	COD	DO	悬浮物	石油类	磷酸盐	无机氮
标准差	1.418	0.597	0.078	0.250	0.346	5.701	6.870	2.594	87.204
平均值	19.935	31.385	8.172	1.248	8.117	10.525	16.052	5.938	176.982
变异系数	0.071	0.019	0.010	0.201	0.043	0.542	0.428	0.437	0.493

	铜	铅	镉	锌	铬	汞	砷
标准差	2.208	0.196	0.162	3.964	3.910	0.011	0.379
平均值	3.400	0.332	0.152	10.515	5.102	0.026	1.056
变异系数	0.649	0.590	1.063	0.377	0.766	0.421	0.359

注：除温度（℃）、盐度、pH、COD（mg/L）和 DO（mg/L）外，其余指标平均值单位均为 μg/L。

从表 4.1-18 中底层水质各指标的标准差来看，温度、盐度、pH 和 DO 较小。同时，温度、盐度、pH、DO 和 COD 的变异系数也都小于 0.2，其他指标则大于 0.2，铜、铅、铬、镉和汞的相对较高（图 4.1-30）。由此看来，温度、盐度、pH、DO、COD 分布较为均匀，缩减至 20 个调查站位后均匀性变化可能较小，其他指标的均匀性可能相对较差。

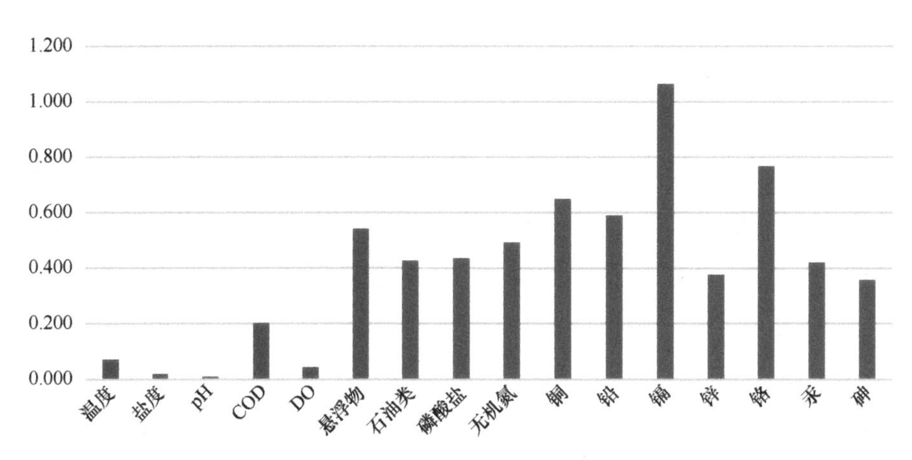

图 4.1-29　2020 年 5 月表层水质各指标变异系数分布

表 4.1-18　2020 年 5 月底层水质指标标准差、平均值和变异系数

	温度	盐度	pH	COD	DO	悬浮物	磷酸盐	无机氮
标准差	1.740	0.506	0.053	0.216	0.340	4.729	2.074	89.242
平均值	16.407	31.512	8.165	1.116	7.804	10.705	5.681	168.170
变异系数	0.106	0.016	0.006	0.194	0.044	0.442	0.365	0.531

	铜	铅	镉	锌	铬	汞	砷
标准差	2.371	0.245	0.175	4.764	3.625	0.014	0.339
平均值	3.902	0.413	0.214	12.682	6.170	0.024	1.165
变异系数	0.608	0.593	0.818	0.376	0.588	0.583	0.291

注：除温度（℃）、盐度、pH、COD（mg/L）和 DO（mg/L）外，其余指标平均值单位均为 μg/L。

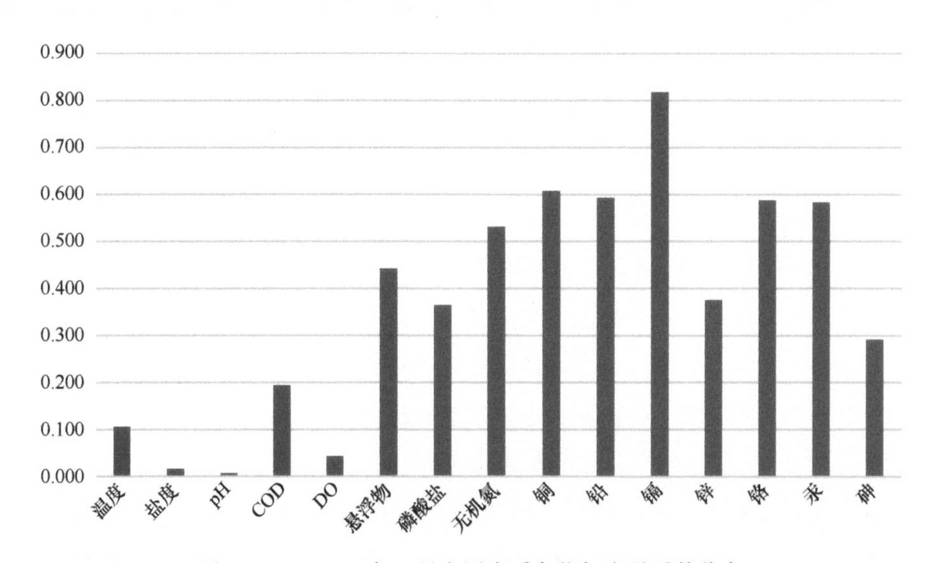

图 4.1-30　2020 年 5 月底层水质各指标变异系数分布

2）沉积物

从表 4.1-19 中的各指标的标准差和平均值来看，只有锌的标准差较小，其他指标的标准差相对较大，说明锌的离散程度要低很多，其他指标数值离散较大。从各指标的变异系数来看（图 4.1-31），只有石油类和硫化物的变异系数较大，锌的变异系数最小，其他指标的变异系数相对小。结合上文 3 个航次的沉积物分析结果来看，变异系数在 0.6 以下的指标，其分布均匀程度尚可，缩减调查站位后多数指标的代表性可能较好。

表 4.1-19　2020 年 5 月沉积物指标标准差、平均值和变异系数

	石油类	铜	铅	镉	铬	锌	汞	砷	硫化物	有机碳
标准差	38.602	6.017	8.301	0.069	8.335	13.558	0.023	2.280	17.679	0.234
平均值	32.335	16.644	17.904	0.183	34.239	91.390	0.048	9.091	21.459	0.360
变异系数	1.194	0.362	0.464	0.377	0.243	0.148	0.484	0.251	0.824	0.650

注：除有机碳（10^{-2}）外，其余指标平均值单位为 10^{-6}。

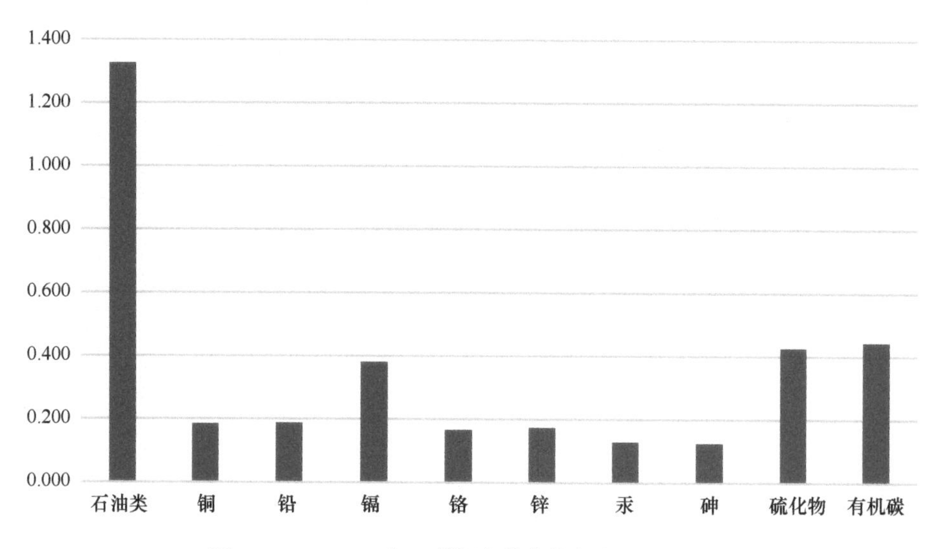

图 4.1-31　2020 年 5 月沉积物各指标变异系数分布

3）海洋生态

由表 4.1-20 可见，海洋生态的各指标标准差和平均值均较为相近，说明各指标的数值离散程度大，导致海洋生态各指标的变异系数也较大，故上述指标缩减至 12 个站位的代表性有待进一步研究。

表 4.1-20　2020 年 5 月海洋生态指标标准差、平均值和变异系数

	叶绿素 *a*/（$mg \cdot m^{-3}$）	浮游植物细胞密度/（10^4 个 · m^{-3}）	浮游动物生物量/（$mg \cdot m^{-3}$）	浮游动物个体密度/（个 · m^{-3}）	底栖生物生物量/（$g \cdot m^{-2}$）	底栖生物个体密度/（个 · m^{-2}）
标准差	3.707	3.026	670.655	207.587	4.871	95.860
平均值	4.039	2.90	1 075.92	281.53	4.92	108.28
变异系数	0.918	1.044	0.623	0.737	0.989	0.885

注：表头中所列为各指标平均值的计量单位。

4.1.4.2　各指标最低调查站位数量随机性分析

1）水质

针对本期表层 51 个站位和底层 40 个站位水质调查资料，分别 3 次随机选取 20 个站位调查数据，分析比较随机选取站位数据的平均值和标准差与原数据的差异性。

由图 4.1-32 可见，3 次随机选取 20 个站位后，除镉、磷酸盐、铬外，表层水质多数指标的平均值变化率基本在±10%以内；除盐度、悬浮物、石油类、锌、磷酸盐、镉、pH、DO、铜、铅的标准差变化率各有 1 次超出±10%外，其他指标的标准差变化率在±10%以内。

由图 4.1-33 可见，3 次随机选取 20 个站位后，底层水质铅、汞、镉平均值变化率超出±10%，其他底层水质指标平均值变化率都在±10%以内；盐度、悬浮物、磷酸盐、铅、DO、无机氮、汞的标准差变化率有 1 次或 2 次超出±10%。

因此，结合表层和底层水质指标 3 次随机选取 20 个站位的统计分析结果，可得出温度、盐度、pH、COD、DO、悬浮物、磷酸盐、无机氮波动较小，缩减至 20 个站位后其指标数值变化不明显，重金属多个指标波动较大，缩减至 20 个站位后其指标数值可能变化较大。

2）沉积物

针对本期 31 个站位沉积物调查资料，分别 3 次随机选取 10 个站位调查数据，分析比较随机选取站位数据的平均值和标准差与原数据的差异性。

由图 4.1-34 可见，石油类、有机碳、砷、铅、硫化物在 3 次随机选取 10 个调查站位中平均值变化率较大，以石油类较为突出，石油类、镉、汞、砷、硫化物、铅在 3 次随机选取 10 个调查站位中有 1 次或 2 次标准差变动较大，以石油类和汞较为明显。根据本次沉积物质量的评价结果来看，所有沉积物都符合第一类沉积物质量标准，所以随机选取站位对评价总体结果没有影响。

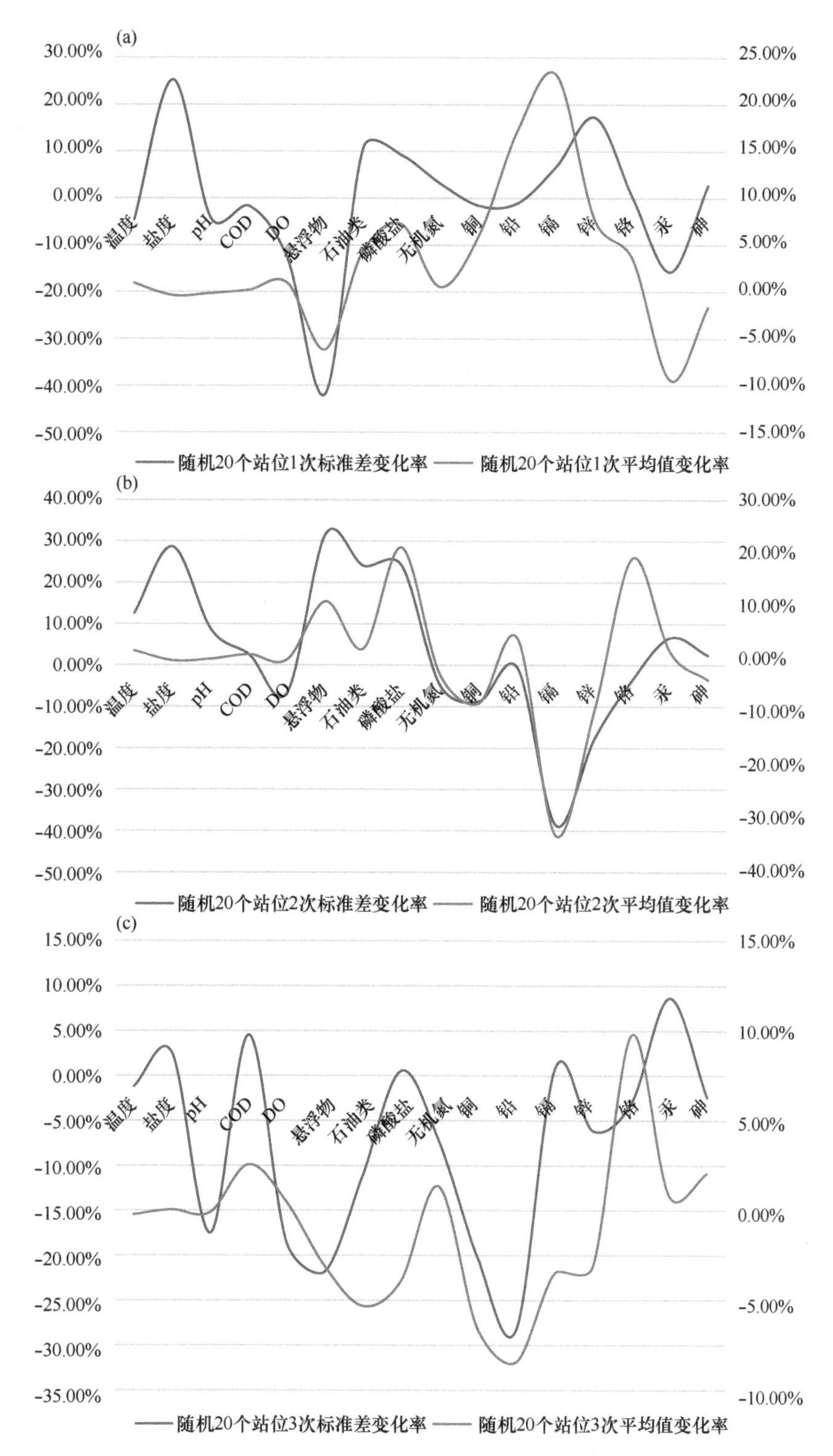

图 4. 1-32　2020 年 5 月随机选取 20 个站位表层水质的统计分析结果

（a）第 1 次随机选取结果；（b）第 2 次随机选取结果；（c）第 3 次随机选取结果

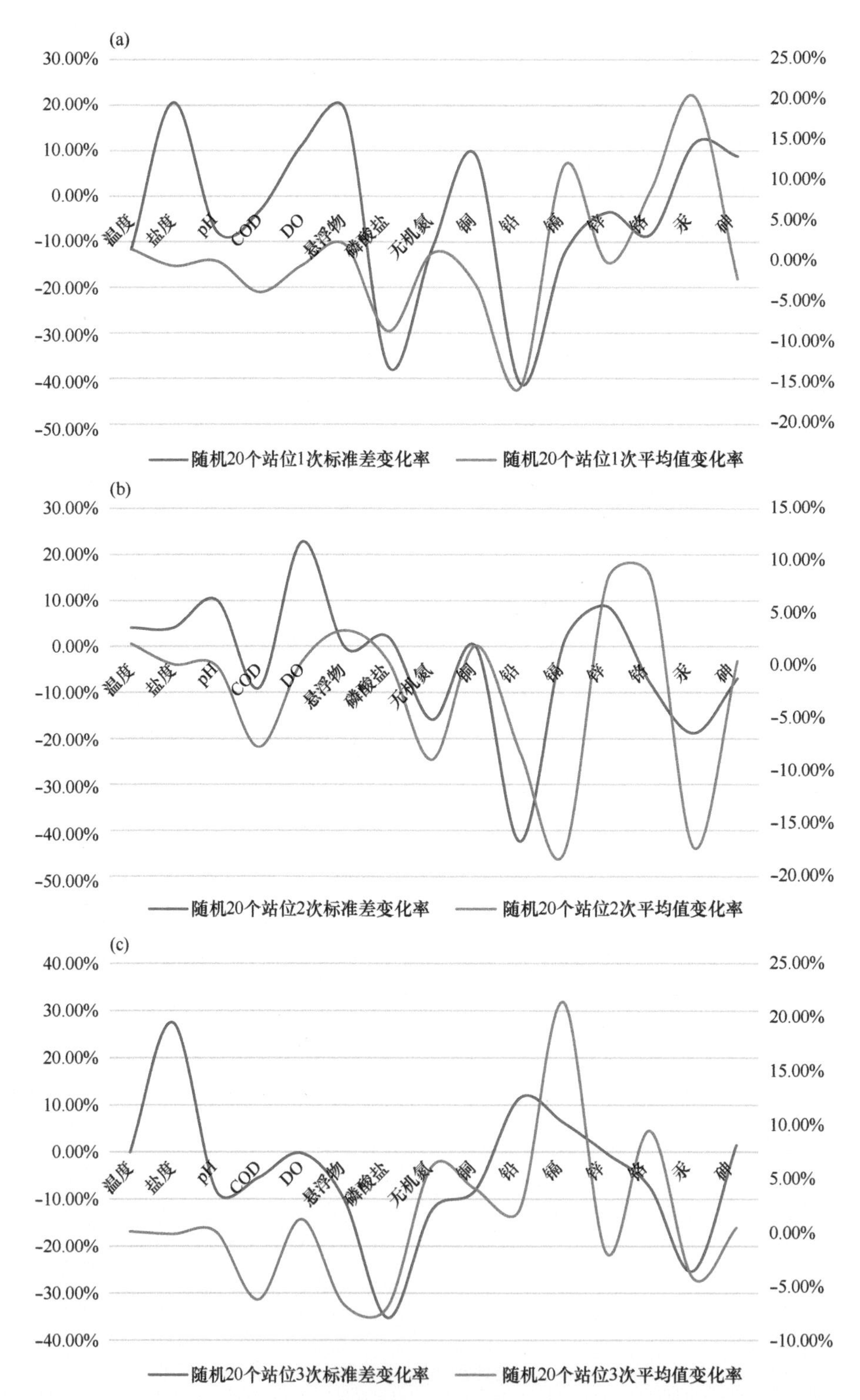

图 4.1-33 2020 年 5 月随机选取 20 个站位底层水质的统计分析结果

（a）第 1 次随机选取结果；（b）第 2 次随机选取结果；（c）第 3 次随机选取结果

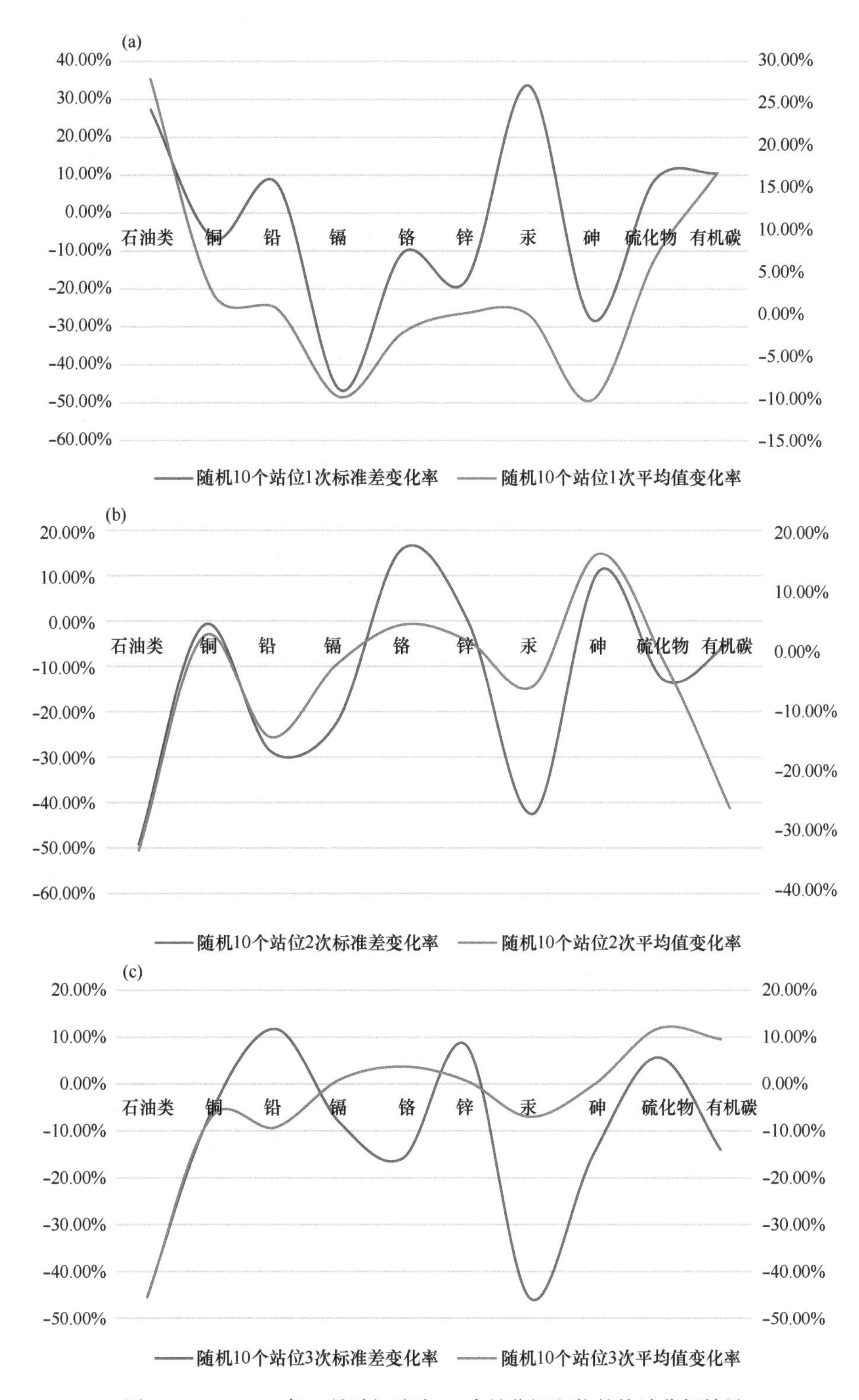

图 4.1-34　2020 年 5 月随机选取 10 个站位沉积物的统计分析结果

（a）第 1 次随机选取结果；（b）第 2 次随机选取结果；（c）第 3 次随机选取结果

3）海洋生态

针对本期 31 个站位海洋生态调查资料，分别 3 次随机选取 12 个站位调查数据，分析比较随机选取站位数据的平均值和标准差与原数据的差异性。

由表 4. 1-21 可见，叶绿素 *a* 在 3 次随机选取 12 个站位中标准差变化率范围为-61. 99% ~7. 55%，平均值变化率范围为-48. 94% ~ 16. 97%，浮游植物细胞密度标准差变化率范围为-58. 3%~32. 62%，浮游植物细胞密度平均值变化率范围为-42. 48%~34. 8%，浮游植物生物量标准差变化率范围为 4. 33%~21. 13%，浮游植物生物量平均值变化率范围为-2. 26%~13. 81%，浮游动物个体密度标准差变化率范围为-31. 19%~19. 98%，浮游动物个体密度平均值变化率范围为-14. 16%~36. 31%，底栖生物生物量标准差变化率范围为 13. 25%~22. 75%，底栖生物生物量平均值变化率范围为 6. 99%~12. 64%，底栖生物个体密度标准差变化率范围为-35. 17%~-3. 35%，底栖生物个体密度平均值变化率范围为-32. 78%~21. 09%。

因此，海洋生态的叶绿素 *a*、浮游植物细胞密度、浮游动物生物量、浮游动物个体密度、底栖生物生物量、底栖生物个体密度指标的波动较大，3 次随机选取 12 个站位的平均值和标准差变化率较大，作为原调查数据的代表性较差，缩减调查站位后各指标的极值、平均值会发生较大变化。

表 4. 1-21 2020 年 5 月随机选取 12 个站位海洋生态统计结果

	叶绿素 *a*	浮游植物细胞密度	浮游动物生物量	浮游动物个体密度	底栖生物生物量	底栖生物个体密度
随机 1 次标准差变化率	-16. 74%	9. 68%	4. 33%	-31. 19%	22. 75%	-35. 17%
随机 1 次平均值变化率	-21. 87%	34. 80%	3. 56%	-14. 16%	12. 64%	-20. 73%
随机 2 次标准差变化率	7. 55%	32. 62%	21. 13%	17. 28%	14. 52%	-18. 03%
随机 2 次平均值变化率	16. 97%	18. 09%	-2. 26%	31. 57%	7. 16%	-32. 78%
随机 3 次标准差变化率	-61. 99%	-58. 30%	12. 12%	19. 98%	13. 25%	-3. 35%
随机 3 次平均值变化率	-48. 94%	-42. 48%	13. 81%	36. 31%	6. 99%	21. 09%

4.1.4.3　各指标最低调查站位数量均匀站位法分析

1）水质

针对本期表层 51 个站位和底层 40 个站位水质调查资料，由于底层水质站位数量少于表层水质站位数量，为保证表层和底层水质调查站位的一致性，并包含 10 个沉积物站位和 12 个海洋生态站位，故从底层站位中按照空间均匀分布的原则，选取 20 个站位，兼顾了水质、沉积物、海洋生态调查站位的分布均匀性，若底层水质站位不能涵盖所有 10 个沉积物站位和 12 个海洋生态站位，则按照空间均匀分布原则，从表层水质站位中选取剩余的沉积物站位和海洋生态站位。分析比较上述站位数据的平均值和标准差与原数据的差异性。

由图 4.1-35 和图 4.1-36 可见，表层水质指标中只有铜平均值变化率超过了 10%，盐度、COD、石油类、磷酸盐、铅的标准差变化率超过了 10%；底层水质指标中铜、铅、镉、汞平均值变化率超过了 10%，磷酸盐、铅、镉的标准差变化率超过了 10%。因此，采用均匀站位法后，多数表层和底层水质指标的平均值和标准差变化率较小，需要重点关注水质指标中的部分重金属指标。

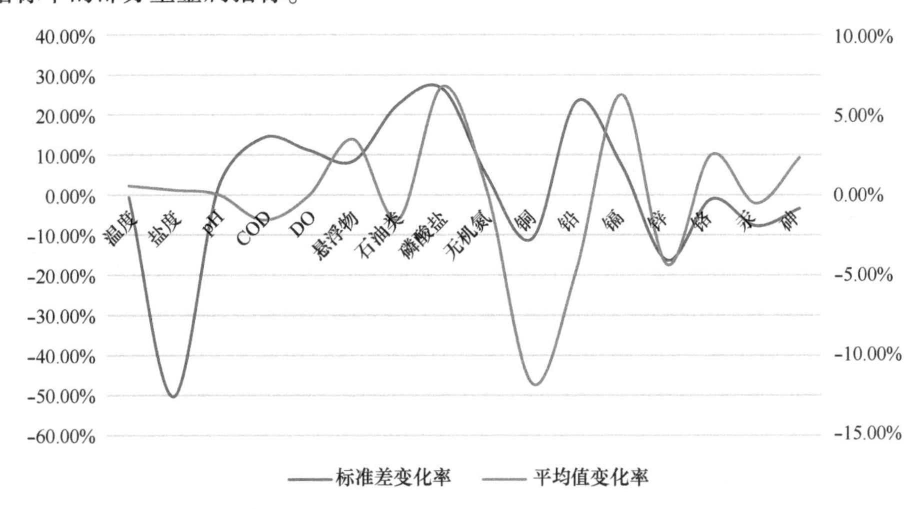

图 4.1-35　2020 年 5 月按均匀站位法选取 20 个站位表层水质的统计分析结果

2）沉积物

由图 4.1-37 可见，石油类、汞、砷、有机碳的平均值变化率较大，石油类、锌、汞、砷的标准差变化率较大。结合该次沉积物质量的评价结果来看，沉积物都符合第一类海洋沉积物质量标准，均匀站位法选取的 10 个调查站位评价结果仍符合第一类海洋沉积物质量标准。

3）海洋生态

由表 4.1-22 可见，采用均匀站位法后，叶绿素 a 和底栖生物个体密度的标准差和平均值变化率较低，浮游动物个体密度的平均值变化率较小，浮游植物细胞密度、浮游动物

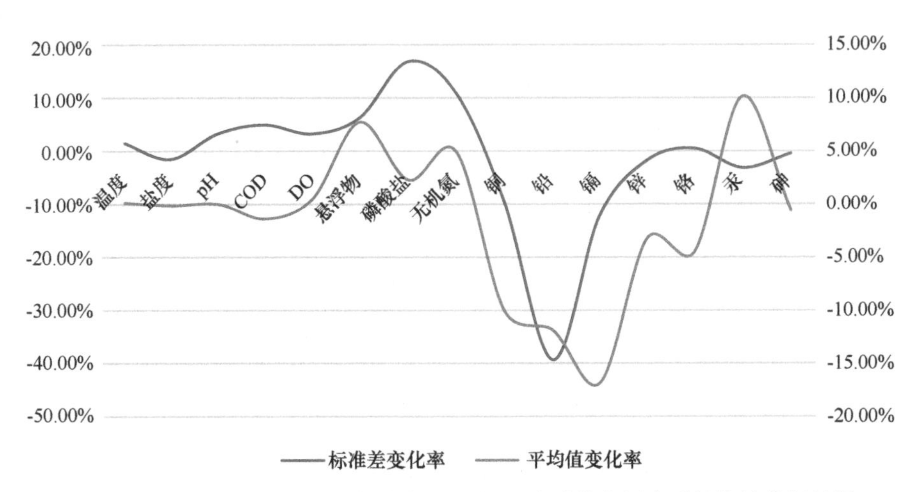

图 4.1-36　2020 年 5 月按均匀站位法选取 20 个站位底层水质的统计分析结果

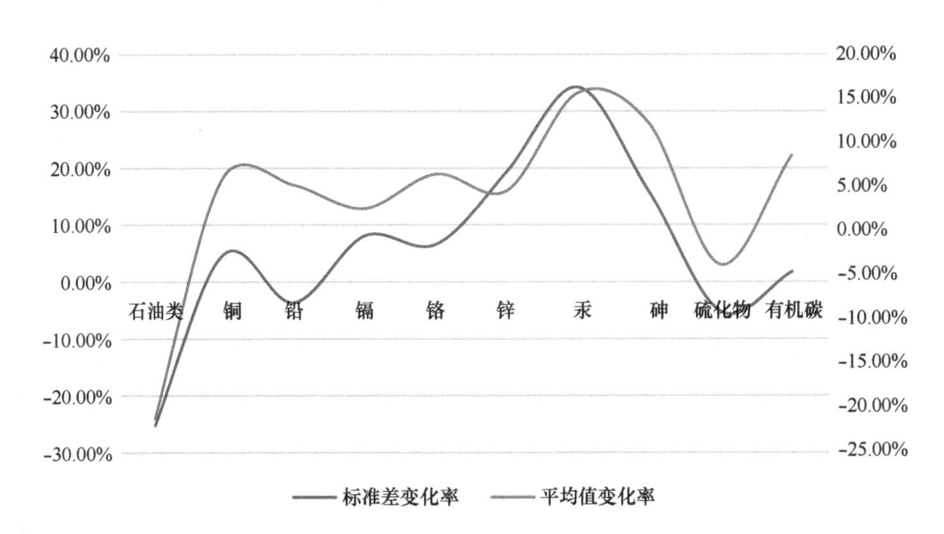

图 4.1-37　2020 年 5 月按均匀站位法选取 10 个站位沉积物的统计分析结果

生物量和底栖生物生物量的平均值和标准差变化率相对大，但上述几个指标的平均值和标准差变化率范围为-21%~22%。因此，考虑到海洋生态这 6 个指标本身变化就较大，可认为用均匀站位法选取站位得出的平均值和标准差变化率在接受范围内。

表 4.1-22　2020 年 5 月按均匀站位法选取 12 个站位海洋生态统计结果

	叶绿素 *a*	浮游植物细胞密度	浮游动物生物量	浮游动物个体密度	底栖生物生物量	底栖生物个体密度
标准差变化率	1.86%	14.96%	16.96%	-20.10%	19.54%	-7.26%
平均值变化率	-3.97%	21.89%	15.43%	-1.98%	19.60%	-0.21%

4.1.5　2020 年 9 月调查数据分析

4.1.5.1　各监测指标统计分析

1）水质

从表 4.1-23 中表层水质各指标的标准差来看，只有盐度、pH、DO 较小，其他指标相对较大，水温、盐度、pH、COD、DO 的变异系数较小，其他指标的变异系数多数在 0.4~0.9 范围内（图 4.1-38）。由此看来，本期的海水表层水质调查结果表明，除温度、盐度、pH、DO 和 COD 外，其他多数指标的均匀性相对较差。

表 4.1-23　2020 年 9 月表层水质指标标准差、平均值和变异系数

	温度	盐度	pH	COD	DO	悬浮物	石油类	磷酸盐	无机氮
标准差	0.609	1.992	0.108	0.252	0.852	5.207	8.983	4.263	96.148
平均值	23.506	30.701	8.181	1.296	6.528	10.133	14.761	6.938	125.297
变异系数	0.026	0.065	0.013	0.195	0.131	0.514	0.609	0.615	0.767

	铜	铅	镉	锌	铬	汞	砷
标准差	2.668	0.807	0.087	13.078	4.359	0.006	0.308
平均值	5.594	0.956	0.196	24.596	6.328	0.007	1.236
变异系数	0.477	0.844	0.444	0.532	0.689	0.842	0.250

注：除温度（℃）、盐度、pH、COD（mg/L）和 DO（mg/L）外，其余指标平均值单位均为 μg/L。

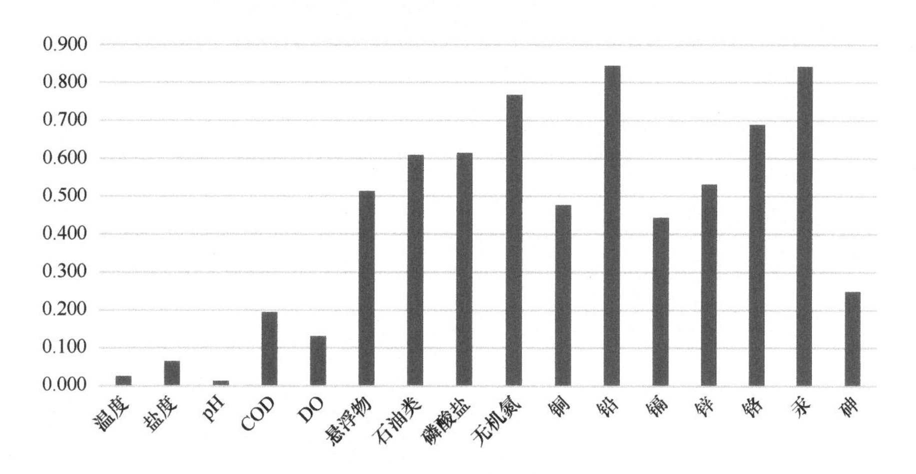

图 4.1-38　2020 年 9 月表层水质各指标变异系数分布

从表 4.1-24 中底层水质各指标的标准差来看，只有 pH 较小，其他指标较大，温度、盐度、pH、DO、镉、砷的变异系数小于 0.2，其他指标的相对较大（图 4.1-39）。由此看

来，温度、盐度、pH、DO、镉、砷分布较为均匀，缩减至20个调查站位后均匀性变化可能较小，其他指标的均匀性相对差，以铅、铬、汞较为典型。

表4.1-24 2020年9月底层水质指标标准差、平均值和变异系数

	温度	盐度	pH	COD	DO	悬浮物	磷酸盐	无机氮
标准差	0.753	0.752	0.069	0.247	0.960	9.050	2.529	52.965
平均值	23.579	31.012	8.107	1.209	6.009	14.810	7.482	86.237
变异系数	0.032	0.024	0.009	0.204	0.160	0.611	0.338	0.614

	铜	铅	镉	锌	铬	汞	砷
标准差	1.813	0.799	0.036	10.440	5.827	0.005	0.216
平均值	6.695	0.693	0.184	27.498	6.506	0.005	1.258
变异系数	0.271	1.152	0.196	0.380	0.896	0.960	0.172

注：除温度（℃）、盐度、pH、COD（mg/L）和DO（mg/L）外，其余指标平均值单位均为μg/L。

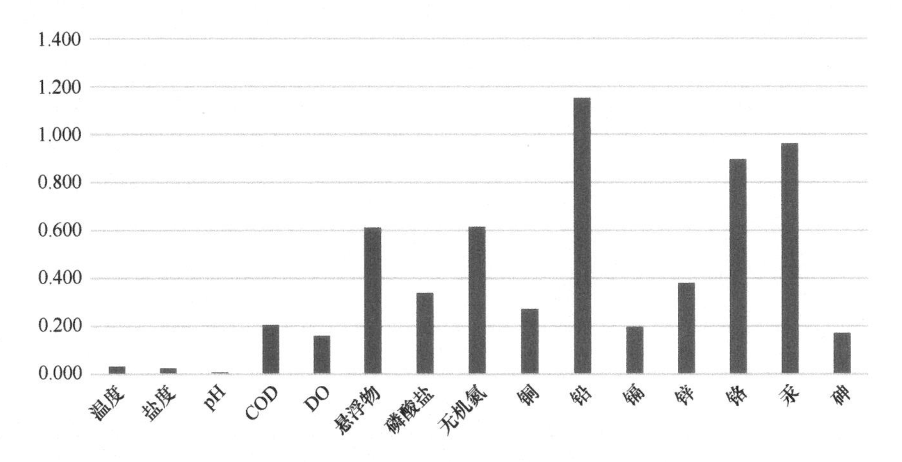

图4.1-39 2020年9月底层水质各指标变异系数分布

2）沉积物

从表4.1-25和图4.1-40中沉积物各指标的变异系数来看，各沉积物指标的变异系数都大于0.2，说明各指标的分布均匀性相对较差。

表4.1-25 2020年9月沉积物指标标准差、平均值和变异系数

	石油类	铜	铅	镉	铬	锌	汞	砷	硫化物	有机碳
标准差	102.808	4.883	5.477	0.041	5.746	10.925	0.010	2.062	10.909	0.213
平均值	108.598	17.723	16.749	0.130	25.694	42.209	0.025	9.744	23.966	0.348
变异系数	0.947	0.276	0.327	0.315	0.224	0.259	0.409	0.212	0.455	0.612

注：除有机碳（10^{-2}）外，其余指标平均值单位为10^{-6}。

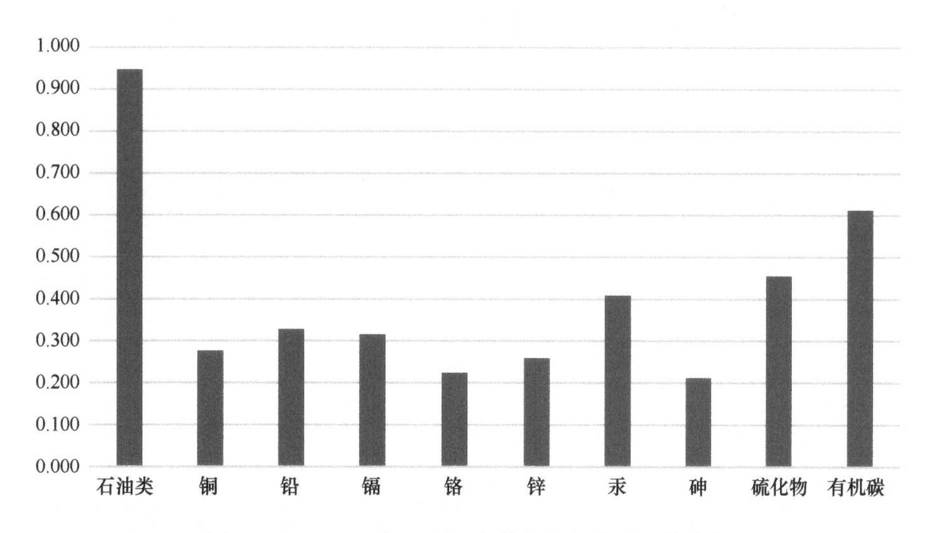

图 4.1-40　2020 年 9 月沉积物各指标变异系数分布

3）海洋生态

由表 4.1-26 可见，海洋生态的各指标标准差、平均值均差异较大，其变异系数也均大于 0.2，底栖生物生物量的变异系数达到 2.406，说明分布均匀性较差，除叶绿素 *a* 的变异系数相对好些外，浮游植物、浮游动物和底栖生物的变异系数均较大。

表 4.1-26　2020 年 9 月海洋生态指标标准差、平均值和变异系数

	叶绿素 *a*/（$mg \cdot m^{-3}$）	浮游植物细胞密度/（10^4 个 · m^{-3}）	浮游动物生物量/（$mg \cdot m^{-3}$）	浮游动物个体密度/（个 · m^{-3}）	底栖生物生物量/（$g \cdot m^{-2}$）	底栖生物个体密度/（个 · m^{-2}）
标准差	2.270	1 301.295	160.692	280.233	67.169	139.128
平均值	4.794	982.58	155.87	217.82	27.92	220.03
变异系数	0.473	1.324	1.031	1.287	2.406	0.632

注：表头中所列为各指标平均值的计量单位。

4.1.5.2　各指标最低调查站位数量随机性分析

1）水质

针对本期表层 69 个站位和底层 50 个站位水质调查资料，分别 3 次随机选取 20 个站位调查数据，分析比较随机选取站位数据的平均值和标准差与原数据的差异性。

由图 4.1-41 可见，3 次随机选取 20 个站位后，表层水质石油类、磷酸盐、无机氮、铅、锌、汞、镉、铬有个别平均值变化率超出 10%，温度、盐度、pH、COD、DO、铜、砷平均值变化率没超出 10%。表层水质盐度、石油类、磷酸盐、镉、锌、砷、COD、铅、铬有个别标准差变化率超出了 10%，温度、pH、DO、无机氮、铜的标准差变化率没超出 10%。

2）沉积物

针对本期 47 个站位沉积物调查资料，分别 3 次随机选取 10 个站位调查数据，分析比较随机选取站位数据的平均值和标准差与原数据的差异性。

由图 4.1-43 可见，石油类、铅、镉、铬、锌、硫化物、有机碳有个别平均值变化率超出 10%，铬、锌、硫化物、有机碳较为突出，石油类、铅、铬、汞、硫化物、有机碳、铜、锌有个别标准差变化率超出 10%。从以上结果来看，随机选取 10 个站位后，沉积物的多数指标的平均值和标准差变化较大。

3）海洋生态

针对本期 47 个站位海洋生态调查资料，分别 3 次随机选取 12 个站位调查数据，分析比较随机选取站位数据的平均值和标准差与原数据的差异性。

由表 4.1-27 可见，叶绿素 *a* 在 3 次随机选取 12 个站位中标准差变化率范围为 -41.39%~48.54%，平均值变化率范围为-10.72%~1.36%，浮游植物细胞密度标准差变

表 4.1-27　2020 年 9 月随机选取 12 个站位海洋生态统计结果

	叶绿素 *a*	浮游植物细胞密度	浮游动物生物量	浮游动物个体密度	底栖生物生物量	底栖生物个体密度
随机 1 次标准差变化率	-41.39%	35.22%	10.48%	-26.48%	-81.17%	-38.25%
随机 1 次平均值变化率	-10.72%	65.01%	16.01%	11.62%	-55.12%	-26.34%
随机 2 次标准差变化率	48.54%	-63.07%	59.28%	12.14%	34.34%	20.08%
随机 2 次平均值变化率	5.69%	-54.62%	13.99%	16.52%	65.70%	2.26%
随机 3 次标准差变化率	-2.19%	33.61%	16.27%	-32.88%	-64.13%	-53.03%
随机 3 次平均值变化率	1.36%	66.03%	13.09%	-30.13%	-16.94%	-18.19%

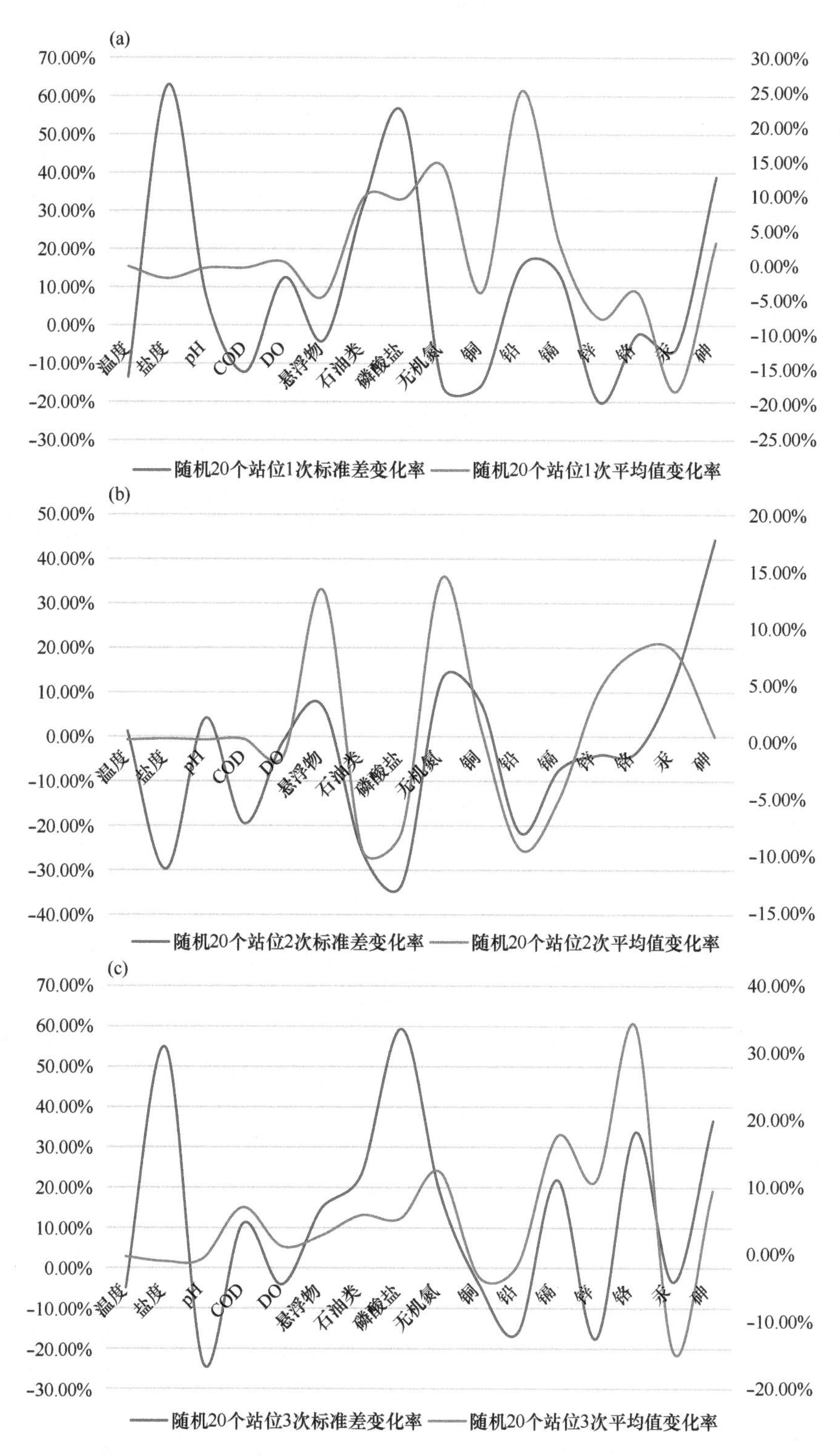

图 4.1−41　2020 年 9 月随机选取 20 个站位表层水质的统计分析结果

（a）第 1 次随机选取结果；（b）第 2 次随机选取结果；（c）第 3 次随机选取结果

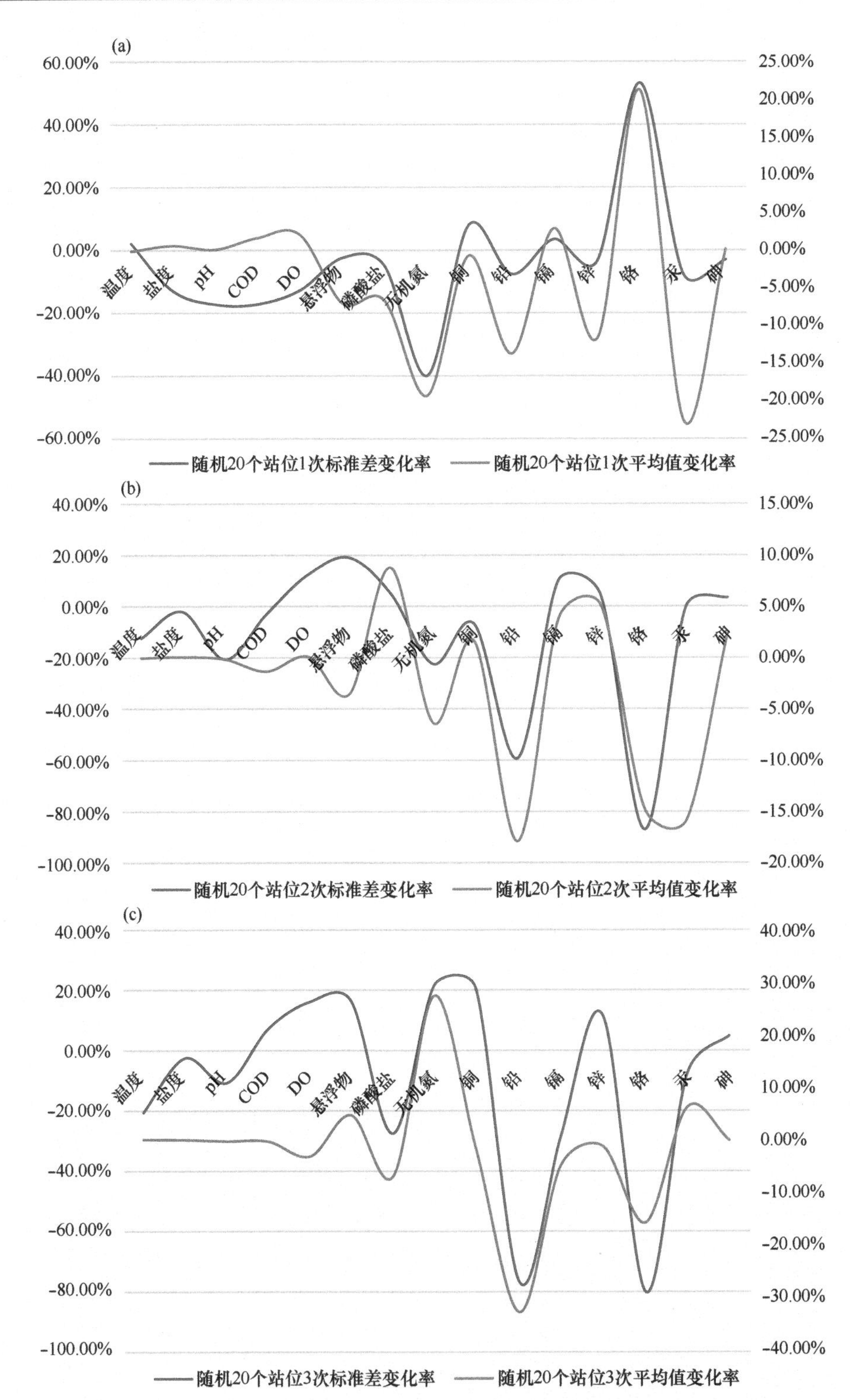

图 4.1-42　2020 年 9 月随机选取 20 个站位底层水质的统计分析结果

(a) 第 1 次随机选取结果；(b) 第 2 次随机选取结果；(c) 第 3 次随机选取结果

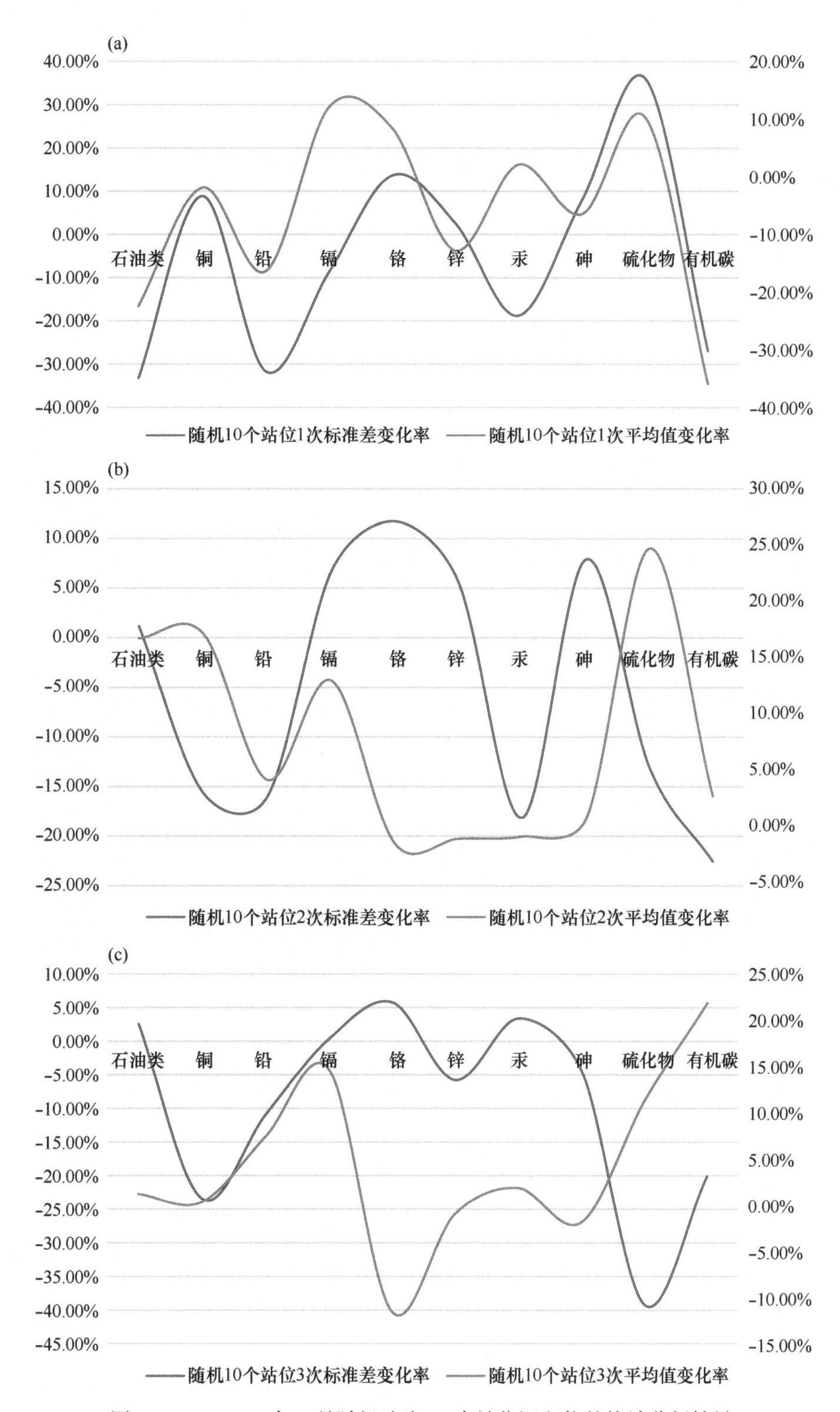

图 4.1-43　2020 年 9 月随机选取 10 个站位沉积物的统计分析结果

（a）第 1 次随机选取结果；（b）第 2 次随机选取结果；（c）第 3 次随机选取结果

化范围为-63.07%~35.22%，浮游植物细胞密度平均值变化范围为-54.62%~66.03%，浮游植物生物量标准差变化率范围为10.48%~59.28%，浮游植物生物量平均值变化率范围为13.09%~16.01%，浮游动物个体密度标准差变化率范围为-32.88%~12.14%，浮游动物个体密度平均值变化率范围为-30.13%~16.52%，底栖生物生物量标准差变化率范围为-81.17%~34.34%，底栖生物生物量平均值变化率范围为-55.12%~65.70%，底栖生物个体密度标准差变化率范围为-53.03%~20.08%，底栖生物个体密度平均值变化率范围为-26.34%~2.26%。由此可见，叶绿素 *a* 的平均值变化相对小，其他指标的平均值变化和标准差变化均相对大。

4.1.5.3 各指标最低调查站位数量均匀站位法分析

1）水质

针对本期表层 69 个站位和底层 50 个站位水质调查资料，由于底层水质站位数量少于表层水质站位数量，为保证表层和底层水质调查站位的一致性，并包含 10 个沉积物站位和 12 个海洋生态站位，故从底层站位中按照空间均匀分布的原则，选取 20 个站位，兼顾了水质、沉积物、海洋生态调查站位的分布均匀性，若底层水质站位不能涵盖所有 10 个沉积物站位和 12 个海洋生态站位，则按照空间均匀分布原则，从表层水质站位中选取剩余的沉积物站位和海洋生态站位。分析比较上述站位数据的平均值和标准差与原数据的差异性。

由图 4.1-44 和图 4.1-45 可见，按均匀站位法选取站位后，表层水质中石油类、无机氮、铬、汞的平均值变化率超过±10%，其他表层水质指标平均值变化率未超过±10%；底层水质中铅、铬、汞的平均值变化率超过±10%；其他底层水质指标平均值变化率未超过±10%。表层水质指标中盐度、磷酸盐、铬、砷的标准差变化率超过±10%，其他表层水质指标未超出±10%，底层水质指标中盐度、DO、铜、铅、铬的标准差变化率超过±10%，其他底层水质指标未超出±10%。因此，采用均匀站位法选取 20 个站位时，多数水质指标的平均值变化较小，石油类、铬、铅、汞变化相对大。

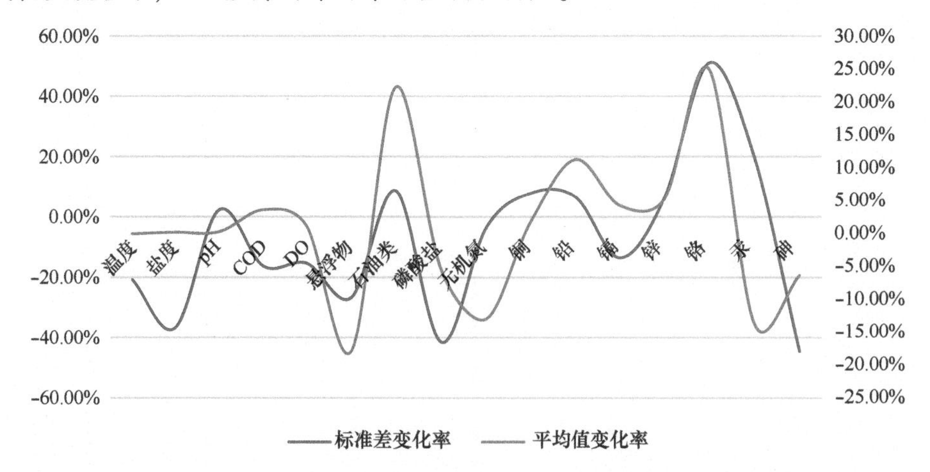

图 4.1-44 2020 年 9 月按均匀站位法选取 20 个站位表层水质的统计分析结果

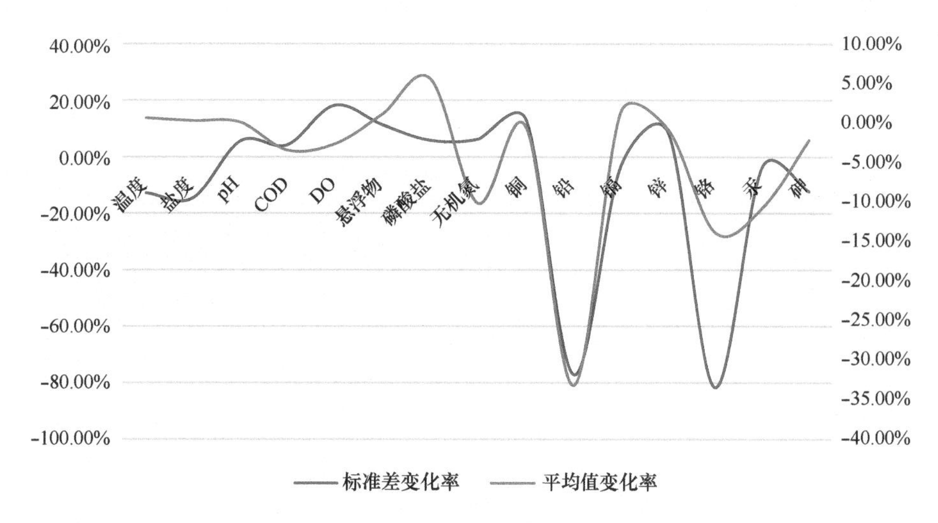

图 4.1-45　2020 年 9 月按均匀站位法选取 20 个站位底层水质的统计分析结果

2）沉积物

由图 4.1-46 看来，采用均匀站位法后，只有石油类的平均值变化率大，其他沉积物指标的平均值变化率都在 ±10% 以内，铜、铅、铬、锌、砷的标准差变化率均超出了 ±10%。由此可见，采用均匀站位法选取站位后，绝大多数沉积物指标的平均值不会有较大变化，但沉积物各指标的空间分布均匀性会有所变化。

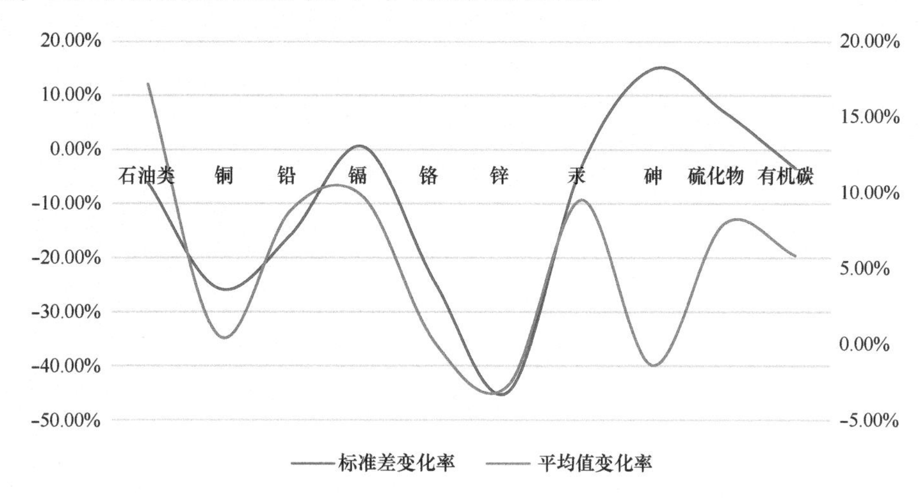

图 4.1-46　2020 年 9 月按均匀站位法选取 10 个站位沉积物的统计分析结果

3）海洋生态

由表 4.1-28 看来，采用均匀站位法后，叶绿素 a 和浮游植物细胞密度的标准差和平均值变化率较低，但浮游动物生物量、浮游动物个体密度、底栖生物生物量、底栖生物个体密度的平均值变化率和标准差变化率均较大。由于浮游植物、浮游动物和底栖生物各指标的数值本身变化较大，在均匀选取12个站位后，其指标数值的变化依旧很大，导致浮游植物、浮游动物和底栖生物各指标的平均值、标准差和变异系数存在较大的波动，代表性较弱。

表4.1-28 2020年5月按均匀站位法选取12个站位海洋生态统计结果

	叶绿素 a	浮游植物细胞密度	浮游动物生物量	浮游动物个体密度	底栖生物生物量	底栖生物个体密度
标准差变化率	2.80%	7.76%	28.71%	11.50%	-87.36%	45.97%
平均值变化率	-1.11%	6.13%	22.34%	26.89%	-69.11%	29.08%

4.2 旧导则汇总对比分析

为进一步分析均匀站位法选取站位时水质、沉积物和海洋生态各指标的合理性和代表性，将5年期调查数据的水质、沉积物、海洋生态的原始调查数据的变异系数与变异系数变化率进行汇总对比。

由表层水质的变异系数对比结果可见（表4.2-1），采用均匀站位法的各指标变异系数与原调查数据十分相近，说明空间均匀选取站位后的各水质指标分布均匀性与原调查数据基本相当。尤其是石油类、无机氮、铅、锌，这4个较为常见的超标指标，其变异系数分布与原调查数据也基本相当。因此，采用均匀站位法的水质指标代表性较好。

由沉积物的变异系数对比结果可见（表4.2-2），采用均匀站位法的各指标变异系数与原调查数据十分相近，说明均匀选取站位后的各沉积物指标分布均匀性与原调查数据基本相当。尤其是有机碳、硫化物和石油类，这3个较为常见的超标指标，其变异系数分布与原调查数据也基本相当。因此，采用均匀站位法的沉积物指标代表性较好。

因此，从水质和沉积物指标来说，采用均匀站位法后的各指标分布特征与原调查数据相差很小，具有良好的代表性。

表4.2-1 5年期表层水质原始调查数据与均匀站位法数据的变异系数对比

	温度	盐度	pH	COD	DO	悬浮物	石油类	磷酸盐	无机氮
2017年11月原始数据	0.003	0.002	0.004	0.293	0.004	0.297	0.552	0.609	0.104
均匀站位法	0.004	0.002	0.003	0.280	0.004	0.321	0.570	0.671	0.115

续表

	温度	盐度	pH	COD	DO	悬浮物	石油类	磷酸盐	无机氮
2019 年 5 月原始数据	0. 083	0. 046	0. 004	0. 278	0. 037	0. 390	0. 355	0. 501	0. 747
均匀站位法	0. 078	0. 043	0. 004	0. 282	0. 041	0. 408	0. 414	0. 459	0. 753
2019 年 9 月原始数据	0. 026	0. 098	0. 007	0. 233	0. 057	0. 306	0. 383	0. 446	0. 263
均匀站位法	0. 026	0. 129	0. 007	0. 241	0. 060	0. 221	0. 232	0. 401	0. 281
2020 年 5 月原始数据	0. 071	0. 019	0. 010	0. 201	0. 043	0. 542	0. 428	0. 437	0. 493
均匀站位法	0. 070	0. 009	0. 010	0. 233	0. 047	0. 568	0. 533	0. 517	0. 514
2020 年 9 月原始数据	0. 026	0. 065	0. 013	0. 195	0. 131	0. 514	0. 609	0. 615	0. 767
均匀站位法	0. 021	0. 041	0. 013	0. 158	0. 109	0. 459	0. 541	0. 380	0. 849

	铜	铅	镉	锌	铬	汞	砷	挥发酚
2017 年 11 月原始数据	0. 075	0. 247	0. 041	0. 208	0. 128	0. 279	0. 150	0. 075
均匀站位法	0. 077	0. 219	0. 045	0. 191	0. 117	0. 283	0. 165	0. 332
2019 年 5 月原始数据	0. 330	0. 286	0. 267	0. 247	0. 296	0. 237	0. 209	2. 000
均匀站位法	0. 358	0. 202	0. 260	0. 254	0. 307	0. 234	0. 087	1. 732
2019 年 9 月	0. 333	0. 309	0. 287	0. 303	0. 327	0. 221	0. 048	0. 036
均匀站位法	0. 296	0. 293	0. 302	0. 315	0. 338	0. 273	0. 042	2. 002
2020 年 5 月	0. 649	0. 590	1. 063	0. 377	0. 766	0. 421	0. 359	—
均匀站位法	0. 656	0. 762	1. 076	0. 330	0. 740	0. 390	0. 339	—
2020 年 9 月原始数据	0. 477	0. 844	0. 444	0. 532	0. 689	0. 842	0. 250	—
均匀站位法	0. 506	0. 809	0. 368	0. 538	0. 832	1. 173	0. 148	—

表 4.2-2　5 年期沉积物原始调查数据与均匀站位法数据的变异系数对比

	有机碳	硫化物	石油类	铜	铅	锌	镉	铬	汞	砷
2017 年 11 月原始数据	0.337	0.753	0.821	0.188	0.219	0.147	0.411	0.125	0.231	0.265
均匀站位法	0.338	0.421	1.025	0.200	0.233	0.109	0.431	0.131	0.155	0.287
2019 年 5 月原始数据	1.326	0.184	0.187	0.380	0.166	0.174	0.129	0.124	0.426	0.443
均匀站位法	1.187	0.175	0.180	0.323	0.156	0.220	0.168	0.092	0.442	0.462
2019 年 9 月原始数据	0.871	0.172	0.160	0.310	0.150	0.199	0.130	0.112	0.589	0.465
均匀站位法	1.009	0.205	0.133	0.229	0.154	0.220	0.135	0.099	0.805	0.533
2020 年 5 月原始数据	1.194	0.362	0.464	0.377	0.243	0.148	0.484	0.251	0.824	0.650
均匀站位法	1.133	0.357	0.424	0.398	0.244	0.169	0.562	0.259	0.812	0.609
2020 年 9 月原始数据	0.947	0.276	0.327	0.315	0.224	0.259	0.409	0.212	0.455	0.612
均匀站位法	0.759	0.204	0.253	0.288	0.168	0.147	0.361	0.247	0.451	0.558

4.3　新导则最低调查站位分析

4.3.1　最低调查站位

《海域使用论证技术导则》（GB/T 42361—2023）附录 E 中表 E.1 海洋生态详细调查要求一览表中提出，“油气开采用海的水质调查站位不少于 30 个，沉积物调查站位不少于 15 个，海洋生态调查站位不少于 18 个，海洋生物质量调查站位不少于 5 个，调查频次均为 1 个季节”。因此，新导则与旧导则相比，水质、沉积物、海洋生态的调查站位数量均有增加，但调查频次要求有所降低，只要求 1 个季节。

因此，在上文分析的基础上，采用均匀站位法分析了 9 期调查数据，在满足新导则最低调查站位数量要求的前提下，分析各水质、沉积物、海洋生态指标的变化特征，以期分析最低调查站位数量是否具有代表性。另外，为方便比较分析优化后的水质、沉积物指标，均采用一类水质标准和一类沉积物质量标准，将评价结果与原调查数据开展比较分析。

4.3.2　最低调查站位各指标特征分析

4.3.2.1　2017 年 11 月调查数据分析

2017 年 11 月垦利区域开发项目海洋环境质量现状秋季调查报告中，共设置了 30 个水质站位、21 个沉积物站位和 21 个海洋生态站位。因水质调查站位已经满足新导则最低调查站位数量要求，故只分析了沉积物站位和海洋生态调查站位优化后的各指标分布特征。

从沉积物各指标的分布来看，优化至 15 个站位后（表 4.3-1、图 4.3-1 和图 4.3-2），除镉之外，其他指标的平均值变化均在±10%以内，除了汞和铬的标准差变化超过±10%，其他指标的标准差变化均在±10%以内，5 个指标的变异系数趋好，5 个指标的变异系数略有增加，总体上分布趋势与原调查数据相似。结合本次沉积物的评价结果来看，原沉积物评价结果为各指标的标准指数都小于 1，都符合一类海洋沉积物质量标准，各指标的评价结果最大值、最小值与原评价结果基本相近。因此，优化后 15 个沉积物调查站位具有较好的代表性，与原 21 个沉积物调查站位的数据具有相似的分布特征。

从优化后 18 个海洋生态调查站位的标准差和平均值来看（表 4.3-2 和图 4.3-3），其变化都在±10%范围内，叶绿素 *a* 的变化最小，变异系数的变化也较小，除浮游植物细胞密度和底栖生物生物量的变异系数变化略大外，其他指标的变异系数变化较小，说明优化后的数据分布与原调查数据具有较好的相似性。

表 4.3-1　2017 年 11 月沉积物指标优化前后对比

优化前后	指标	石油类	铜	铅	镉	铬
优化至 15 个站位	标准差	31.296	3.190	3.260	0.057	4.390
	平均值	43.503	15.300	16.713	0.136	42.580
	变异系数	0.719	0.208	0.195	0.422	0.103
优化前	标准差	37.904	2.822	3.543	0.063	5.449
	平均值	46.154	14.971	16.188	0.154	43.457
	变异系数	0.821	0.188	0.219	0.411	0.125
变化	标准差	-17.43%	13.04%	-7.98%	-9.47%	-19.42%
	平均值	-5.75%	2.19%	3.24%	-11.72%	-2.02%
	变异系数	-12.40%	10.61%	-10.87%	2.55%	-17.76%
优化前评价指数	最大值	0.27	0.68	0.37	0.57	0.68
	最小值	0.01	0.35	0.15	0.10	0.39

续表

优化前后	指标	石油类	铜	铅	镉	铬
优化后评价指数	最大值	0.19	0.68	0.37	0.47	0.67
	最小值	0.01	0.35	0.21	0.10	0.39
优化前后	指标	锌	汞	砷	硫化物	有机碳
优化至15个站位	标准差	9.152	0.016	1.596	37.017	0.212
	平均值	58.873	0.101	5.609	54.560	0.616
	变异系数	0.155	0.160	0.285	0.678	0.345
优化前	标准差	8.558	0.022	1.492	39.801	0.195
	平均值	58.076	0.095	5.631	52.848	0.578
	变异系数	0.147	0.231	0.265	0.753	0.337
变化	标准差	6.94%	-26.23%	7.02%	-7.00%	8.93%
	平均值	1.37%	6.63%	-0.39%	3.24%	6.59%
	变异系数	5.49%	-30.81%	7.45%	-9.92%	2.19%
优化前评价指数	最大值	0.57	0.69	0.45	0.58	0.53
	最小值	0.33	0.17	0.15	0.03	0.18
优化后评价指数	最大值	0.57	0.69	0.45	0.58	0.53
	最小值	0.34	0.40	0.15	0.05	0.18

注：优化前及优化后相关指标平均值除有机碳（10^{-2}）外，单位均为 10^{-6}。

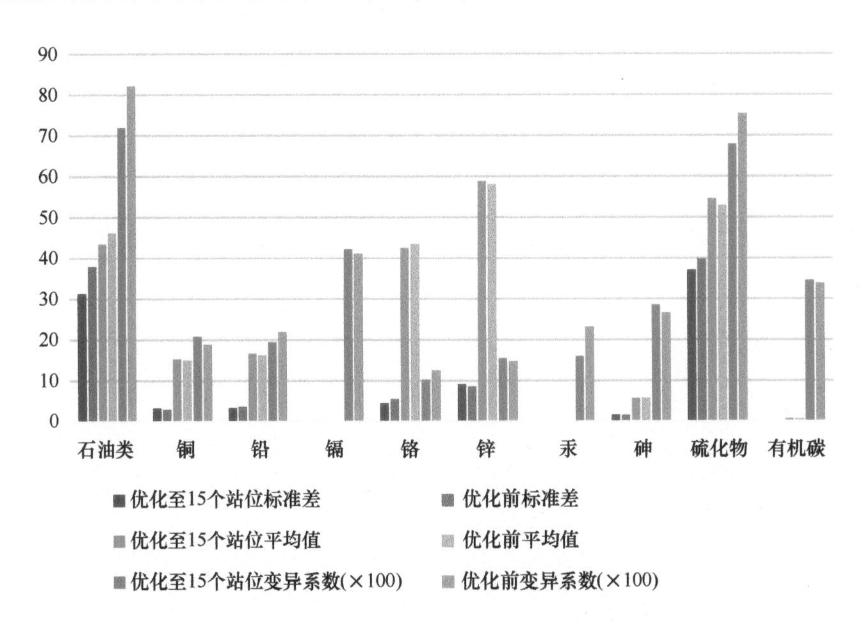

图 4.3-1　2017 年 11 月沉积物指标标准差、平均值、变异系数优化前后对比

优化前及优化后相关指标平均值除有机碳（10^{-2}）外，单位均为 10^{-6}

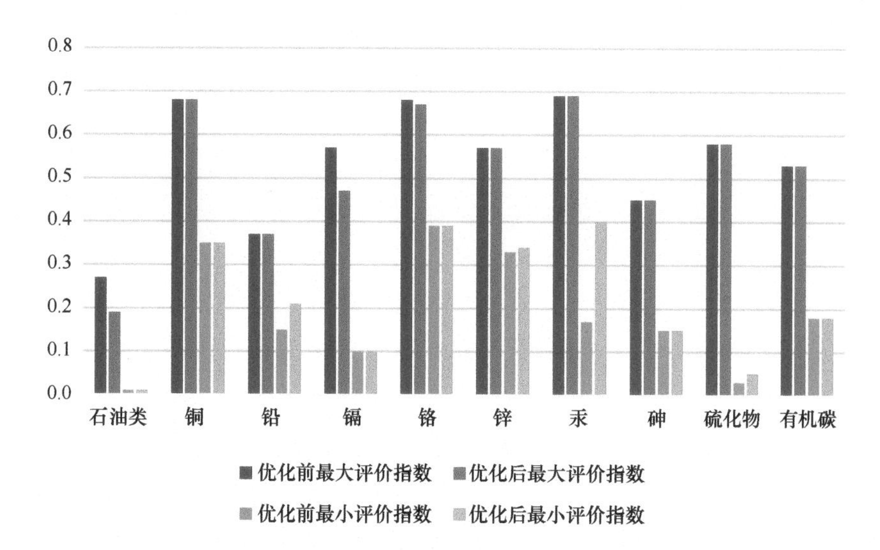

图 4.3-2　2017 年 11 月沉积物评价指数优化前后对比

表 4.3-2　2017 年 11 月海洋生态指标优化前后对比

优化前后	指标	叶绿素 a/（$mg \cdot m^{-3}$）	浮游植物细胞密度/（10^4 个 · m^{-3}）	浮游动物生物量/（$mg \cdot m^{-3}$）	浮游动物个体密度/（个 · m^{-3}）	底栖生物生物量/（$g \cdot m^{-2}$）	底栖生物个体密度/（个 · m^{-2}）
优化至 18 个站位	标准差	0.734	33.232	96.263	30.804	27.529	359.173
	平均值	1.429	35.17	96.67	39.44	12.67	339.44
	变异系数	0.514	0.945	0.996	0.781	2.173	1.058
优化前	标准差	0.720	31.630	91.009	28.969	26.271	348.053
	平均值	1.387	37.690	95.091	39.243	13.507	328.984
	变异系数	0.519	0.839	0.957	0.738	1.945	1.058
变化	标准差	1.90%	5.06%	5.77%	6.33%	4.79%	3.19%
	平均值	3.00%	-6.69%	1.66%	0.51%	-6.22%	3.18%
	变异系数	-1.07%	12.60%	4.05%	5.79%	11.74%	0.01%

注：表头中所列为优化前及优化后相关指标平均值的计量单位。

4.3.2.2　2018 年 5 月调查数据分析

2018 年 5 月渤中 19-6 凝析气田春季海洋环境质量现状调查与评价报告中共有 46 个水质站位、24 个沉积物站位和 24 个海洋生态站位，根据新导则最低调查站位要求，将水质站位均匀缩减至 30 个站位，沉积物站位缩减至 15 个站位，海洋生态站位缩减至 18 个站

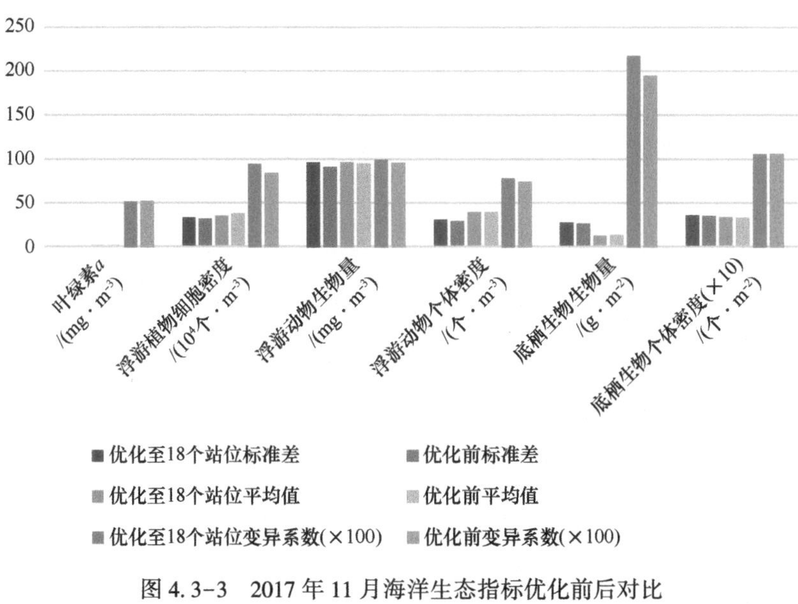

图 4.3-3　2017 年 11 月海洋生态指标优化前后对比

标目中所列为优化前及优化后相关指标平均值的计量单位

位，分析了各指标优化前后的特征。

从优化后的表层水质各指标的平均值分布来看（表 4.3-3 和图 4.3-4），除磷酸盐、镉、铬外，其他指标的平均值变化在±5%以内，盐度、DO、石油类、磷酸盐、无机氮、铬的标准差变化相对大，因挥发酚多数站位未检出，故挥发酚的标准差变化最大，且多数指标的变异系数小于优化前，说明优化后各指标数值分布范围更加相对集中。

从优化后的表层和底层水质各指标的评价结果最大值和最小值来看（表 4.3-3 和表 4.3-4），与原水质评价结果的最大值和最小值非常相近，故优化后的水质评价结果与原调查数据相近，无机氮、磷酸盐、汞、锌仍是主要超标水质污染指标。因此，优化后的 30 个站位水质各指标的分布趋势、超标率与原水质调查数据基本一致（图 4.3-5、图 4.3-6 和图 4.3-7），可以替代原水质调查数据。

表 4.3-3　2018 年 5 月表层水质指标优化前后对比

优化前后	指标	温度	盐度	pH	COD	DO
优化至 30 个站位	标准差	1.581	0.874	0.064	0.201	0.960
	平均值	17.134	31.514	8.164	1.135	8.965
	变异系数	0.092	0.028	0.008	0.177	0.107
优化前	标准差	1.556	1.091	0.068	0.199	1.085
	平均值	17.093	31.513	8.160	1.107	8.895
	变异系数	0.091	0.035	0.008	0.180	0.122

续表

优化前后	指标	温度	盐度	pH	COD	DO
变化	标准差	1.60%	-19.90%	-6.16%	0.70%	-11.58%
	平均值	0.24%	0.00%	0.06%	2.53%	0.79%
	变异系数	1.36%	-19.90%	-6.21%	-1.78%	-12.27%
优化前评价指数	最大值	—	—	0.40	0.80	0.99
	最小值	—	—	0.03	0.38	0.01
优化后评价指数	最大值	—	—	0.39	0.78	0.95
	最小值	—	—	0.03	0.31	0.01

优化前后	指标	石油类	磷酸盐	无机氮	铜	铅
优化至 30 个站位	标准差	6.294	3.773	71.710	0.551	0.495
	平均值	13.978	9.686	143.738	1.755	1.449
	变异系数	0.450	0.390	0.499	0.314	0.341
优化前	标准差	7.324	5.996	82.638	0.548	0.467
	平均值	13.492	10.889	149.904	1.779	1.458
	变异系数	0.543	0.551	0.551	0.308	0.320
变化	标准差	-14.05%	-37.07%	-13.22%	0.61%	5.88%
	平均值	3.60%	-11.05%	-4.11%	-1.35%	-0.56%
	变异系数	-17.04%	-29.26%	-9.50%	1.99%	6.48%
优化前评价指数	最大值	0.84	2.21	1.84	0.55	1.16
	最小值	0.04	0.19	0.09	0.15	0.44
优化后评价指数	最大值	0.64	1.07	1.52	0.48	1.03
	最小值	0.04	0.25	0.15	0.12	0.29

优化前后	指标	镉	锌	铬	汞	砷	挥发酚
优化至 30 个站位	标准差	0.040	3.814	2.633	0.015	0.129	0.037
	平均值	0.175	16.133	2.325	0.039	1.015	1.117
	变异系数	0.229	0.236	1.132	0.387	0.127	0.033
优化前	标准差	0.041	3.773	2.167	0.016	0.128	0.070
	平均值	0.166	16.035	2.176	0.040	1.023	1.138
	变异系数	0.246	0.235	0.996	0.398	0.125	0.061

续表

优化前后	指标	镉	锌	铬	汞	砷	挥发酚
变化	标准差	-1.63%	1.08%	21.51%	-6.14%	0.61%	-46.45%
	平均值	5.81%	0.61%	6.85%	-3.50%	-0.77%	-1.83%
	变异系数	-7.04%	0.47%	13.73%	-2.74%	1.39%	-45.45%
优化前评价指数	最大值	0.23	1.16	0.32	1.55	0.07	0.26
	最小值	0.09	0.44	0.02	0.19	0.04	0.06
优化后评价指数	最大值	0.23	1.14	0.32	1.53	0.07	0.26
	最小值	0.09	0.44	0.02	0.37	0.04	0.06

注：优化前及优化后各指标平均值除温度（℃）、盐度、pH、COD（mg/L）和DO（mg/L）外，其余指标的单位均为μg/L。

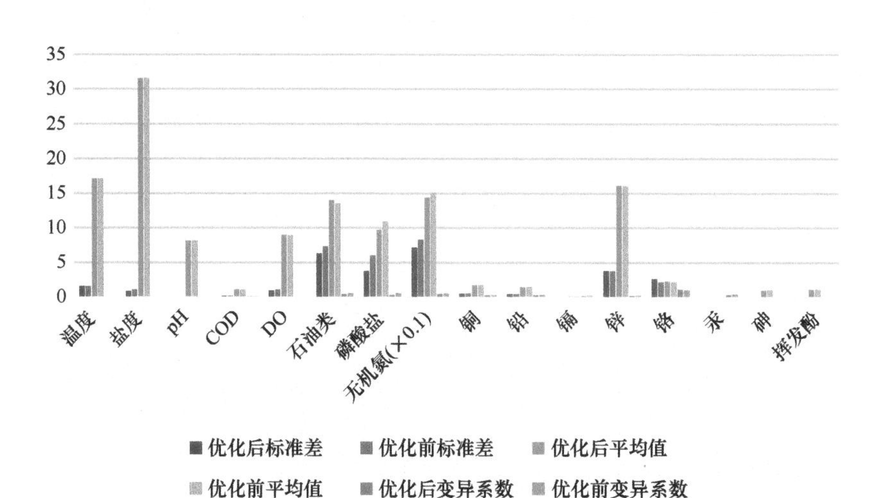

图4.3-4　2018年5月表层水质标准差、平均值和变异系数优化前后对比

优化前及优化后各指标平均值除温度（℃）、盐度、pH、COD（mg/L）和DO（mg/L）外，其余指标的单位均为μg/L

表4.3-4　2018年5月底层水质指标优化前后对比

优化前后	指标	温度	盐度	pH	COD	DO
优化至30个站位	标准差	1.704	0.455	0.041	0.292	0.981
	平均值	12.794	31.991	8.122	1.065	8.897
	变异系数	0.133	0.014	0.005	0.274	0.110
优化前	标准差	1.740	0.404	0.042	0.274	0.959
	平均值	12.885	32.022	8.117	1.012	8.846
	变异系数	0.135	0.013	0.005	0.270	0.108

续表

优化前后	指标	温度	盐度	pH	COD	DO
变化	标准差	-2.12%	12.52%	-3.29%	6.64%	2.23%
	平均值	-0.70%	-0.10%	0.06%	5.20%	0.57%
	变异系数	-1.43%	12.63%	-3.35%	1.38%	1.65%
优化前评价指数	最大值	—	—	0.29	0.96	1.09
	最小值	—	—	0.00	0.22	0.12
优化后评价指数	最大值	—	—	0.29	0.96	1.09
	最小值	—	—	0.00	0.26	0.12
优化前后	指标	磷酸盐	无机氮	铜	铅	镉
优化至 30 个站位	标准差	6.595	71.730	0.678	0.431	0.045
	平均值	11.226	129.471	1.745	1.442	0.153
	变异系数	0.587	0.554	0.388	0.299	0.297
优化前	标准差	8.023	77.205	0.686	0.412	0.044
	平均值	12.443	138.189	1.737	1.450	0.157
	变异系数	0.645	0.559	0.395	0.284	0.279
变化	标准差	-17.80%	-7.09%	-1.13%	4.66%	3.65%
	平均值	-9.78%	-6.31%	0.46%	-0.55%	-2.56%
	变异系数	-8.89%	-0.84%	-1.58%	5.23%	6.38%
优化前评价指数	最大值	2.41	1.61	0.54	2.14	0.23
	最小值	0.21	0.18	0.15	0.70	0.08
优化后评价指数	最大值	1.72	1.18	0.51	0.43	0.23
	最小值	0.06	0.35	0.15	0.15	0.08
优化前后	指标	锌	铬	汞	砷	挥发酚
优化至 30 个站位	标准差	3.653	0.615	0.013	0.195	—
	平均值	15.132	1.803	0.038	1.167	—
	变异系数	0.241	0.341	0.338	0.167	—
优化前	标准差	4.087	0.596	0.015	0.177	—
	平均值	16.005	1.793	0.038	1.162	—
	变异系数	0.255	0.332	0.387	0.152	—
变化	标准差	-10.61%	3.16%	-14.43%	10.42%	—
	平均值	-5.46%	0.58%	-2.17%	0.37%	—
	变异系数	-5.45%	2.56%	-12.54%	10.01%	—

续表

优化前后	指标	锌	铬	汞	砷	挥发酚
优化前评价指数	最大值	1.18	0.06	1.53	0.09	—
	最小值	0.46	0.02	0.35	0.04	—
优化后评价指数	最大值	1.05	0.05	1.41	0.04	—
	最小值	0.54	0.02	0.35	0.02	—

注：优化前及优化后各指标平均值除温度（℃）、盐度、pH、COD（mg/L）和DO（mg/L）外，其余指标的单位均为μg/L。

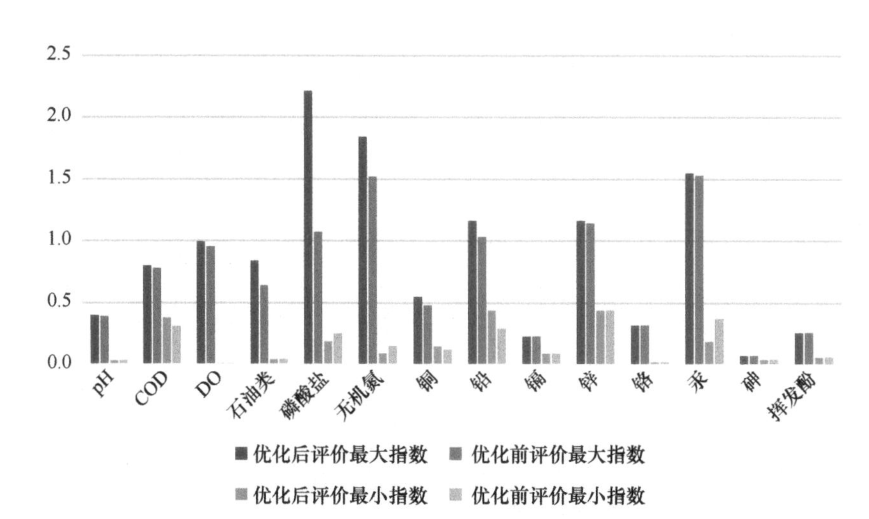

图4.3-5　2018年5月表层水质评价指数优化前后对比

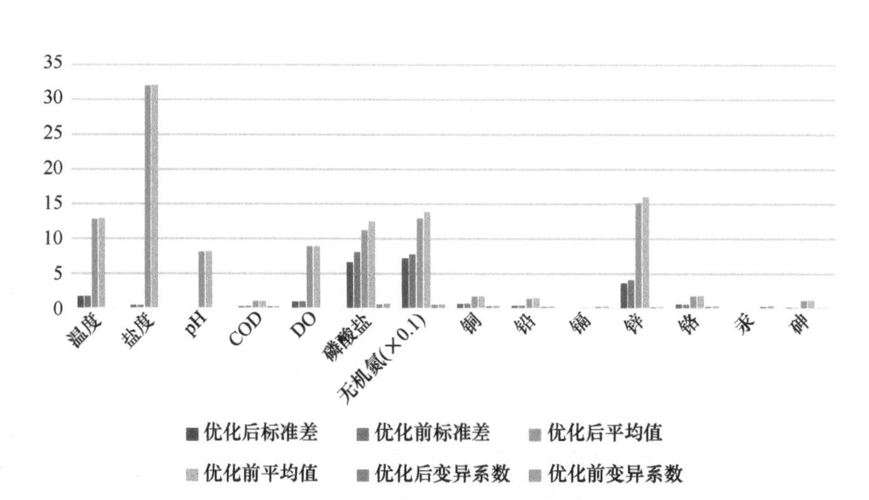

图4.3-6　2018年5月底层水质标准差、平均值和变异系数优化前后对比

优化前及优化后各指标平均值除温度（℃）、盐度、pH、COD（mg/L）和DO（mg/L）外，其余指标的单位均为μg/L

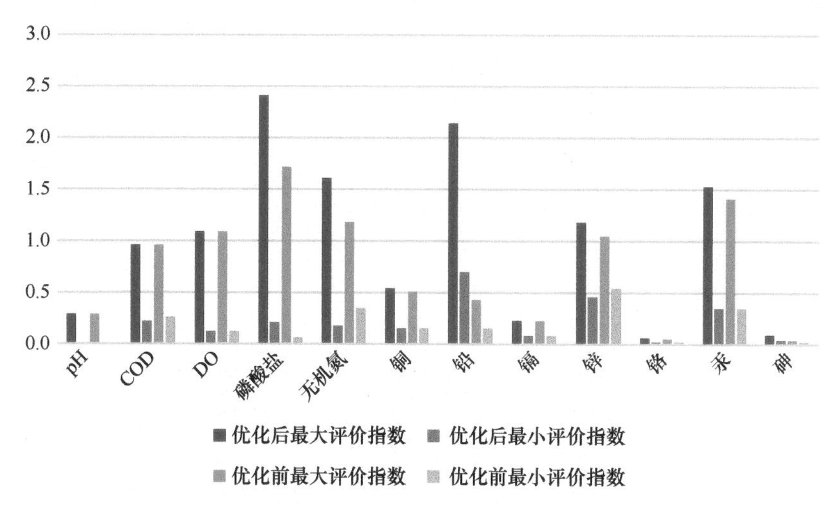

图4.3-7　2018年5月底层水质评价指数优化前后对比

从优化后的沉积物各指标的评价结果最大值和最小值来看（表4.3-5），与原沉积物各指标的评价结果最大值和最小值非常相近，石油类、铜、铅是主要沉积物超标指标，与原沉积物的评价结果相似。因此，优化后的15个站位沉积物分布趋势、超标率与原沉积物调查数据相近（图4.3-8和图4.3-9），可以替代原沉积物调查数据。

从优化后的海洋生态各指标分布来看（表4.3-6和图4.3-10），标准差和平均值均呈现相对较大的波动，说明除叶绿素 a 和浮游动物个体密度外，原海洋生态各指标调查数据的分布离散，以底栖生物个体密度和底栖生物生物量波动最明显，其他指标相对小。因此，优化后的海洋生态各指标与原调查数据相比，代表性较差。

表4.3-5　2018年5月沉积物指标优化前后对比

优化前后	指标	石油类	铜	铅	镉	铬
优化至15个站位	标准差	130.984	5.818	22.190	0.042	7.578
	平均值	122.608	27.320	31.395	0.155	30.547
	变异系数	1.068	0.213	0.707	0.273	0.248
优化前	标准差	120.032	5.871	19.652	0.038	7.833
	平均值	120.570	26.952	28.131	0.150	29.513
	变异系数	0.996	0.218	0.699	0.254	0.265
变化	标准差	9.12%	-0.91%	12.92%	11.37%	-3.25%
	平均值	1.69%	1.36%	11.60%	3.30%	3.50%
	变异系数	7.31%	-2.24%	1.17%	7.81%	-6.53%
优化前评价指数	最大值	1.00	1.03	1.50	0.52	0.49
	最小值	0.01	0.46	0.15	0.18	0.18

续表

优化前后	指标	石油类	铜	铅	镉	铬
优化后评价指数	最大值	1.00	1.01	1.50	0.52	0.47
	最小值	0.01	0.46	0.16	0.18	0.18
优化前后	指标	锌	汞	砷	硫化物	有机碳
优化至18个站位	标准差	7.090	0.013	1.525	11.913	0.177
	平均值	34.387	0.014	8.557	21.346	0.402
	变异系数	0.206	0.872	0.178	0.558	0.441
优化前	标准差	6.595	0.015	1.402	11.789	0.182
	平均值	33.304	0.018	8.682	23.583	0.407
	变异系数	0.198	0.854	0.162	0.500	0.447
变化	标准差	7.50%	-15.89%	8.73%	1.05%	-2.65%
	平均值	3.25%	-17.55%	-1.45%	-9.48%	-1.36%
	变异系数	4.12%	2.01%	10.33%	11.64%	-1.31%
优化前评价指数	最大值	0.34	0.33	0.54	0.14	0.32
	最小值	0.15	0.02	0.28	0.02	0.04
优化后评价指数	最大值	0.34	0.28	0.54	0.13	0.31
	最小值	0.15	0.02	0.28	0.02	0.05

注：优化前及优化后相关指标平均值除有机碳（10^{-2}）外，单位均为 10^{-6}。

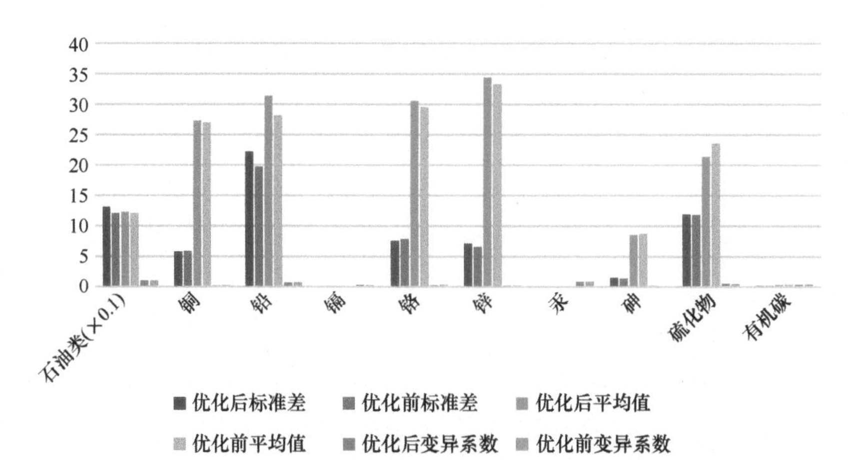

图 4.3-8　2018 年 5 月沉积物指标标准差、平均值、变异系数优化前后对比

优化前及优化后相关指标平均值除有机碳（10^{-2}）外，单位均为 10^{-6}

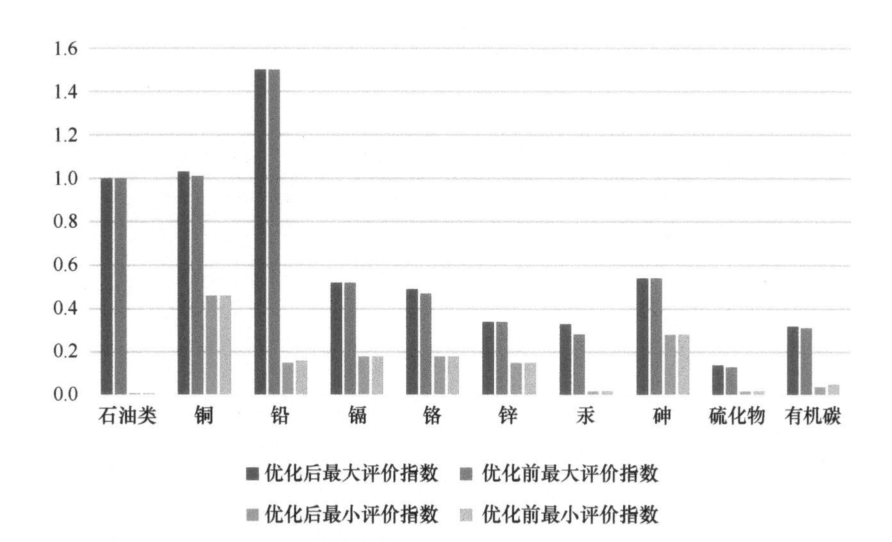

图 4.3-9　2018 年 5 月沉积物指标评价指数优化前后对比

表 4.3-6　2018 年 5 月海洋生态指标优化前后对比

优化前后	指标	叶绿素 a/（mg·m^{-3}）	浮游植物细胞密度/（10^4 个·m^{-3}）	浮游动物生物量/（mg·m^{-3}）	浮游动物个体密度/（个·m^{-3}）	底栖生物生物量/（g·m^{-2}）	底栖生物个体密度/（个·m^{-2}）
优化至 18 个站位	标准差	0. 974	4. 175	416. 330	1 717. 602	6. 988	132. 070
	平均值	2. 182	2. 769	615. 200	2 001. 828	6. 906	229. 167
	变异系数	0. 446	1. 508	0. 677	0. 858	1. 012	0. 576
优化前	标准差	1. 306	3. 270	787. 115	1 867. 722	8. 079	24. 903
	平均值	2. 513	3. 178	846. 650	1 848. 783	4. 525	174. 167
	变异系数	0. 520	1. 029	0. 930	1. 010	1. 785	0. 143
变化	标准差	-25. 46%	27. 71%	-47. 11%	-8. 04%	-13. 51%	430. 34%
	平均值	-13. 15%	-12. 88%	-27. 34%	8. 28%	52. 61%	31. 58%
	变异系数	-14. 17%	46. 59%	-27. 21%	-15. 07%	-43. 32%	303. 06%

注：表头中所列为优化前及优化后相关指标平均值的计量单位。

4. 3. 2. 3　2018 年 9 月调查数据分析

2018 年 9 月渤中 19-6 凝析气田秋季海洋环境质量现状调查与评价报告中共有 46 个水质站位、24 个沉积物站位和 24 个海洋生态站位，根据新导则最低调查站位要求，将水质站位均匀缩减至 30 个站位，沉积物站位缩减至 15 个站位，海洋生态站位缩减至 18 个站

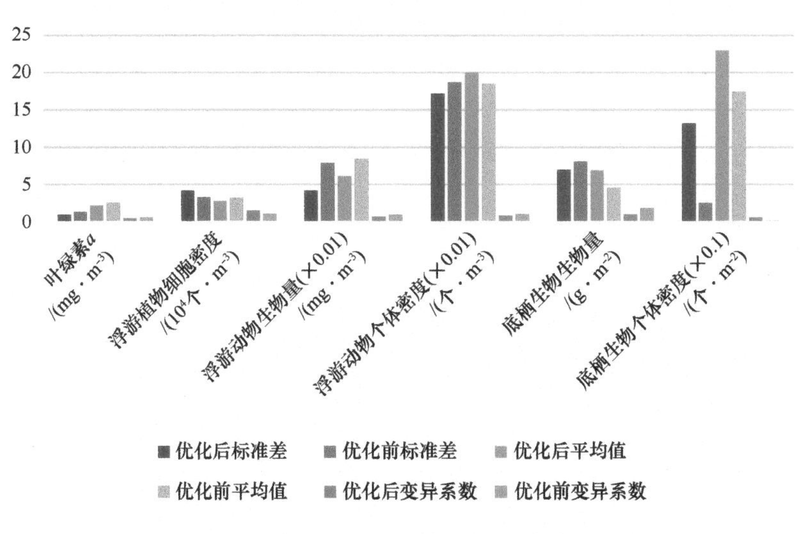

图 4.3-10 2018 年 5 月海洋生态指标优化前后对比

标目中所列为优化前及优化后相关指标平均值的计量单位

位，分析了各指标优化前后的特征。

从优化后的表层和底层水质指标的标准差、平均值变化可见（表 4.3-7、表 4.3-8 和图 4.3-11 至图 4.3-14），除底层磷酸盐的标准差变化较大外，其他水质指标的标准差和平均值变化基本在±10%以内，其中多数重金属指标的变化更小，各指标的变异系数多呈负值，表明优化后的各指标数值与原调查数据相比分布变得更为集中。另外，从优化后各指标评价结果的最大值和最小值分布来看，除表层锌、底层磷酸盐、底层铅的评价结果最大值明显小于原调查数据外，其他指标的评价结果最大值和最小值与原调查数据基本相近，故优化后水质总体特征与原调查数据相近，具有替代性。

表 4.3-7 2018 年 9 月表层水质指标优化前后对比

优化前后	指标	温度	盐度	pH	COD	DO
优化至 30 个站位	标准差	1.297	2.276	0.070	0.238	0.656
	平均值	23.590	29.760	8.164	1.333	7.267
	变异系数	0.055	0.076	0.009	0.179	0.090
优化前	标准差	1.246	2.171	0.070	0.258	0.607
	平均值	23.695	29.893	8.170	1.262	7.227
	变异系数	0.053	0.073	0.009	0.204	0.084
变化	标准差	4.04%	4.83%	-0.18%	-7.80%	7.93%
	平均值	-0.44%	-0.44%	-0.07%	5.58%	0.55%
	变异系数	4.51%	5.30%	-0.12%	-12.68%	7.34%

续表

优化前后	指标	温度	盐度	pH	COD	DO
优化前评价指数	最大值	—	—	0.46	0.93	0.84
	最小值	—	—	0.00	0.40	0.00
优化后评价指数	最大值	—	—	0.46	0.93	0.84
	最小值	—	—	0.00	0.51	0.00
优化前后	指标	石油类	磷酸盐	无机氮	铜	铅
优化至 30 个站位	标准差	7.928	4.206	76.308	0.645	0.464
	平均值	14.862	7.128	117.636	2.158	1.749
	变异系数	0.533	0.590	0.649	0.299	0.265
优化前	标准差	7.162	3.925	75.367	0.616	0.477
	平均值	14.247	7.028	106.469	2.179	1.728
	变异系数	0.503	0.558	0.708	0.282	0.276
变化	标准差	10.70%	7.16%	1.25%	4.84%	-2.81%
	平均值	4.32%	1.42%	10.49%	-0.96%	1.23%
	变异系数	6.11%	5.66%	-8.36%	5.86%	-4.00%
优化前评价指数	最大值	0.93	1.73	1.57	0.61	2.39
	最小值	0.04	0.10	0.08	0.19	0.94
优化后评价指数	最大值	0.38	1.73	1.57	0.59	2.39
	最小值	0.04	0.20	0.08	0.20	0.94

优化前后	指标	镉	锌	铬	汞	砷	挥发酚
优化至 30 个站位	标准差	0.045	4.907	0.634	0.010	0.143	0.037
	平均值	0.169	21.283	1.940	0.043	0.912	1.117
	变异系数	0.268	0.231	0.327	0.221	0.156	0.033
优化前	标准差	0.043	4.897	0.625	0.009	0.132	0.043
	平均值	0.171	20.515	1.917	0.043	0.933	1.125
	变异系数	0.251	0.239	0.326	0.212	0.141	0.038
变化	标准差	5.93%	0.20%	1.44%	4.60%	8.25%	-13.93%

续表

优化前后	指标	镉	锌	铬	汞	砷	挥发酚
	平均值	-1.12%	3.74%	1.23%	0.37%	-2.17%	-0.74%
	变异系数	7.13%	-3.41%	0.20%	4.21%	10.65%	-13.29%
优化前评价指数	最大值	0.24	2.48	0.06	1.31	0.06	0.24
	最小值	0.09	0.54	0.02	0.54	0.03	0.06
优化后评价指数	最大值	0.24	1.38	0.05	1.31	0.06	0.24
	最小值	0.09	0.54	0.02	0.42	0.03	0.06

注：优化前及优化后各指标平均值除温度（℃）、盐度、pH、COD（mg/L）和DO（mg/L）外，其余指标的单位均为μg/L。

表 4.3-8　2018 年 9 月底层水质指标优化前后对比

优化前后	指标	温度	盐度	pH	COD	DO
优化至 30 个站位	标准差	0.920	1.264	0.069	0.411	0.593
	平均值	23.592	30.240	8.143	1.075	6.757
	变异系数	0.039	0.042	0.009	0.383	0.088
优化前	标准差	0.917	1.163	0.072	0.356	0.551
	平均值	23.622	30.340	8.149	1.047	6.755
	变异系数	0.039	0.038	0.009	0.340	0.082
变化	标准差	0.32%	8.63%	-3.09%	15.43%	7.58%
	平均值	-0.13%	-0.33%	-0.07%	2.66%	0.03%
	变异系数	0.45%	8.99%	-3.03%	12.44%	7.55%
优化前评价指数	最大值	—	—	0.40	1.07	0.99
	最小值	—	—	0.00	0.16	0.10
优化后评价指数	最大值	—	—	0.40	1.07	0.99
	最小值	—	—	0.00	0.23	0.10
优化前后	指标	磷酸盐	无机氮	铜	铅	镉
优化至 30 个站位	标准差	2.267	63.493	0.530	0.460	0.042
	平均值	7.531	133.783	2.210	1.741	0.172
	变异系数	0.301	0.475	0.240	0.264	0.246

续表

优化前后	指标	磷酸盐	无机氮	铜	铅	镉
优化前	标准差	3.471	59.979	0.586	0.471	0.043
	平均值	7.516	126.775	2.064	1.702	0.170
	变异系数	0.462	0.473	0.284	0.277	0.251
变化	标准差	-34.70%	5.86%	-9.48%	-2.44%	-1.24%
	平均值	0.20%	5.53%	7.06%	2.32%	0.98%
	变异系数	-34.83%	0.31%	-15.45%	-4.66%	-2.19%
优化前评价指数	最大值	1.66	1.34	0.60	2.34	0.24
	最小值	0.15	0.20	0.21	0.91	0.10
优化后评价指数	最大值	0.27	1.34	0.51	0.47	0.24
	最小值	0.06	0.20	0.01	0.18	0.10
优化前后	指标	锌	铬	汞	砷	挥发酚
优化至 30 个站位	标准差	4.726	0.626	0.011	0.162	—
	平均值	19.067	2.334	0.047	0.954	—
	变异系数	0.248	0.268	0.229	0.170	—
优化前	标准差	4.873	0.589	0.011	0.168	—
	平均值	18.307	2.270	0.046	0.977	—
	变异系数	0.266	0.259	0.232	0.172	—
变化	标准差	-3.02%	6.37%	0.51%	-3.49%	—
	平均值	4.15%	2.82%	1.94%	-2.34%	—
	变异系数	-6.89%	3.45%	-1.41%	-1.18%	—
优化前评价指数	最大值	1.37	0.06	1.32	0.07	—
	最小值	0.54	0.02	0.44	0.03	—
优化后评价指数	最大值	1.37	0.05	1.32	0.07	—
	最小值	0.50	0.02	0.57	0.03	—

注：优化前及优化后各指标平均值除温度（℃）、盐度、pH、COD（mg/L）和 DO（mg/L）外，其余指标的单位均为 μg/L。

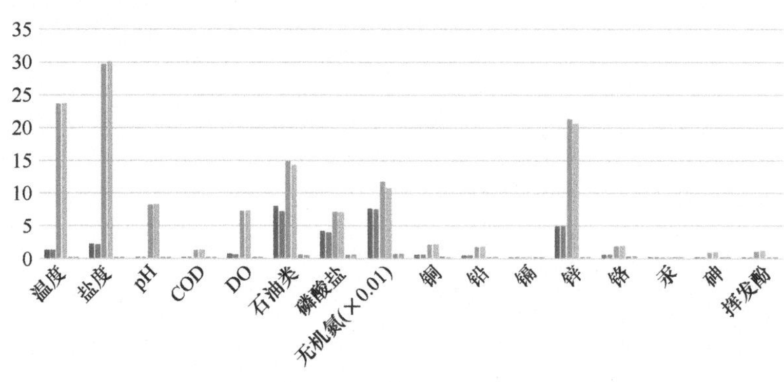

图 4.3-11　2018 年 9 月表层水质标准差、平均值和变异系数优化前后对比

优化前及优化后各指标平均值除温度（℃）、盐度、pH、COD（mg/L）和 DO（mg/L）外，其余指标的单位均为 μg/L

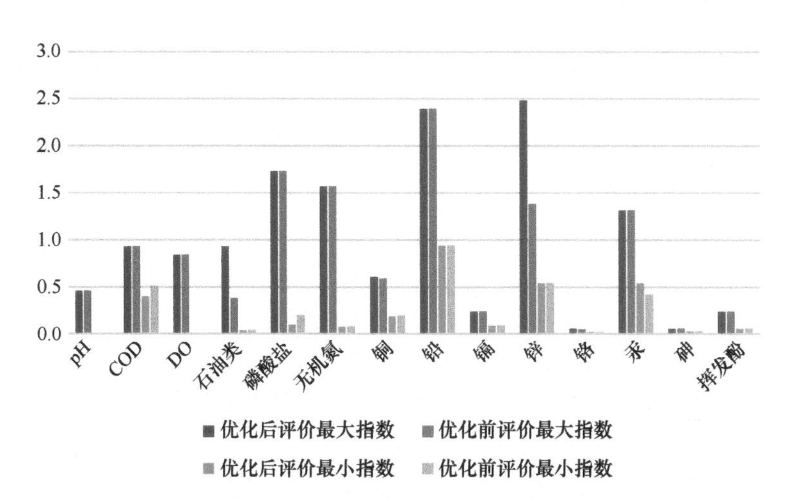

图 4.3-12　2018 年 9 月表层水质评价指数优化前后对比

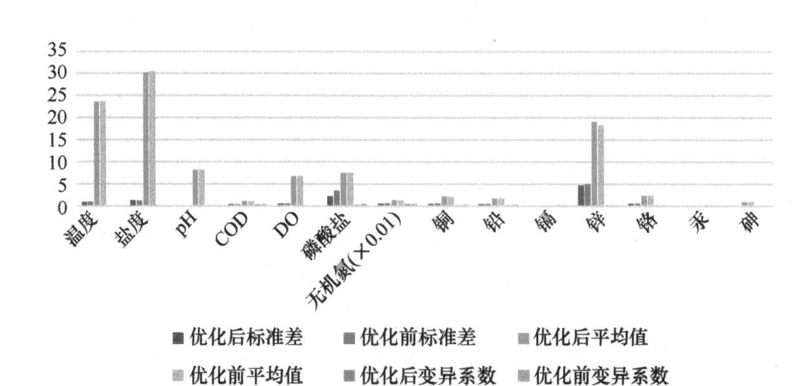

图 4.3-13　2018 年 9 月底层水质标准差、平均值和变异系数优化前后对比

优化前及优化后各指标平均值除温度（℃）、盐度、pH、COD（mg/L）和 DO（mg/L）外，其余指标的单位均为 μg/L

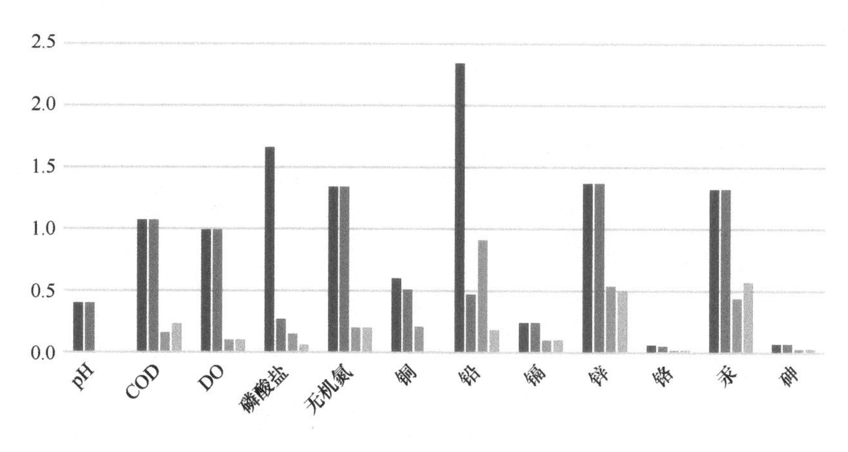

图 4. 3-14　2018 年 9 月底层水质评价指数优化前后对比

从优化后的沉积物各指标标准差、平均值可见（表 4. 3-9、图 4. 3-15 和图 4. 3-16），各指标的平均值变化很小，石油类、铅、硫化物、有机碳的标准差变化较大，各指标的变异系数除硫化物外其他指标变化相对较小。优化后各指标的评价结果最大值与最小值与原调查数据基本相差无几，故优化后的沉积物站位具有较好的替代性。

表 4. 3-9　2018 年 9 月沉积物指标优化前后对比

优化前后	指标	石油类	铜	铅	镉	铬
优化至 15 个站位	标准差	57. 538	2. 714	2. 049	3. 560	0. 049
	平均值	61. 567	19. 411	14. 144	22. 533	0. 117
	变异系数	0. 935	0. 140	0. 145	0. 158	0. 422
优化前	标准差	49. 120	3. 136	2. 458	4. 403	0. 049
	平均值	60. 862	20. 283	14. 811	23. 206	0. 129
	变异系数	0. 807	0. 155	0. 166	0. 190	0. 381
变化	标准差	17. 14%	-13. 45%	-16. 62%	-19. 14%	0. 41%
	平均值	1. 16%	-4. 30%	-4. 50%	-2. 90%	-9. 34%
	变异系数	15. 80%	-9. 56%	-12. 69%	-16. 73%	10. 75%
优化前评价指数	最大值	0. 43	0. 77	0. 35	0. 24	0. 06
	最小值	0. 00	0. 42	0. 18	0. 01	0. 02

续表

优化前后	指标	石油类	铜	铅	镉	铬
优化后评价指数	最大值	0.43	0.72	0.29	0.24	0.06
	最小值	0.02	0.42	0.20	0.05	0.02
优化前后	指标	锌	汞	砷	硫化物	有机碳
优化至15个站位	标准差	5.136	0.012	1.879	13.529	0.119
	平均值	23.400	0.032	9.400	24.919	0.391
	变异系数	0.220	0.371	0.200	0.543	0.304
优化前	标准差	5.134	0.013	1.662	10.515	0.142
	平均值	24.050	0.030	9.485	25.364	0.390
	变异系数	0.213	0.436	0.175	0.415	0.364
变化	标准差	0.04%	-7.38%	13.03%	28.67%	-16.15%
	平均值	-2.70%	9.05%	-0.90%	-1.76%	0.37%
	变异系数	2.82%	-15.06%	14.06%	30.97%	-16.46%
优化前评价指数	最大值	0.21	0.31	0.63	0.14	0.32
	最小值	0.01	0.03	0.31	0.01	0.07
优化后评价指数	最大值	0.21	0.31	0.62	0.14	0.29
	最小值	0.11	0.08	0.31	0.03	0.07

注：优化前及优化后相关指标平均值除有机碳（10^{-2}）外，单位均为 10^{-6}。

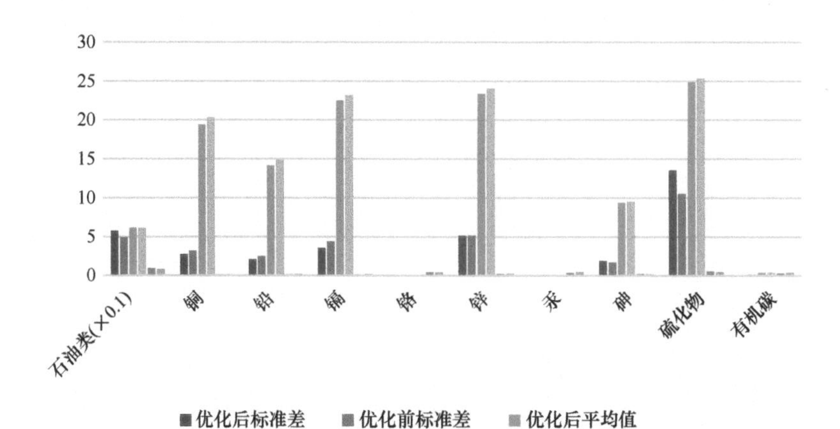

图 4.3-15　2018 年 9 月沉积物指标标准差、平均值、变异系数优化前后对比

优化前及优化后相关指标平均值除有机碳（10^{-2}）外，单位均为 10^{-6}

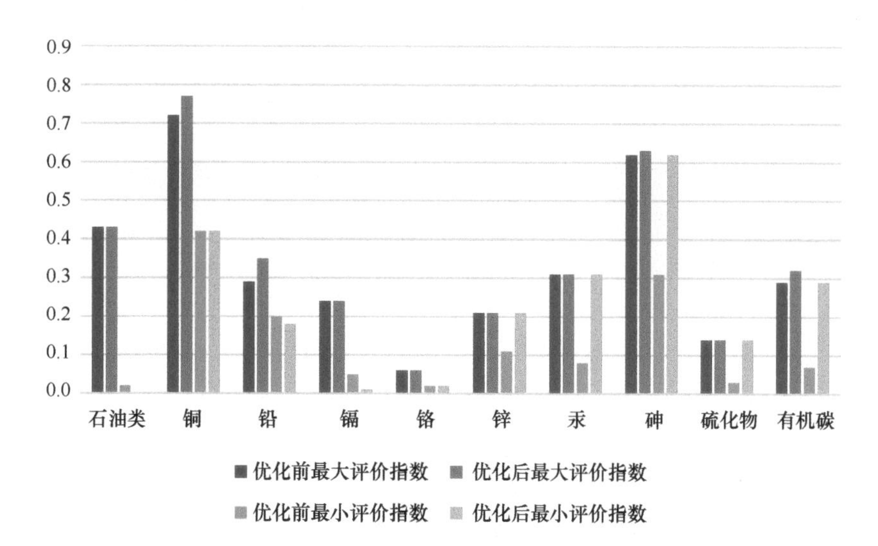

图 4.3-16　2018 年 9 月沉积物指标评价指数优化前后对比

从优化后的海洋生态各指标标准差和平均值分布来看（表 4.3-10 和图 4.3-17），浮游植物细胞密度、浮游动物个体密度、底栖生物生物量的平均值变换很小，浮游动物个体密度和叶绿素 a 的标准差变化相对较大，其他指标标准差变化较小，多数指标的变异系数变化率为负值，表明优化的数值分布趋向集中。

表 4.3-10　2018 年 9 月海洋生态指标优化前后对比

优化前后	指标	叶绿素 a/（$mg \cdot m^{-3}$）	浮游植物细胞密度/（10^4 个 · m^{-3}）	浮游动物生物量/（$mg \cdot m^{-3}$）	浮游动物个体密度/（个 · m^{-3}）	底栖生物生物量/（$g \cdot m^{-2}$）	底栖生物个体密度/（个 · m^{-2}）
优化至 18 个站位	标准差	0.628	420.712	0.083	144.617	23.158	515.913
	平均值	1.049	575.100	0.164	314.783	43.152	600.000
	变异系数	0.599	0.732	0.508	0.459	0.537	0.860
优化前	标准差	0.832	362.836	0.078	201.270	26.648	462.448
	平均值	1.347	577.600	0.152	301.478	42.369	501.667
	变异系数	0.617	0.628	0.515	0.668	0.629	0.922
变化	标准差	-24.42%	15.95%	6.36%	-28.15%	-13.10%	11.56%
	平均值	-22.09%	-0.43%	7.85%	4.41%	1.85%	19.60%
	变异系数	-2.99%	16.46%	-1.38%	-31.18%	-14.67%	-6.72%

注：表头中所列为优化前及优化后相关指标平均值的计量单位。

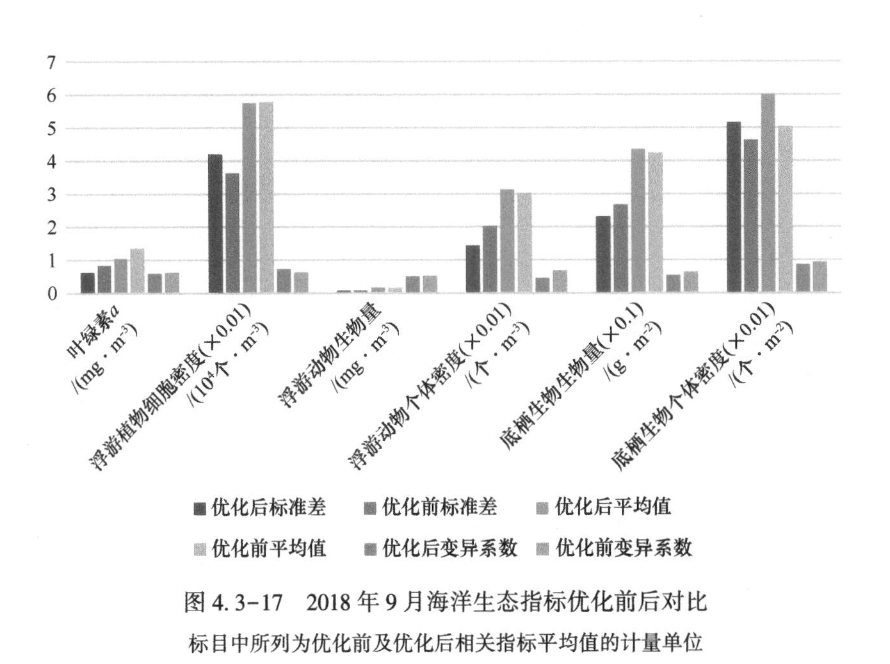

图 4.3-17　2018 年 9 月海洋生态指标优化前后对比

标目中所列为优化前及优化后相关指标平均值的计量单位

4.3.2.4　2019 年 5 月调查数据分析

2019 年 5 月渤中 29-6 油田开发项目春季环境质量现状调查与评价报告中共有 60 个水质站位、37 个沉积物站位和 37 个海洋生态站位，根据新导则最低调查站位要求，将水质站位均匀缩减至 30 个站位，沉积物站位缩减至 15 个站位，海洋生态站位缩减至 18 个站位，分析了各指标优化前后的特征。

从优化后的表层和底层水质各指标标准差和平均值来看（表 4.3-11、表 4.3-12 和图 4.3-18 至图 4.3-21），除表层砷、底层 DO 标准差和平均值变化较大外，其他表层和底层水质指标的标准差和平均值变化较小，且除表层砷外，其他指标的变异系数变化较小，且多数指标的变异系数为负值，说明数值分布更加集中。从优化后各指标的评价结果最大值和最小值分布来看，表层石油类、磷酸盐和无机氮，底层无机氮、铅、汞的最大值较原调查数据的评价结果有明显减小，而优化后各指标评价结果最小值与原调查数据评价结果最小值相差不大。因此，优化后的水质调查站位具有较好的代表性，但石油类、磷酸盐、无机氮、铅和汞的几个较为典型超标指标的最大值要小于原调查数据。

表 4.3-11　2019 年 5 月表层水质指标优化前后对比

优化前后	指标	温度	盐度	pH	COD	DO
优化至 30 个站位	标准差	1.004	1.316	0.031	0.179	0.297
	平均值	12.468	30.533	8.153	0.750	9.749
	变异系数	0.080	0.043	0.004	0.239	0.031

续表

优化前后	指标	温度	盐度	pH	COD	DO
优化前	标准差	1.038	1.389	0.032	0.212	0.356
	平均值	12.465	30.481	8.151	0.762	9.752
	变异系数	0.083	0.046	0.004	0.278	0.037
变化	标准差	-3.29%	-5.26%	-3.93%	-15.56%	-16.44%
	平均值	0.03%	0.17%	0.03%	-1.62%	-0.03%
	变异系数	-3.31%	-5.42%	-3.96%	-14.17%	-16.41%
优化前评价指数	最大值	—	—	0.29	0.72	0.41
	最小值	—	—	0.00	0.05	0.06
优化后评价指数	最大值	—	—	0.24	0.54	0.41
	最小值	—	—	0.00	0.12	0.06

优化前后	指标	石油类	磷酸盐	无机氮	铜	铅
优化至 30 个站位	标准差	5.539	1.993	113.310	0.623	0.434
	平均值	16.331	3.657	157.310	1.744	1.541
	变异系数	0.339	0.545	0.720	0.357	0.282
优化前	标准差	5.509	1.847	121.616	0.572	0.430
	平均值	15.520	3.689	162.746	1.735	1.504
	变异系数	0.355	0.501	0.747	0.330	0.286
变化	标准差	0.54%	7.90%	-6.83%	8.85%	0.98%
	平均值	5.23%	-0.89%	-3.34%	0.51%	2.45%
	变异系数	-4.46%	8.86%	-3.61%	8.29%	-1.43%
优化前评价指数	最大值	0.65	0.75	2.25	0.54	2.16
	最小值	0.10	0.07	0.10	0.15	0.66
优化后评价指数	最大值	0.36	0.19	1.64	0.47	1.02
	最小值	0.13	0.07	0.10	0.15	0.66

优化前后	指标	镉	锌	铬	汞	砷	挥发酚
优化至 30 个站位	标准差	0.040	4.200	0.586	0.006	0.153	0.410
	平均值	0.156	15.573	2.037	0.025	0.527	0.183
	变异系数	0.257	0.270	0.288	0.255	0.291	2.236

续表

优化前后	指标	镉	锌	铬	汞	砷	挥发酚
优化前	标准差	0.042	4.065	0.576	0.006	0.113	0.440
	平均值	0.157	16.437	1.950	0.025	0.542	0.220
	变异系数	0.267	0.247	0.296	0.237	0.209	2.000
变化	标准差	-5.17%	3.31%	1.61%	7.76%	35.19%	-6.83%
	平均值	-1.16%	-5.25%	4.47%	0.37%	-2.92%	-16.67%
	变异系数	-4.05%	9.03%	-2.73%	7.36%	39.26%	11.80%
优化前评价指数	最大值	0.23	1.18	0.06	0.88	0.04	0.22
	最小值	0.08	0.44	0.02	0.32	0.01	0.06
优化后评价指数	最大值	0.11	0.95	0.02	0.58	0.03	0.15
	最小值	0.08	0.44	0.02	0.32	0.00	0.06

注：优化前及优化后各指标平均值除温度（℃）、盐度、pH、COD（mg/L）和DO（mg/L）外，其余指标的单位均为μg/L。

表4.3-12　2019年5月底层水质指标优化前后对比

优化前后	指标	温度	盐度	pH	COD	DO
优化至30个站位	标准差	1.112	1.440	0.037	0.286	0.265
	平均值	11.433	30.642	8.171	0.805	9.711
	变异系数	0.097	0.047	0.005	0.355	0.027
优化前	标准差	1.142	1.381	0.036	0.252	0.356
	平均值	11.377	30.770	8.174	0.784	9.649
	变异系数	0.100	0.045	0.004	0.321	0.037
变化	标准差	-2.61%	4.27%	4.56%	13.59%	-25.54%
	平均值	0.49%	-0.42%	-0.04%	2.68%	0.64%
	变异系数	-3.09%	4.71%	4.60%	10.62%	-26.01%
优化前评价指数	最大值	—	—	0.29	0.98	0.53
	最小值	—	—	0.00	0.08	0.09
优化后评价指数	最大值	—	—	0.23	0.98	0.42
	最小值	—	—	0.00	0.14	0.11

续表

优化前后	指标	磷酸盐	无机氮	铜	铅	镉
优化至 15 个站位	标准差	1.767	109.983	0.578	0.425	0.038
	平均值	3.881	153.432	1.898	1.437	0.166
	变异系数	0.455	0.717	0.304	0.296	0.231
优化前	标准差	1.600	106.802	0.612	0.451	0.039
	平均值	3.762	143.992	1.817	1.382	0.157
	变异系数	0.425	0.742	0.337	0.326	0.248
变化	标准差	10.48%	2.98%	-5.54%	-5.79%	-1.95%
	平均值	3.18%	6.56%	4.44%	3.95%	5.26%
	变异系数	7.07%	-3.36%	-9.56%	-9.37%	-6.85%
优化前评价指数	最大值	0.53	2.06	0.55	2.11	0.23
	最小值	0.07	0.08	0.17	0.72	0.08
优化后评价指数	最大值	0.36	1.42	0.41	1.42	0.23
	最小值	0.09	0.09	0.17	0.78	0.08
优化前后	指标	锌	铬	汞	砷	挥发酚
优化至 15 个站位	标准差	3.991	0.519	0.007	0.109	—
	平均值	16.593	2.108	0.029	0.541	—
	变异系数	0.241	0.246	0.222	0.202	—
优化前	标准差	4.472	0.546	0.006	0.133	—
	平均值	16.103	1.980	0.029	0.529	—
	变异系数	0.278	0.276	0.200	0.252	—
变化	标准差	-10.74%	-4.80%	10.94%	-18.11%	—
	平均值	3.04%	6.45%	0.07%	2.25%	—
	变异系数	-13.38%	-10.57%	10.86%	-19.91%	—
优化前评价指数	最大值	1.17	0.06	0.92	0.03	—
	最小值	0.41	0.02	0.04	0.01	—
优化后评价指数	最大值	1.03	0.04	0.62	0.02	—
	最小值	0.69	0.02	0.06	0.01	—

注：优化前及优化后各指标平均值除温度（℃）、盐度、pH、COD（mg/L）和 DO（mg/L）外，其余指标的单位均为 μg/L。

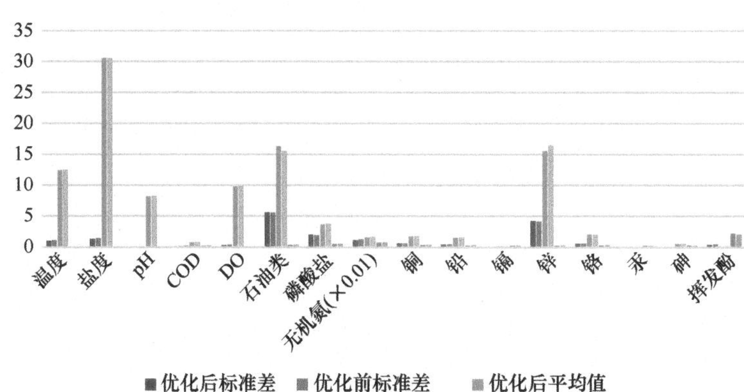

图 4.3-18　2019 年 5 月表层水质标准差、平均值和变异系数优化前后对比

优化前及优化后各指标平均值除温度（℃）、盐度、pH、COD（mg/L）和 DO（mg/L）外，其余指标的单位均为 μg/L

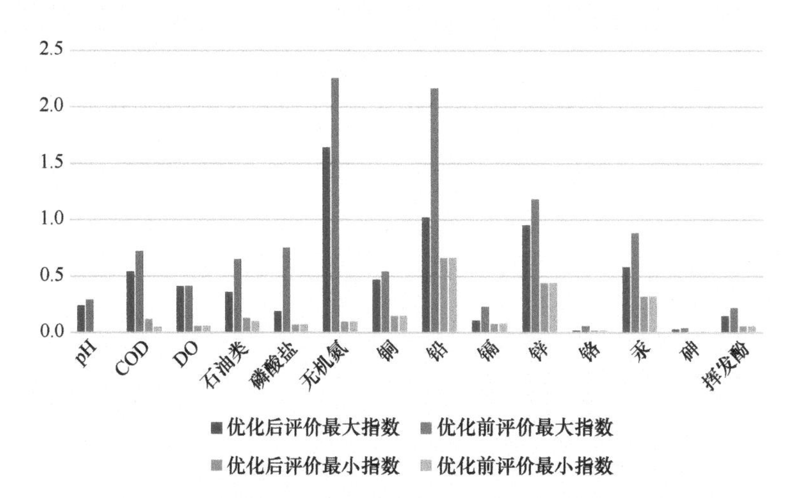

图 4.3-19　2019 年 5 月表层水质评价指数优化前后对比

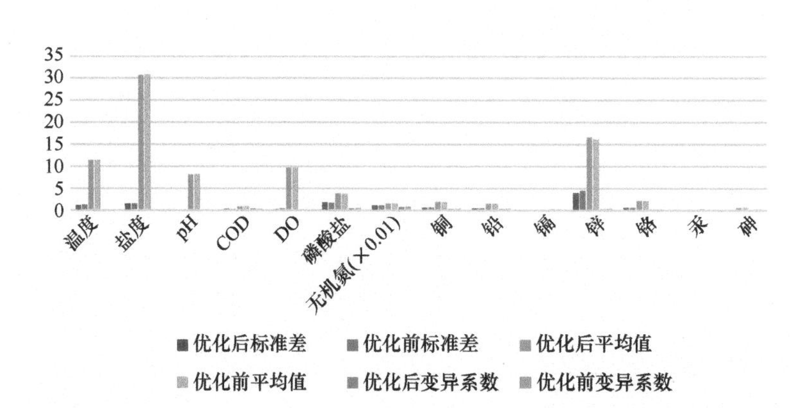

图 4.3-20　2019 年 5 月底层水质标准差、平均值和变异系数优化前后对比

优化前及优化后各指标平均值除温度（℃）、盐度、pH、COD（mg/L）和 DO（mg/L）外，其余指标的单位均为 μg/L

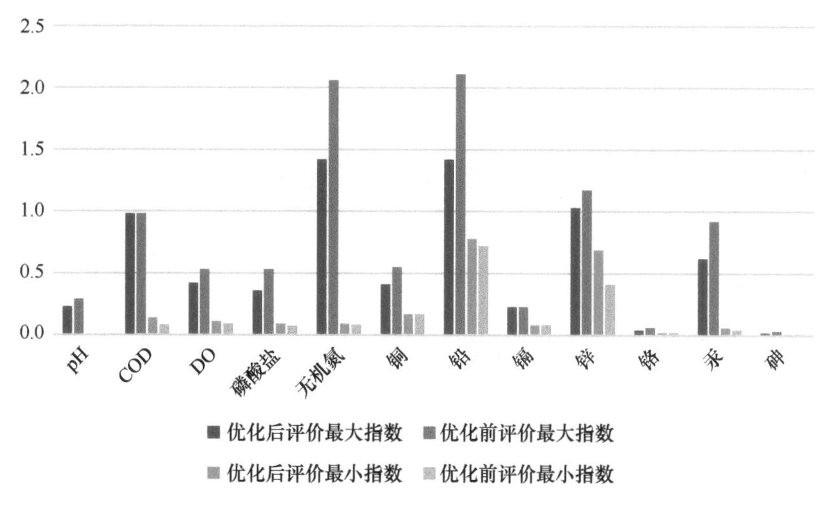

图 4.3-21　2019 年 5 月底层水质评价指数优化前后对比

从优化后的沉积物各指标标准差分布来看（表 4.3-13、图 4.3-22 至图 4.3-23），铜、铅、硫化物的标准差表现出了较大的减小，说明与原调查数据相比，铜、铅和硫化物各站分布与平均值更为接近，石油类的平均值发生较大减小，石油类的变异系数也发生较大增长，说明优化后石油类指标各站数值变得更为发散，而硫化物的变异系数则发生较大减小，说明优化后硫化物指标各站位数值变得更为集中。其他指标的平均值和变异系数变化并不明显，与原调查数据相比变化不大。此外，从优化后沉积物各指标的评价结果来看，其最大值和最小值与原调查数据相比，变化很小。因此，优化后的沉积物各站位数值与原调查数据相比具有较好的替代性。

表 4.3-13　2019 年 5 月沉积物指标优化前后对比

优化前后	指标	石油类	铜	铅	镉	铬
优化至 15 个站位	标准差	103.973	2.250	1.473	0.046	4.361
	平均值	55.168	18.125	14.538	0.118	26.663
	变异系数	1.885	0.124	0.101	0.389	0.164
优化前	标准差	100.752	3.408	2.642	0.052	4.391
	平均值	70.401	18.543	14.152	0.136	26.476
	变异系数	1.431	0.184	0.187	0.380	0.166
变化	标准差	3.20%	-33.98%	-44.25%	-10.91%	-0.68%
	平均值	-21.64%	-2.25%	2.72%	-12.97%	0.70%
	变异系数	31.69%	-32.46%	-45.72%	2.36%	-1.37%

续表

优化前后	指标	石油类	铜	铅	镉	铬
优化前评价指数	最大值	0.66	0.73	0.34	0.45	0.43
	最小值	0.01	0.36	0.17	0.14	0.20
优化后评价指数	最大值	0.66	0.73	0.32	0.43	0.42
	最小值	0.01	0.39	0.18	0.14	0.20
优化前后	指标	锌	汞	砷	硫化物	有机碳
优化至15个站位	标准差	4.429	0.004	1.540	8.523	0.094
	平均值	23.375	0.029	11.321	24.800	0.245
	变异系数	0.189	0.151	0.136	0.344	0.384
优化前	标准差	4.151	0.004	1.405	10.424	0.106
	平均值	23.900	0.030	11.310	24.475	0.239
	变异系数	0.174	0.129	0.124	0.426	0.443
变化	标准差	6.70%	13.54%	9.63%	-18.24%	-11.34%
	平均值	-2.20%	-3.38%	0.10%	1.33%	2.41%
	变异系数	9.09%	17.51%	9.53%	-19.31%	-13.43%
优化前评价指数	最大值	0.21	0.19	0.68	0.15	0.37
	最小值	0.09	0.12	0.42	0.02	0.02
优化后评价指数	最大值	0.21	0.19	0.68	0.13	0.37
	最小值	0.09	0.12	0.42	0.02	0.04

注：优化前及优化后相关指标平均值除有机碳（10^{-2}）外，单位均为 10^{-6}。

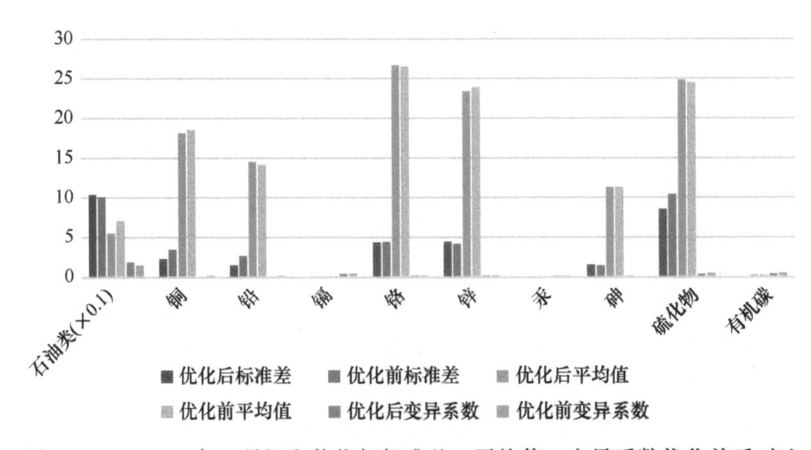

图 4.3-22　2019 年 5 月沉积物指标标准差、平均值、变异系数优化前后对比

优化前及优化后相关指标平均值除有机碳（10^{-2}）外，单位均为 10^{-6}

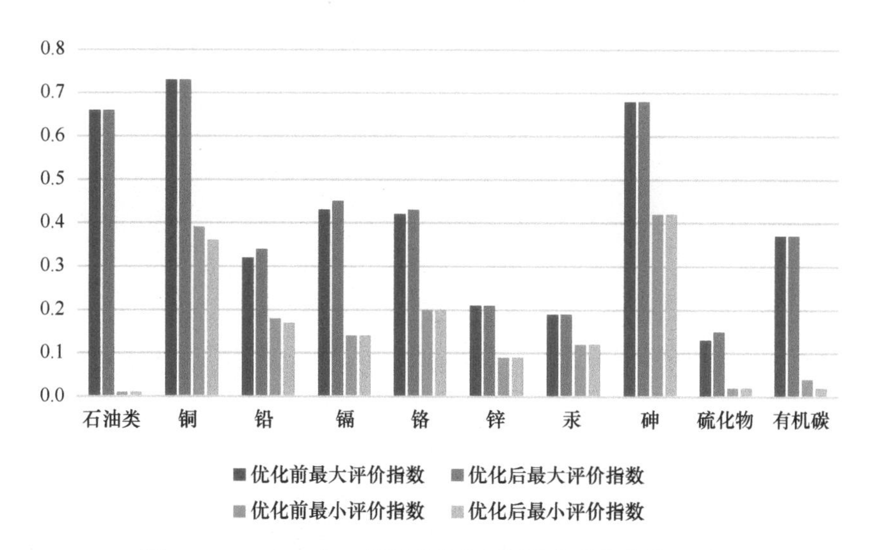

图 4.3-23　2019 年 5 月沉积物指标评价指数优化前后对比

从优化后海洋生态各指标分布来看（表 4.14 和图 4.3-24），底栖生物生物量、浮游动物个体密度的标准差发生较大减小，说明优化后数值与平均值更为相近，同时底栖生物生物量的平均值也发生一定减小，其他指标的标准差、平均值和变异系数变化较小。因此，总体来说优化后海洋生态各指标变化较小，具有较好的替代性。

表 4.3-14　2019 年 5 月海洋生态指标优化前后对比

优化前后	指标	叶绿素 a/（$mg \cdot m^{-3}$）	浮游植物细胞密度/（10^4 个 · m^{-3}）	浮游动物生物量/（$mg \cdot m^{-3}$）	浮游动物个体密度/（个 · m^{-3}）	底栖生物生物量/（$g \cdot m^{-2}$）	底栖生物个体密度/（个 · m^{-2}）
优化至 18 个站位	标准差	0.659	17.137	209.878	1 252.527	12.485	357.509
	平均值	1.851	12.305	225.126	1 913.628	10.789	566.111
	变异系数	0.356	1.393	0.932	0.655	1.157	0.632
优化前	标准差	0.674	18.542	180.255	1 603.020	19.401	407.536
	平均值	1.717	11.323	201.087	2 099.205	14.584	601.081
	变异系数	0.393	1.637	0.896	0.764	1.330	0.678
变化	标准差	-2.26%	-7.57%	16.43%	-21.86%	-35.65%	-12.28%
	平均值	7.76%	8.67%	11.95%	-8.84%	-26.02%	-5.82%
	变异系数	-9.29%	-14.95%	4.00%	-14.29%	-13.01%	-6.86%

注：表头中所列为优化前及优化后相关指标平均值的计量单位。

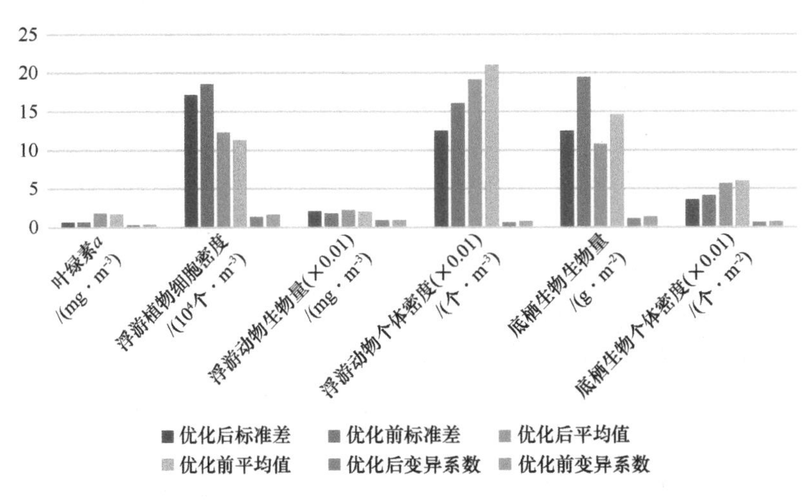

图 4.3-24　2019 年 5 月海洋生态指标优化前后对比

标目中所列为优化前及优化后相关指标平均值的计量单位

4.3.2.5　2019 年 9 月调查数据分析

2019 年 9 月渤中 29-6 油田开发项目秋季环境质量现状调查与评价报告中共有 53 个水质站位、32 个沉积物站位和 32 个海洋生态站位，根据新导则最低调查站位要求，将水质站位均匀缩减至 30 个站位，沉积物站位缩减至 15 个站位，海洋生态站位缩减至 18 个站位，分析了各指标优化前后的特征。

从优化后各表层和底层水质指标可见（表 4.3-15、表 4.3-16 和图 4.3-25 至图 4.3-28），各指标的标准差和平均值变化均较小，多数指标的标准差与原调查数据相比呈减小特征，除底层挥发酚外，其他指标的标准差和平均值变化均减小。除挥发酚外，其他指标的变异系数变化也较小，说明优化后的各水质指标与原调查数据的分布趋势基本相似。从各指标的评价结果来看，除底层铅外，其他指标的评价结果最大值和最小值与原调查数据相比，数值非常相近，说明优化后的各水质站位具有较好的代表性。

表 4.3-15　2019 年 9 月表层水质指标优化前后对比

优化前后	指标	温度	盐度	pH	COD	DO
优化至 30 个站位	标准差	0.605	2.411	0.052	0.258	0.380
	平均值	22.768	30.165	8.199	1.143	7.174
	变异系数	0.027	0.080	0.006	0.225	0.053
优化前	标准差	0.592	2.928	0.060	0.269	0.411
	平均值	22.797	29.778	8.205	1.157	7.225
	变异系数	0.026	0.098	0.007	0.233	0.057

续表

优化前后	指标	温度	盐度	pH	COD	DO
变化	标准差	2. 32%	-17. 66%	-12. 74%	-4. 21%	-7. 45%
	平均值	-0. 13%	1. 30%	-0. 07%	-1. 13%	-0. 71%
	变异系数	2. 45%	-18. 72%	-12. 69%	-3. 11%	-6. 79%
优化前评价指数	最大值	—	—	0. 54	0. 77	0. 77
	最小值	—	—	0. 00	0. 34	0. 06
优化后评价指数	最大值	—	—	0. 54	0. 77	0. 77
	最小值	—	—	0. 00	0. 34	0. 06

优化前后	指标	石油类	磷酸盐	无机氮	铜	铅
优化至 30 个站位	标准差	9. 390	3. 301	33. 348	0. 646	0. 386
	平均值	23. 657	7. 496	113. 984	1. 824	1. 395
	变异系数	0. 397	0. 440	0. 293	0. 354	0. 277
优化前	标准差	8. 900	3. 349	29. 305	0. 602	0. 415
	平均值	23. 240	7. 511	111. 428	1. 809	1. 344
	变异系数	0. 383	0. 446	0. 263	0. 333	0. 309
变化	标准差	5. 51%	-1. 44%	13. 80%	7. 41%	-7. 13%
	平均值	1. 79%	-0. 20%	2. 29%	0. 82%	3. 81%
	变异系数	3. 65%	-1. 25%	11. 25%	6. 54%	-10. 54%
优化前评价指数	最大值	0. 65	0. 99	1. 01	0. 55	2. 08
	最小值	0. 10	0. 17	0. 26	0. 17	0. 69
优化后评价指数	最大值	0. 65	0. 99	1. 01	0. 54	2. 04
	最小值	0. 10	0. 17	0. 26	0. 17	0. 69

优化前后	指标	镉	锌	铬	汞	砷	挥发酚
优化至 30 个站位	标准差	0. 044	4. 431	0. 539	0. 006	0. 075	0. 274
	平均值	0. 142	15. 960	1. 872	0. 030	1. 653	0. 073
	变异系数	0. 311	0. 278	0. 288	0. 200	0. 046	3. 742
优化前	标准差	0. 042	4. 587	0. 590	0. 007	0. 081	0. 328
	平均值	0. 145	15. 148	1. 803	0. 031	1. 665	0. 106
	变异系数	0. 287	0. 303	0. 327	0. 221	0. 048	3. 101

续表

优化前后	指标	镉	锌	铬	汞	砷	挥发酚
变化	标准差	5.96%	-3.41%	-8.55%	-12.77%	-6.42%	-16.24%
	平均值	-2.27%	5.36%	3.80%	-3.64%	-0.76%	-30.60%
	变异系数	8.42%	-8.33%	-11.90%	-9.48%	-5.70%	20.68%
优化前评价指数	最大值	0.22	1.15	0.06	0.94	0.09	0.24
	最小值	0.07	0.31	0.02	0.34	0.07	0.06
优化后评价指数	最大值	0.22	1.15	0.06	0.83	0.09	0.19
	最小值	0.07	0.36	0.02	0.34	0.00	0.06

注：优化前及优化后各指标平均值除温度（℃）、盐度、pH、COD（mg/L）和DO（mg/L）外，其余指标的单位均为μg/L。

表4.3-16　2019年9月底层水质指标优化前后对比

优化前后	指标	温度	盐度	pH	COD	DO
优化至30个站位	标准差	0.531	1.672	0.055	0.198	0.346
	平均值	22.441	30.543	8.209	1.035	6.995
	变异系数	0.024	0.055	0.007	0.191	0.049
优化前	标准差	0.500	1.497	0.058	0.229	0.356
	平均值	22.447	30.560	8.211	1.073	7.010
	变异系数	0.022	0.049	0.007	0.213	0.051
变化	标准差	6.16%	11.67%	-6.61%	-13.51%	-2.80%
	平均值	-0.02%	-0.06%	-0.03%	-3.55%	-0.21%
	变异系数	6.19%	11.73%	-6.59%	-10.32%	-2.59%
优化前评价指数	最大值	—	—	0.57	0.80	0.86
	最小值	—	—	0.03	0.36	0.20
优化后评价指数	最大值	—	—	0.57	0.80	0.86
	最小值	—	—	0.03	0.36	0.20
优化前后	指标	磷酸盐	无机氮	铜	铅	镉
优化至30个站位	标准差	3.064	27.379	0.618	0.409	0.045
	平均值	6.993	107.556	1.855	1.426	0.151
	变异系数	0.438	0.255	0.333	0.287	0.300

续表

优化前后	指标	磷酸盐	无机氮	铜	铅	镉
优化前	标准差	2.961	27.935	0.610	0.399	0.045
	平均值	6.715	106.544	1.809	1.449	0.142
	变异系数	0.441	0.262	0.337	0.275	0.319
变化	标准差	3.50%	-1.99%	1.18%	2.47%	0.29%
	平均值	4.14%	0.95%	2.51%	-1.63%	6.79%
	变异系数	-0.61%	-2.91%	-1.29%	4.17%	-6.09%
优化前评价指数	最大值	0.86	0.93	0.55	2.17	0.23
	最小值	0.16	0.23	0.15	0.70	0.07
优化后评价指数	最大值	0.86	0.91	0.51	1.43	0.23
	最小值	0.16	0.23	0.15	0.74	0.07
优化前后	指标	锌	铬	汞	砷	挥发酚
优化至 30 个站位	标准差	4.624	0.548	0.006	0.082	0.197
	平均值	14.900	1.947	0.030	1.659	0.037
	变异系数	0.310	0.282	0.196	0.050	5.385
优化前	标准差	4.578	0.543	0.006	0.080	0.153
	平均值	14.790	1.894	0.031	1.659	0.022
	变异系数	0.310	0.286	0.194	0.048	7.071
变化	标准差	1.02%	1.09%	-2.69%	2.95%	29.47%
	平均值	0.75%	2.78%	-3.50%	-0.01%	70.00%
	变异系数	0.27%	-1.65%	0.84%	2.96%	-23.84%
优化前评价指数	最大值	1.14	0.06	0.93	0.09	0.06
	最小值	0.32	0.02	0.43	0.08	0.06
优化后评价指数	最大值	1.14	0.06	0.92	0.09	0.06
	最小值	0.32	0.02	0.43	0.08	0.06

注：优化前及优化后各指标平均值除温度（℃）、盐度、pH、COD（mg/L）和 DO（mg/L）外，其余指标的单位均为 μg/L。

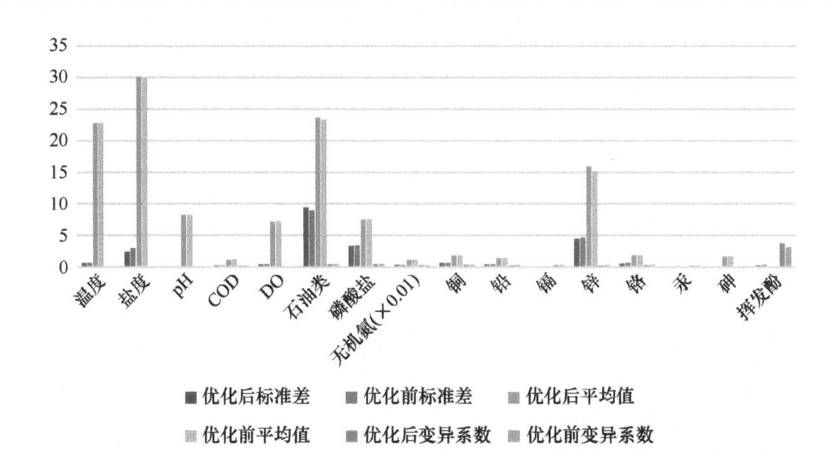

图 4.3-25 2019 年 9 月表层水质标准差、平均值和变异系数优化前后对比

优化前及优化后各指标平均值除温度（℃）、盐度、pH、COD（mg/L）和 DO（mg/L）外，其余指标的单位均为 μg/L

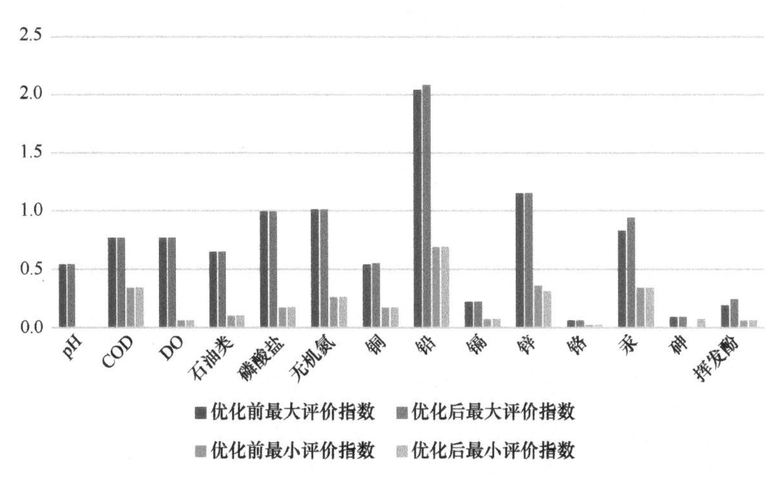

图 4.3-26 2019 年 9 月表层水质评价指数优化前后对比

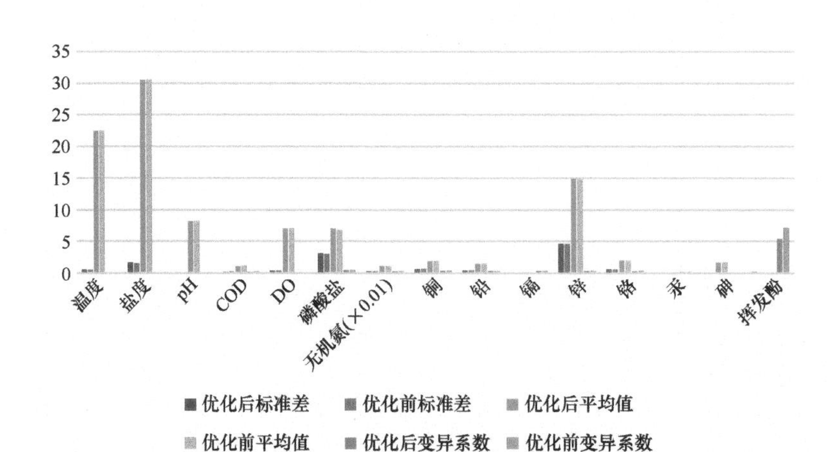

图 4.3-27 2019 年 9 月底层水质标准差、平均值和变异系数优化前后对比

优化前及优化后各指标平均值除温度（℃）、盐度、pH、COD（mg/L）和 DO（mg/L）外，其余指标的单位均为 μg/L

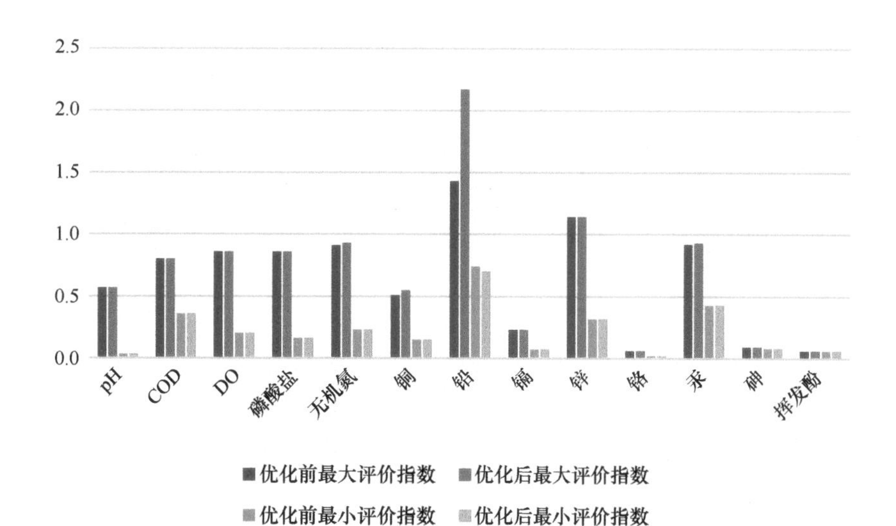

图4.3-28 2019年9月底层水质评价指数优化前后对比

从优化后沉积物各指标的标准差、平均值和变异系数分布来看（表4.3-17、图4.3-29和图4.3-30），石油类和硫化物的标准差发生较大变化，其他各指标的标准差、平均值和变异系数变化相对小。从优化后各指标的评价结果最大值和最小值来看，与原调查数据评价结果基本相近。因此，优化后的沉积物调查站位具有较好的代表性。

表4.3-17 2019年9月沉积物指标优化前后对比

优化前后	指标	石油类	铜	铅	镉	铬
优化至15个站位	标准差	161.331	2.426	2.510	0.044	4.353
	平均值	192.393	18.300	14.920	0.164	25.873
	变异系数	0.839	0.133	0.168	0.269	0.168
优化前	标准差	130.998	3.227	2.358	0.050	3.806
	平均值	150.444	18.734	14.778	0.160	25.447
	变异系数	0.871	0.172	0.160	0.310	0.150
变化	标准差	23.16%	-24.82%	6.42%	-11.22%	14.40%
	平均值	27.88%	-2.32%	0.96%	2.21%	1.68%
	变异系数	-3.70%	-23.03%	5.41%	-13.14%	12.51%
优化前评价指数	最大值	1.11	0.77	0.33	0.49	0.42
	最小值	0.02	0.35	0.18	0.12	0.23

续表

优化前后	指标	石油类	铜	铅	镉	铬
优化后评价指数	最大值	1.11	0.67	0.33	0.49	0.42
	最小值	0.04	0.42	0.19	0.18	0.24
优化前后	指标	锌	汞	砷	硫化物	有机碳
优化至15个站位	标准差	4.252	0.005	1.042	14.611	0.207
	平均值	22.260	0.032	8.854	20.535	0.430
	变异系数	0.191	0.151	0.118	0.712	0.480
优化前	标准差	4.227	0.004	0.977	12.171	0.187
	平均值	21.225	0.033	8.745	20.655	0.403
	变异系数	0.199	0.130	0.112	0.589	0.465
变化	标准差	0.58%	13.80%	6.63%	20.04%	10.21%
	平均值	4.88%	-2.62%	1.25%	-0.58%	6.63%
	变异系数	-4.10%	16.85%	5.32%	20.74%	3.36%
优化前评价指数	最大值	0.21	0.21	0.55	0.19	0.47
	最小值	0.10	0.12	0.32	0.01	0.06
优化后评价指数	最大值	0.20	0.21	0.53	0.19	0.47
	最小值	0.11	0.13	0.32	0.01	0.06

注：优化前及优化后相关指标平均值除有机碳（10^{-2}）外，单位均为10^{-6}。

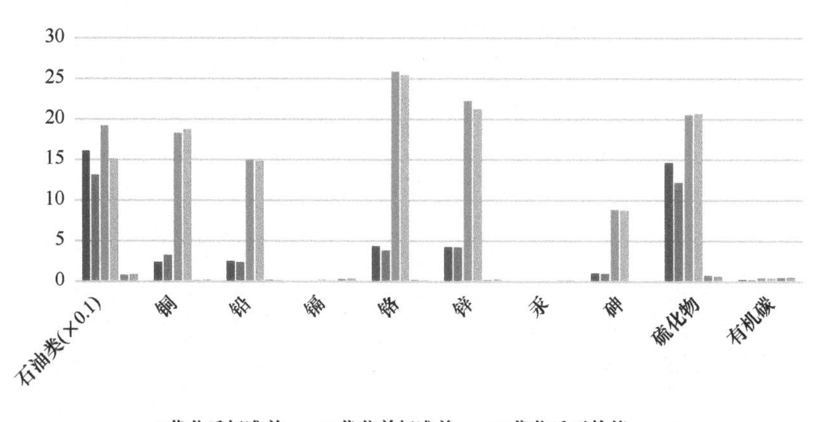

图4.3-29　2019年9月沉积物指标标准差、平均值、变异系数优化前后对比

优化前及优化后相关指标平均值除有机碳（10^{-2}）外，单位均为10^{-6}

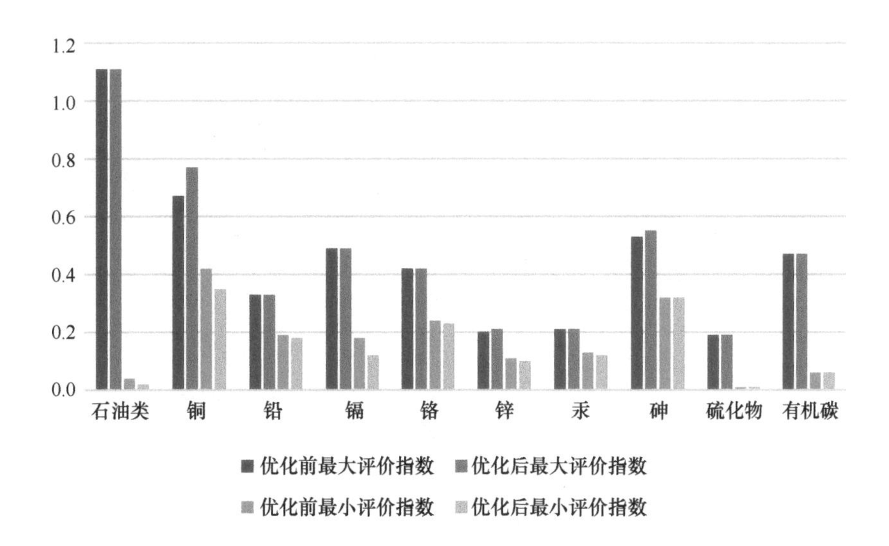

图 4.3-30　2019 年 9 月沉积物指标评价指数优化前后对比

从优化后海洋生态各指标的标准差、平均值和变异系数分布来看（表 4.3-18 和图 4.3-31），叶绿素 *a* 和浮游植物细胞密度变化较大，其他指标变化相对较小。因此，除叶绿素 *a* 和浮游植物细胞密度外，其他指标具有较好的代表性。

表 4.3-18　2019 年 9 月海洋生态指标优化前后对比

优化前后	指标	叶绿素 *a*/（$mg \cdot m^{-3}$）	浮游植物细胞密度/（10^4 个 · m^{-3}）	浮游动物生物量/（$mg \cdot m^{-3}$）	浮游动物个体密度/（个 · m^{-3}）	底栖生物生物量/（$g \cdot m^{-2}$）	底栖生物个体密度/（个 · m^{-2}）
优化至 18 个站位	标准差	1.015	260.464	84.812	172.531	38.133	230.430
	平均值	1.537	206.88	152.58	217.29	23.18	482.78
	变异系数	0.661	1.259	0.556	0.794	1.645	0.477
优化前	标准差	1.612	1 198.076	99.812	155.439	33.955	292.938
	平均值	1.988	606.659	167.663	212.009	20.291	515.000
	变异系数	0.811	1.975	0.595	0.733	1.673	0.569
变化	标准差	-36.99%	-78.26%	-15.03%	11.00%	12.30%	-21.34%
	平均值	-22.67%	-65.90%	-9.00%	2.49%	14.23%	-6.26%
	变异系数	-18.52%	-36.25%	-6.63%	8.30%	-1.69%	-16.09%

注：表头中所列为优化前及优化后相关指标平均值的计量单位。

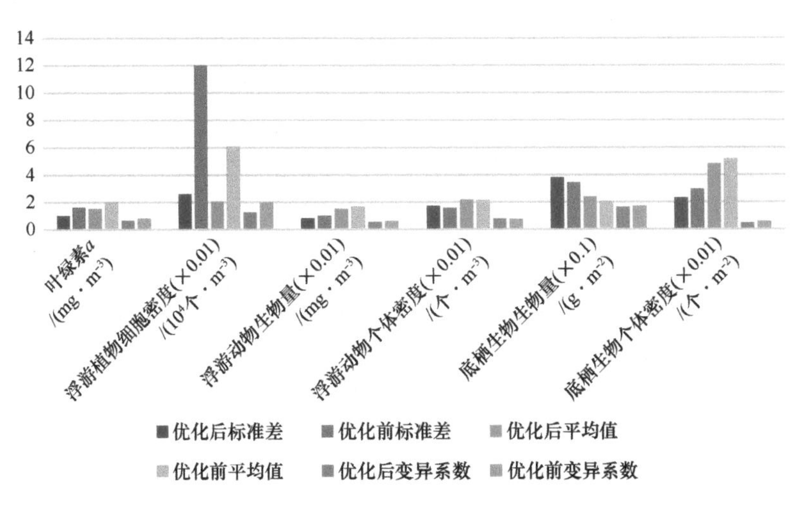

图 4.3-31　2019 年 9 月海洋生态指标优化前后对比

标目中所列为优化前及优化后相关指标平均值的计量单位

4.3.2.6　2020 年 5 月调查数据分析

2020 年 5 月渤中 19-6 凝析气田春季海洋环境质量现状调查与评价报告中共有 51 个水质站位、31 个沉积物站位和 31 个海洋生态站位，根据新导则最低调查站位要求，将水质站位均匀缩减至 30 个站位，沉积物站位缩减至 15 个站位，海洋生态站位缩减至 18 个站位，分析了各指标优化前后的特征。

从优化后水质各指标标准差、平均值、变异系数分布来看（表 4.3-19、表 4.3-20 和图 4.3-32 至图 4.3-35），除底层镉的变异系数增幅超过 20%，其他指标的标准差、平均值、变异系数变化均相对较小，说明优化后各指标的分布特征与原调查数据比较相近。此外，从优化后各水质指标的评价结果最大值和最小值分布来看，除了底层磷酸盐和无机氮最大值明显小于原调查数据外，其他指标的最大值和最小值与原调查数据相比变化非常小。因此，优化后的各站位水质分布特征与原调查数据基本相似，具有较好的代表性。

表 4.3-19　2020 年 5 月表层水质指标优化前后对比

优化前后	指标	温度	盐度	pH	COD	DO
优化至 30 个站位	标准差	1.427	0.498	0.066	0.246	0.320
	平均值	20.012	31.453	8.177	1.221	8.118
	变异系数	0.071	0.016	0.008	0.202	0.039
优化前	标准差	1.418	0.597	0.078	0.250	0.346
	平均值	19.935	31.385	8.172	1.248	8.117
	变异系数	0.071	0.019	0.010	0.201	0.043

续表

优化前后	指标	温度	盐度	pH	COD	DO
变化	标准差	0.66%	-16.67%	-15.95%	-1.70%	-7.73%
	平均值	0.38%	0.21%	0.06%	-2.14%	0.01%
	变异系数	0.27%	-16.85%	-16.01%	0.45%	-7.74%
优化前评价指数	最大值	—	—	0.51	0.92	0.87
	最小值	—	—	0.00	0.41	0.01
优化后评价指数	最大值	—	—	0.51	0.87	0.87
	最小值	—	—	0.00	0.41	0.01
优化前后	指标	石油类	磷酸盐	无机氮	铜	铅
优化至 30 个站位	标准差	7.146	2.518	84.249	2.326	0.202
	平均值	15.957	5.860	174.663	3.793	0.340
	变异系数	0.448	0.430	0.482	0.613	0.593
优化前	标准差	6.870	2.594	87.204	2.208	0.196
	平均值	16.052	5.938	176.982	3.400	0.332
	变异系数	0.428	0.437	0.493	0.649	0.590
变化	标准差	4.02%	-2.93%	-3.39%	5.34%	2.84%
	平均值	-0.60%	-1.31%	-1.31%	11.56%	2.30%
	变异系数	4.65%	-1.64%	-2.11%	-5.57%	0.53%
优化前评价指数	最大值	0.86	0.95	1.65	1.65	0.90
	最小值	0.16	0.14	0.15	0.11	0.04
优化后评价指数	最大值	0.86	0.95	1.63	1.65	0.90
	最小值	0.16	0.14	0.16	0.25	0.06
优化前后	指标	镉	锌	铬	汞	砷
优化至 30 个站位	标准差	0.157	3.937	3.884	0.010	0.380
	平均值	0.155	10.566	5.119	0.024	1.058
	变异系数	1.015	0.373	0.759	0.417	0.359

续表

优化前后	指标	镉	锌	铬	汞	砷
优化前	标准差	0.162	3.964	3.910	0.011	0.379
	平均值	0.152	10.515	5.102	0.026	1.056
	变异系数	1.063	0.377	0.766	0.421	0.359
变化	标准差	-3.14%	-0.69%	-0.67%	-11.94%	0.31%
	平均值	1.53%	0.49%	0.33%	-11.12%	0.20%
	变异系数	-4.60%	-1.18%	-1.00%	-0.92%	0.11%
优化前评价指数	最大值	0.53	1.02	0.20	1.19	0.08
	最小值	0.02	0.32	0.02	0.21	0.02
优化后评价指数	最大值	0.53	1.02	0.19	0.90	0.08
	最小值	0.03	0.32	0.02	0.21	0.02

注：优化前及优化后各指标平均值除温度（℃）、盐度、pH、COD（mg/L）和DO（mg/L）外，其余指标的单位均为μg/L。

表4.3-20　2020年5月底层水质指标优化前后对比

优化前后	指标	温度	盐度	pH	COD	DO
优化至30个站位	标准差	1.819	0.544	0.051	0.198	0.375
	平均值	16.747	31.431	8.173	1.092	7.846
	变异系数	0.109	0.017	0.006	0.181	0.048
优化前	标准差	1.740	0.506	0.053	0.216	0.340
	平均值	16.407	31.512	8.165	1.116	7.804
	变异系数	0.106	0.016	0.006	0.194	0.044
变化	标准差	4.56%	7.58%	-2.74%	-8.53%	10.28%
	平均值	2.07%	-0.26%	0.10%	-2.08%	0.54%
	变异系数	2.44%	7.86%	-2.84%	-6.58%	9.68%
优化前评价指数	最大值	—	—	0.40	0.85	0.88
	最小值	—	—	0.00	0.34	0.00

续表

优化前后	指标	温度	盐度	pH	COD	DO
优化后 评价指数	最大值	—	—	0.40	0.76	0.88
	最小值	—	—	0.00	0.34	0.00

优化前后	指标	磷酸盐	无机氮	铜	铅	镉
优化至 30 个站位	标准差	2.226	80.917	2.271	0.260	0.172
	平均值	5.760	177.576	3.604	0.383	0.174
	变异系数	0.386	0.456	0.630	0.679	0.989
优化前	标准差	2.074	89.242	2.371	0.245	0.175
	平均值	5.681	168.170	3.902	0.413	0.214
	变异系数	0.365	0.531	0.608	0.593	0.818
变化	标准差	7.36%	-9.33%	-4.21%	6.25%	-1.58%
	平均值	1.39%	5.59%	-7.65%	-7.17%	-18.63%
	变异系数	5.88%	-14.13%	3.73%	14.46%	20.95%
优化前 评价指数	最大值	0.76	2.13	2.00	1.47	0.52
	最小值	0.13	0.09	0.01	0.07	0.02
优化后 评价指数	最大值	0.43	1.25	1.65	1.29	0.49
	最小值	0.14	0.09	0.01	0.07	0.04

优化前后	指标	锌	铬	汞	砷
优化至 30 个站位	标准差	4.351	3.867	0.014	0.363
	平均值	11.327	5.371	0.023	1.092
	变异系数	0.384	0.720	0.600	0.333
优化前	标准差	4.764	3.625	0.014	0.339
	平均值	12.682	6.170	0.024	1.165
	变异系数	0.376	0.588	0.583	0.291
变化	标准差	-8.67%	6.66%	-3.21%	7.02%
	平均值	-10.69%	-12.94%	-5.81%	-6.27%
	变异系数	2.26%	22.51%	2.76%	14.18%

续表

优化前后	指标	锌	铬	汞	砷
优化前评价指数	最大值	1.06	0.18	1.16	0.08
	最小值	0.32	0.02	0.07	0.03
优化后评价指数	最大值	1.06	0.15	0.90	0.60
	最小值	0.31	0.04	0.07	0.03

注：优化前及优化后各指标平均值除温度（℃）、盐度、pH、COD（mg/L）和DO（mg/L）外，其余指标的单位均为μg/L。

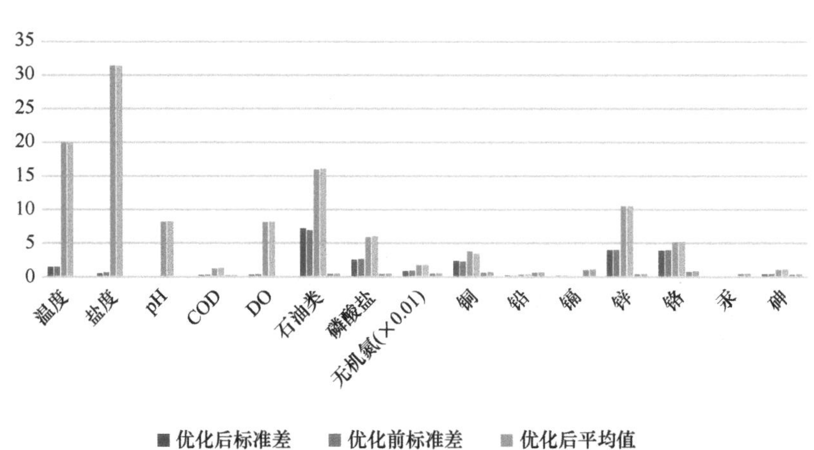

图 4.3-32　2020年5月表层水质标准差、平均值和变异系数优化前后对比

优化前及优化后各指标平均值除温度（℃）、盐度、pH、COD（mg/L）和DO（mg/L）外，其余指标的单位均为μg/L

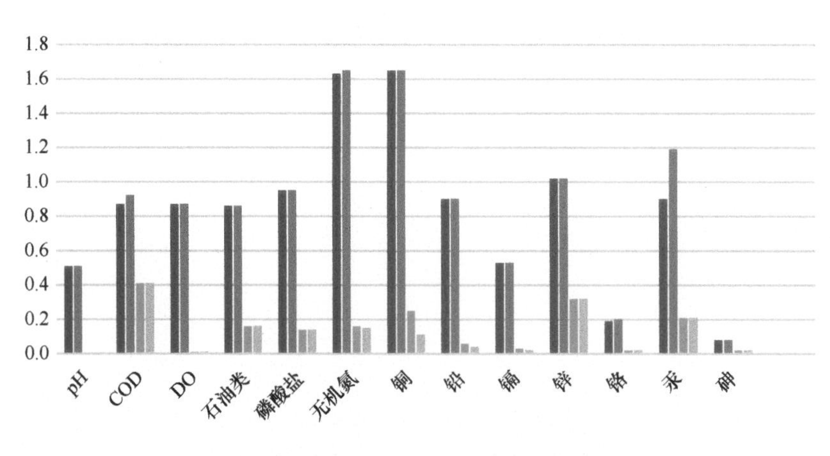

图 4.3-33　2020年5月表层水质评价指数优化前后对比

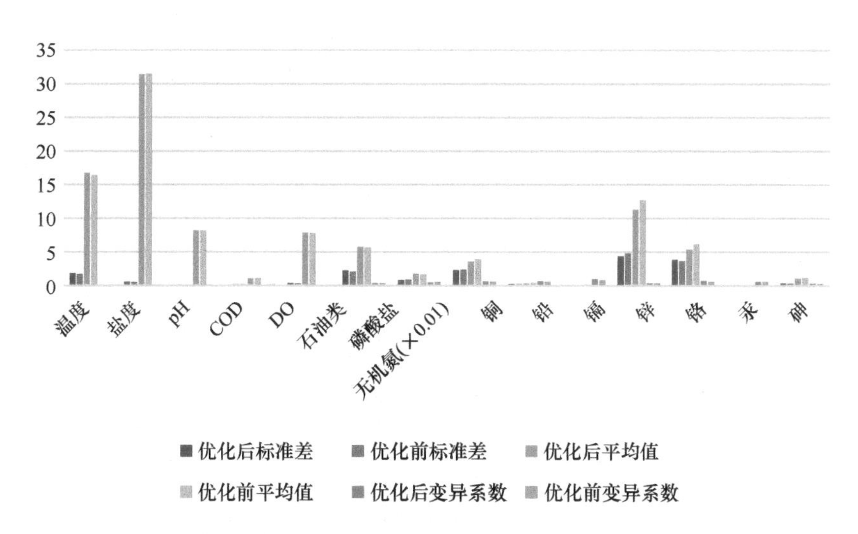

图 4. 3-34　2020 年 5 月底层水质标准差、平均值和变异系数优化前后对比

优化前及优化后各指标平均值除温度（℃）、盐度、pH、COD（mg/L）和 DO（mg/L）外，其余指标的单位均为 μg/L

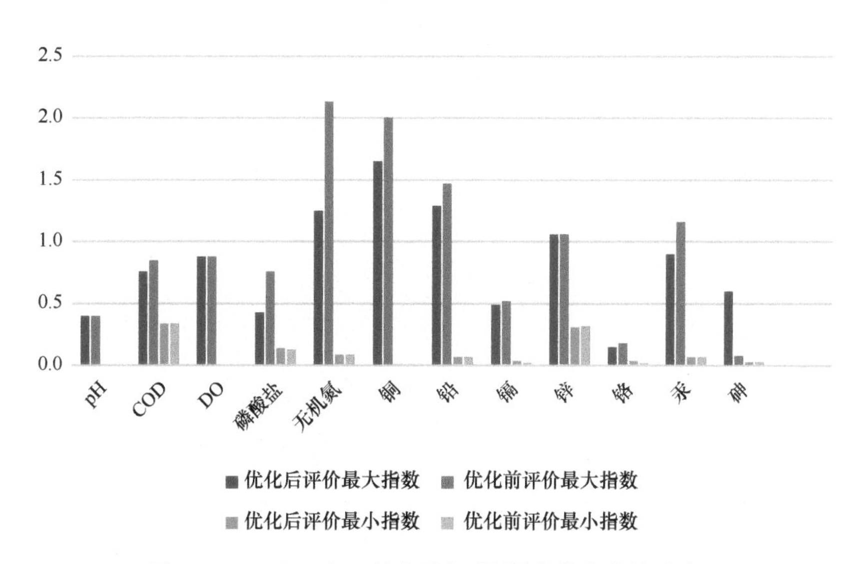

图 4. 3-35　2020 年 5 月底层水质评价指数优化前后对比

从优化后的各沉积物标准差、平均值和变异系数分布来看（表 4. 3-21、图 4. 3-36 和图 4. 3-37），石油类平均值变化超过 15%，汞的标准差和变异系数发生较明显负向变化，有利于汞指标数值的分布进一步集中。此外，从各沉积物评价结果最大值和最小值分布来看，与原调查数据的评价结果最大值和最小值分布都相近，说明优化后的各沉积物指标具有较好的代表性。

表 4. 3-21　2020 年 5 月沉积物指标优化前后对比

优化前后	指标	石油类	铜	铅	镉	铬
优化至 15 个站位	标准差	40. 563	5. 839	7. 475	0. 061	7. 703
	平均值	37. 284	16. 925	17. 387	0. 172	34. 567
	变异系数	1. 088	0. 345	0. 430	0. 355	0. 223
优化前	标准差	38. 602	6. 017	8. 301	0. 069	8. 335
	平均值	32. 335	16. 644	17. 904	0. 183	34. 239
	变异系数	1. 194	0. 362	0. 464	0. 377	0. 243
变化	标准差	5. 08%	-2. 96%	-9. 95%	-11. 26%	-7. 59%
	平均值	15. 31%	1. 69%	-2. 88%	-5. 71%	0. 96%
	变异系数	-8. 87%	-4. 58%	-7. 28%	-5. 88%	-8. 47%
优化前评价指数	最大值	0. 27	0. 78	0. 68	0. 68	0. 65
	最小值	0. 00	0. 07	0. 10	0. 14	0. 25
优化后评价指数	最大值	0. 26	0. 75	0. 55	0. 58	0. 65
	最小值	0. 00	0. 20	0. 12	0. 18	0. 28
优化前后	指标	锌	汞	砷	硫化物	有机碳
优化至 15 个站位	标准差	13. 476	0. 017	2. 570	15. 345	0. 240
	平均值	90. 020	0. 044	8. 942	19. 319	0. 377
	变异系数	0. 150	0. 386	0. 287	0. 794	0. 636
优化前	标准差	13. 558	0. 023	2. 280	17. 679	0. 234
	平均值	91. 390	0. 048	9. 091	21. 459	0. 360
	变异系数	0. 148	0. 484	0. 251	0. 824	0. 650
变化	标准差	-0. 61%	-26. 86%	12. 73%	-13. 20%	2. 53%
	平均值	-1. 50%	-8. 26%	-1. 64%	-9. 97%	4. 80%
	变异系数	0. 91%	-20. 28%	14. 61%	-3. 59%	-2. 16%

续表

优化前后	指标	锌	汞	砷	硫化物	有机碳
优化前评价指数	最大值	0.83	0.68	0.81	0.19	0.43
	最小值	0.44	0.10	0.21	0.01	0.03
优化后评价指数	最大值	0.73	0.39	0.81	0.14	0.43
	最小值	0.44	0.11	0.21	0.01	0.03

注：优化前及优化后相关指标平均值除有机碳（10^{-2}）外，单位均为 10^{-6}。

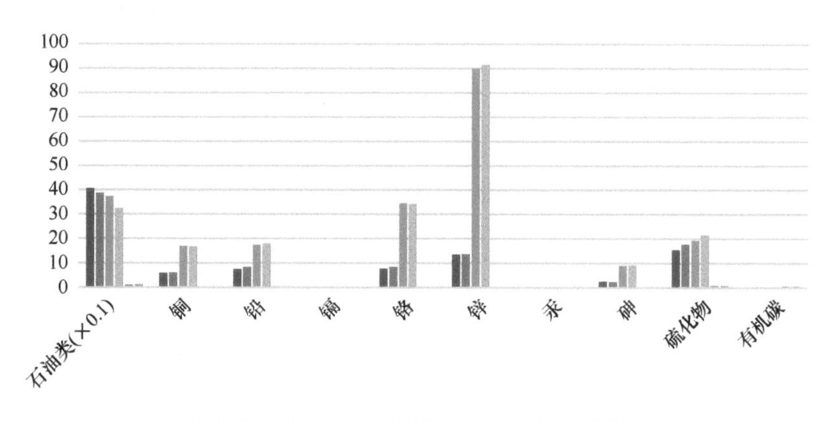

图 4.3-36　2020 年 5 月沉积物指标标准差、平均值、变异系数优化前后对比

优化前及优化后相关指标平均值除有机碳（10^{-2}）外，单位均为 10^{-6}

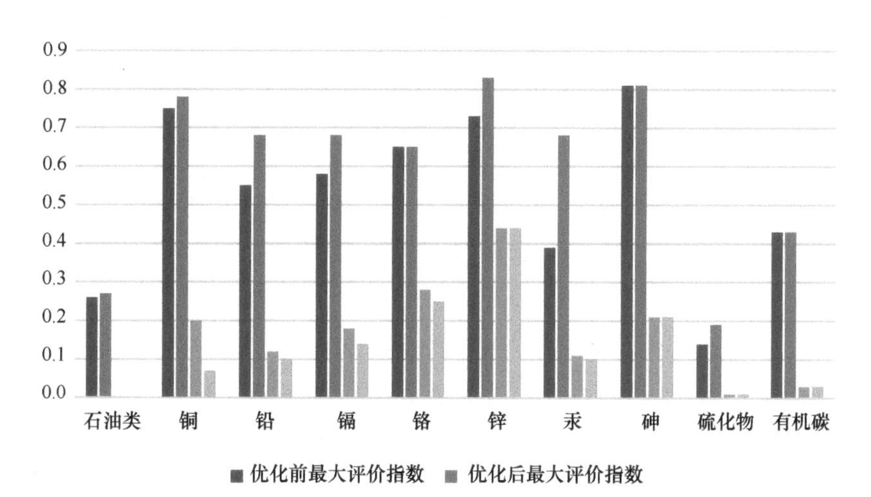

图 4.3-37　2020 年 5 月沉积物指标评价指数优化前后对比

从优化后的各海洋生态指标标准差、平均值和变异系数分布来看（表 4.3-22 和图 4.3-38），各指标变化相对小，因此，优化后的站位数据具有较好的代表性。

表 4.3-22　2020 年 5 月海洋生态指标优化前后对比

优化前后	指标	叶绿素 a/（mg·m^{-3}）	浮游植物细胞密度/（10^4 个·m^{-3}）	浮游动物生物量/（mg·m^{-3}）	浮游动物个体密度/（个·m^{-3}）	底栖生物生物量/（g·m^{-2}）	底栖生物个体密度/（个·m^{-2}）
优化至 18 个站位	标准差	3.520	3.111	774.455	166.988	3.847	101.596
	平均值	3.719	2.956	1 271.892	272.994	3.991	123.344
	变异系数	0.947	1.052	0.609	0.612	0.964	0.824
优化前	标准差	3.707	3.026	670.655	207.587	4.871	95.860
	平均值	4.039	2.897	1 075.917	281.526	4.925	108.284
	变异系数	0.918	1.044	0.623	0.737	0.989	0.885
变化	标准差	-5.04%	2.79%	15.48%	-19.56%	-21.01%	5.98%
	平均值	-7.93%	2.01%	18.21%	-3.03%	-18.96%	13.91%
	变异系数	3.15%	0.77%	-2.32%	-17.04%	-2.53%	-6.96%

注：表头中所列为优化前及优化后相关指标平均值的计量单位。

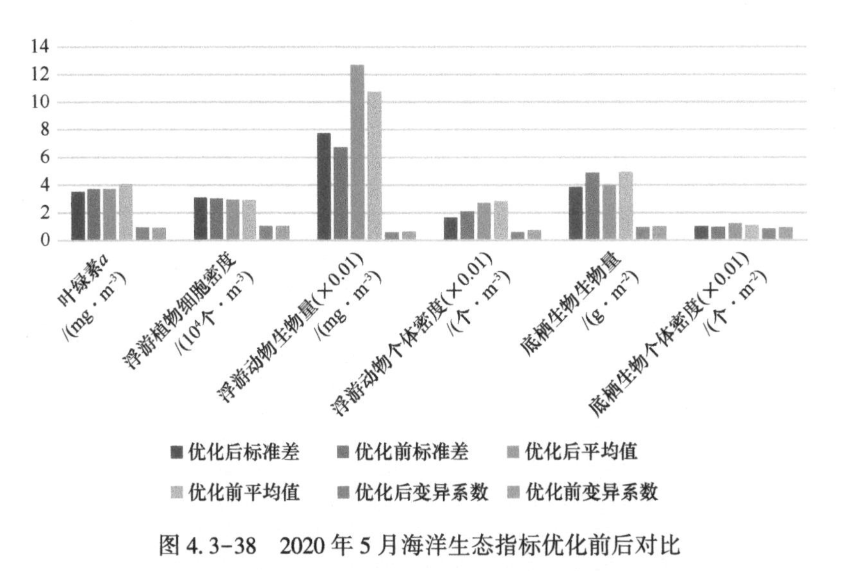

图 4.3-38　2020 年 5 月海洋生态指标优化前后对比

标目中所列为优化前及优化后相关指标平均值的计量单位

4.3.2.7　2020 年 9 月调查数据分析

2020 年 9 月渤中 19-6 凝析气田秋季海洋环境质量现状调查与评价报告中共有 69 个水质站位、47 个沉积物站位和 47 个海洋生态站位，根据新导则最低调查站位要求，将水质站位均匀缩减至 30 个站位，沉积物站位缩减至 15 个站位，海洋生态站位缩减至 18 个站位，分析了各指标优化前后的特征。

从优化后的各水质指标标准差、平均值和变异系数来看（表 4.3-23、表 4.3-24 和图 4.3-39 至图 4.3-42），表层磷酸盐、铬和底层汞的变异系数和标准差均有较大幅度的减小，说明优化后数值分布更集中，表层石油类、底层铬的标准差和变异系数均有所增加，说明优化后其数值分布分散，其他指标的变化不明显。此外，从优化后各指标的评价结果最大值和最小值的分布来看，表、底层磷酸盐、底层铜、铅的最大值均发生了明显减小，其他指标评价结果的最大值和最小值与原调查数据评价结果基本相当。因此，优化后的水质调查站位具有较好的代表性。

表 4.3-23　2020 年 9 月表层水质指标优化前后对比

优化前后	指标	温度	盐度	pH	COD	DO
优化至 30 个站位	标准差	0.580	1.425	0.113	0.257	0.899
	平均值	23.569	30.731	8.169	1.326	6.533
	变异系数	0.025	0.046	0.014	0.194	0.138
优化前	标准差	0.609	1.992	0.108	0.252	0.852
	平均值	23.506	30.701	8.181	1.296	6.528
	变异系数	0.026	0.065	0.013	0.195	0.131
变化	标准差	-4.78%	-28.44%	4.86%	1.93%	5.57%
	平均值	0.27%	0.10%	-0.14%	2.34%	0.07%
	变异系数	-5.03%	-28.51%	5.01%	-0.41%	5.49%
优化前评价指数	最大值	—	—	0.91	0.96	2.68
	最小值	—	—	0.00	0.42	0.03
优化后评价指数	最大值	—	—	0.91	0.88	2.62
	最小值	—	—	0.00	0.42	0.03
优化前后	指标	石油类	磷酸盐	无机氮	铜	铅
优化至 30 个站位	标准差	9.980	2.830	103.560	2.307	0.821
	平均值	13.711	7.369	136.299	6.371	0.878
	变异系数	0.728	0.384	0.760	0.362	0.935

续表

优化前后	指标	石油类	磷酸盐	无机氮	铜	铅
优化前	标准差	8.983	4.263	96.148	2.668	0.807
	平均值	14.761	6.938	125.297	5.594	0.956
	变异系数	0.609	0.615	0.767	0.477	0.844
变化	标准差	11.09%	-33.61%	7.71%	-13.53%	1.82%
	平均值	-7.12%	6.22%	8.78%	13.88%	-8.16%
	变异系数	19.60%	-37.50%	-0.99%	-24.07%	10.87%
优化前评价指数	最大值	1.00	2.30	1.86	2.00	4.38
	最小值	0.09	0.19	0.10	0.01	0.04
优化后评价指数	最大值	1.00	0.96	1.86	1.97	4.38
	最小值	0.09	0.21	0.15	0.48	0.24
优化前后	指标	镉	锌	铬	汞	砷
优化至30个站位	标准差	0.079	12.510	2.459	0.006	0.366
	平均值	0.199	24.909	5.467	0.008	1.293
	变异系数	0.396	0.502	0.450	0.797	0.283
优化前	标准差	0.087	13.078	4.359	0.006	0.308
	平均值	0.196	24.596	6.328	0.007	1.236
	变异系数	0.444	0.532	0.689	0.842	0.250
变化	标准差	-9.16%	-4.35%	-43.59%	0.25%	18.66%
	平均值	1.81%	1.27%	-13.62%	5.87%	4.60%
	变异系数	-10.78%	-5.55%	-34.70%	-5.30%	13.44%
优化前评价指数	最大值	0.47	2.48	0.55	0.56	0.14
	最小值	0.04	0.00	0.01	0.07	0.03
优化后评价指数	最大值	0.41	2.48	0.31	0.56	0.14
	最小值	0.00	0.05	0.04	0.00	0.05

注：优化前及优化后各指标平均值除温度（℃）、盐度、pH、COD（mg/L）和DO（mg/L）外，其余指标的单位均为μg/L。

表 4.3-24 2020 年 9 月底层水质指标优化前后对比

优化前后	指标	温度	盐度	pH	COD	DO
优化至 30 个站位	标准差	0.753	0.733	0.069	0.232	1.024
	平均值	23.528	30.969	8.103	1.196	5.915
	变异系数	0.032	0.024	0.009	0.194	0.173
优化前	标准差	0.753	0.752	0.069	0.247	0.960
	平均值	23.579	31.012	8.107	1.209	6.009
	变异系数	0.032	0.024	0.009	0.204	0.160
变化	标准差	0.06%	-2.55%	0.59%	-6.15%	6.73%
	平均值	-0.22%	-0.14%	-0.05%	-1.04%	-1.57%
	变异系数	0.28%	-2.41%	0.64%	-5.16%	8.44%
优化前评价指数	最大值	—	—	0.57	0.92	3.87
	最小值	—	—	0.00	0.32	0.05
优化后评价指数	最大值	—	—	0.57	0.86	3.87
	最小值	—	—	0.00	0.40	0.05
优化前后	指标	磷酸盐	无机氮	铜	铅	镉
优化至 30 个站位	标准差	2.775	54.180	1.921	0.832	0.031
	平均值	7.647	86.315	6.875	0.755	0.184
	变异系数	0.363	0.628	0.279	1.102	0.169
优化前	标准差	2.529	52.965	1.813	0.799	0.036
	平均值	7.482	86.237	6.695	0.693	0.184
	变异系数	0.338	0.614	0.271	1.152	0.196
变化	标准差	9.71%	2.29%	5.95%	4.26%	-14.01%
	平均值	2.20%	0.09%	2.69%	9.02%	0.11%
	变异系数	7.34%	2.20%	3.18%	-4.37%	-14.11%
优化前评价指数	最大值	0.93	1.31	1.98	4.66	0.28
	最小值	0.21	0.11	0.01	0.19	0.11

续表

优化前后	指标	磷酸盐	无机氮	铜	铅	镉
优化后评价指数	最大值	0.58	1.28	1.05	2.93	0.25
	最小值	0.26	0.14	0.01	0.24	0.13

优化前后	指标	锌	铬	汞	砷
优化至30个站位	标准差	10.944	7.420	0.005	0.191
	平均值	29.307	7.194	0.006	1.251
	变异系数	0.373	1.031	0.802	0.153
优化前	标准差	10.440	5.827	0.005	0.216
	平均值	27.498	6.506	0.005	1.258
	变异系数	0.380	0.896	0.960	0.172
变化	标准差	4.83%	27.33%	-3.74%	-11.52%
	平均值	6.58%	10.57%	15.28%	-0.62%
	变异系数	-1.64%	15.16%	-16.50%	-10.97%
优化前评价指数	最大值	2.47	0.93	0.27	0.09
	最小值	0.70	0.09	0.07	0.05
优化后评价指数	最大值	2.41	0.83	0.27	0.08
	最小值	0.87	0.12	0.08	0.05

注：优化前及优化后各指标平均值除温度（℃）、盐度、pH、COD（mg/L）和DO（mg/L）外，其余指标的单位均为μg/L。

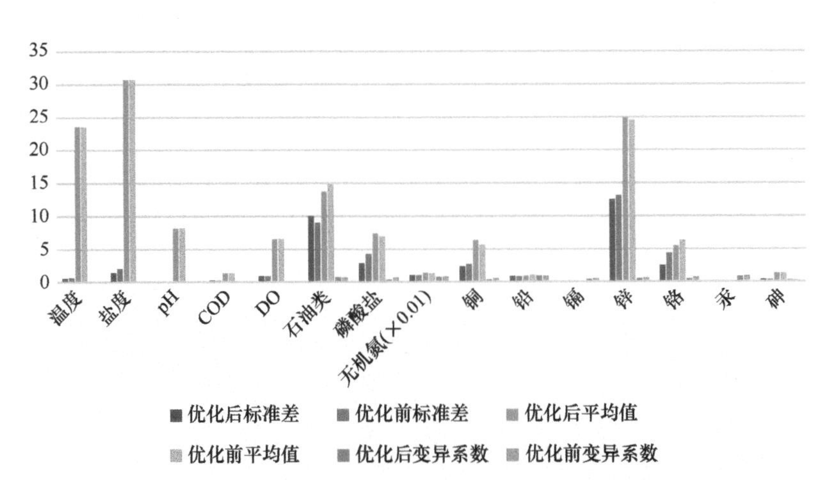

图 4.3-39　2020 年 5 月表层水质指标标准差、平均值和变异系数优化前后对比

优化前及优化后各指标平均值除温度（℃）、盐度、pH、COD（mg/L）和DO（mg/L）外，其余指标的单位均为μg/L

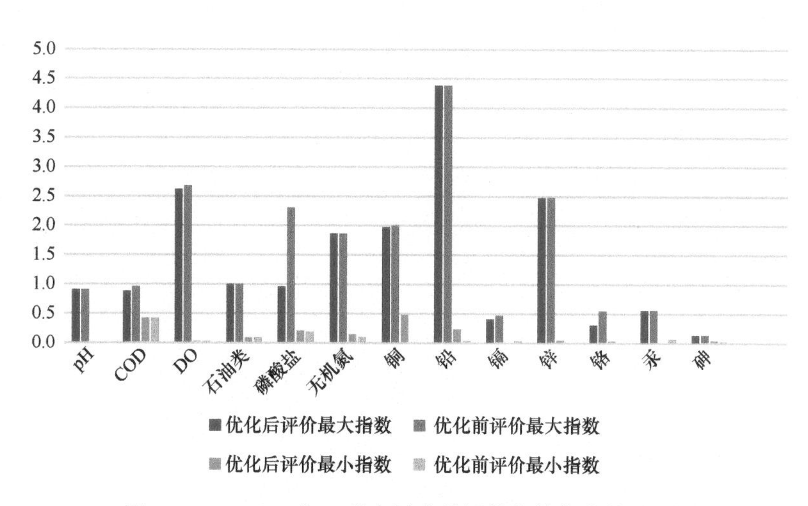

图 4.3-40 2020 年 5 月表层水质评价指数优化前后对比

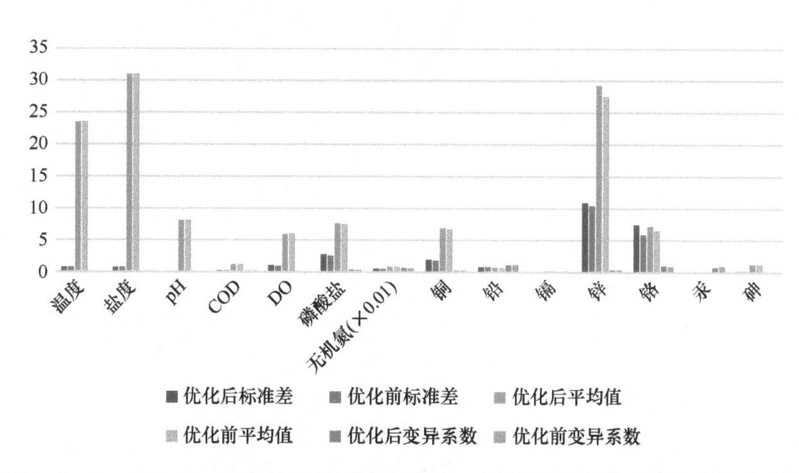

图 4.3-41 2020 年 5 月底层水质指标标准差、平均值和变异系数优化前后对比

优化前及优化后各指标平均值除温度（℃）、盐度、pH、COD（mg/L）和 DO（mg/L）外，其余指标的单位均为 μg/L

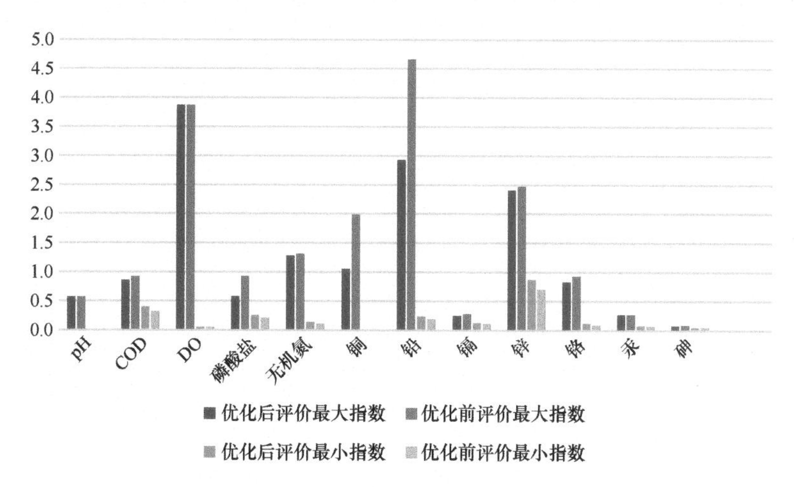

图 4.3-42 2020 年 5 月底层水质评价指数优化前后对比

从优化后的各沉积物指标标准差、平均值和变异系数分布来看（表 4.3-25、图 4.3-43 和图 4.3-44），各指标均发生不同程度的减小，说明各指标的分布进一步集中。此外，从各指标的评价结果来看，除石油类的评价结果最大值发生明显减小外，其他指标的评价结果最大值与最小值较原调查数据来说，基本相当。因此，优化后的沉积物调查站位具有较好的代表性。

表 4.3-25　2020 年 9 月沉积物指标优化前后对比

优化前后	指标	石油类	铜	铅	镉	铬
优化至 15 个站位	标准差	85.412	4.045	5.389	0.039	4.881
	平均值	89.903	16.440	15.760	0.128	24.887
	变异系数	0.950	0.246	0.342	0.306	0.196
优化前	标准差	102.808	4.883	5.477	0.041	5.746
	平均值	108.598	17.723	16.749	0.130	25.694
	变异系数	0.947	0.276	0.327	0.315	0.224
变化	标准差	-16.92%	-17.17%	-1.61%	-4.38%	-15.06%
	平均值	-17.21%	-7.24%	-5.90%	-1.60%	-3.14%
	变异系数	0.36%	-10.70%	4.57%	-2.83%	-12.30%
优化前评价指数	最大值	0.79	0.89	0.47	0.45	0.47
	最小值	0.01	0.22	0.10	0.13	0.18
优化后评价指数	最大值	0.59	0.65	0.46	0.44	0.39
	最小值	0.01	0.22	0.14	0.16	0.19
优化前后	指标	锌	汞	砷	硫化物	有机碳
优化至 15 个站位	标准差	8.530	0.009	1.833	13.078	0.196
	平均值	40.180	0.024	8.885	23.322	0.290
	变异系数	0.212	0.391	0.206	0.561	0.675
优化前	标准差	10.925	0.010	2.062	10.909	0.213
	平均值	42.209	0.025	9.744	23.966	0.348
	变异系数	0.259	0.409	0.212	0.455	0.612
变化	标准差	-21.92%	-10.15%	-11.12%	19.88%	-8.00%
	平均值	-4.81%	-6.03%	-8.82%	-2.69%	-16.68%
	变异系数	-17.98%	-4.39%	-2.52%	23.19%	10.42%

续表

优化前后	指标	锌	汞	砷	硫化物	有机碳
优化前评价指数	最大值	0.47	0.26	0.75	0.20	0.36
	最小值	0.13	0.04	0.24	0.01	0.03
优化后评价指数	最大值	0.35	0.19	0.60	0.17	0.34
	最小值	0.14	0.04	0.24	0.00	0.03

注：优化前及优化后相关指标平均值除有机碳（10^{-2}）外，单位均为 10^{-6}。

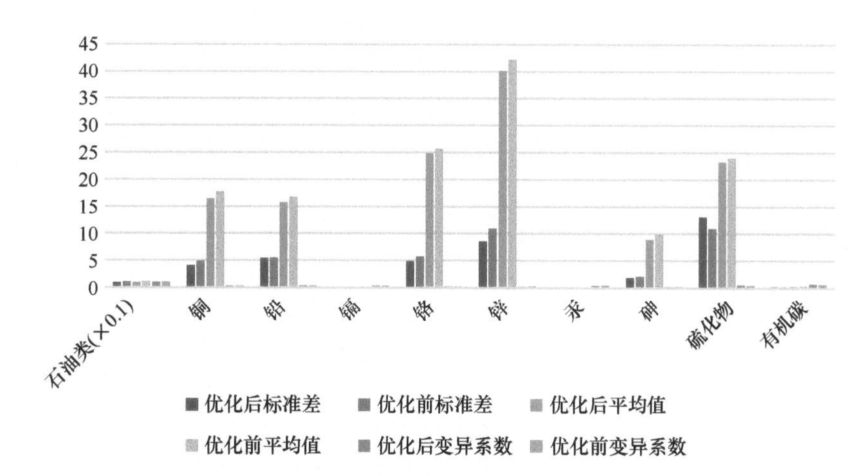

图 4.3-43　2020 年 5 月沉积物指标标准差、平均值、变异系数优化前后对比

优化前及优化后相关指标平均值除有机碳（10^{-2}）外，单位均为 10^{-6}

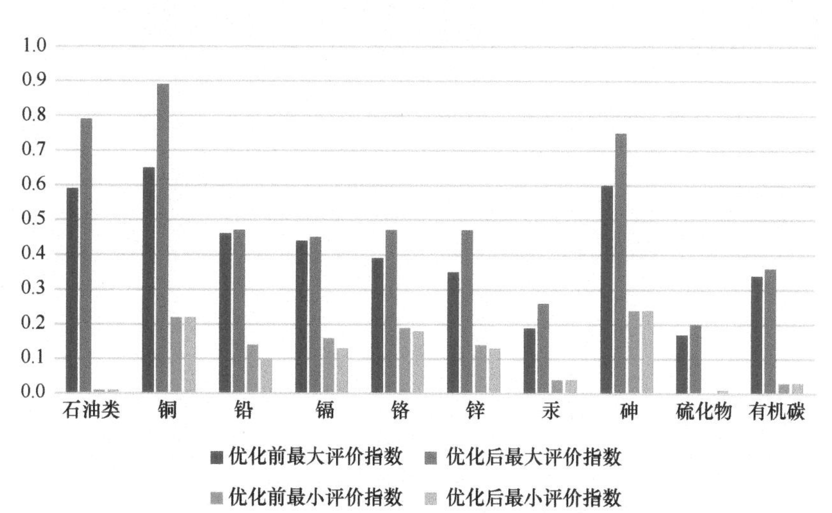

图 4.3-44　2020 年 5 月沉积物指标评价指数优化前后对比

从优化后的海洋生态各指标的标准差、平均值和变异系数分布来看（表 4.3-26 和图 4.3-45），叶绿素 *a* 的标准差发生较大增加，其变异系数也发生较大增长，说明叶绿素 *a* 的数值发生有发散的特征，浮游动物生物量的变异系数发生较明显减小，说明其数值分布进一步集中，其他指标的变化相对较小。因此，除底栖生物个体密度标准差、平均值和变异系数变化相对小，其他指标均发生了不同程度的变化，故优化后各海洋生态指标的代表性较差。

表 4.3-26 2020 年 9 月海洋生态指标优化前后对比

优化前后	指标	叶绿素 *a*/（$mg \cdot m^{-3}$）	浮游植物细胞密度/（10^4 个 · m^{-3}）	浮游动物生物量/（$mg \cdot m^{-3}$）	浮游动物个体密度/（个 · m^{-3}）	底栖生物生物量/（$g \cdot m^{-2}$）	底栖生物个体密度/（个 · m^{-2}）
优化至 18 个站位	标准差	3.183	1 648.587	112.847	195.827	77.181	118.690
	平均值	5.175	1 281.953	159.608	195.733	37.414	214.722
	变异系数	0.615	1.286	0.707	1.000	2.063	0.553
优化前	标准差	2.270	1 301.295	160.692	280.233	67.169	139.128
	平均值	4.794	982.578	155.869	217.821	27.921	220.034
	变异系数	0.473	1.324	1.031	1.287	2.406	0.632
变化	标准差	40.25%	26.69%	−29.77%	−30.12%	14.91%	−14.69%
	平均值	7.95%	30.47%	2.40%	−10.14%	34.00%	−2.41%
	变异系数	29.92%	−2.90%	−31.42%	−22.23%	−14.25%	−12.58%

注：表头中所列为优化前及优化后相关指标平均值的计量单位。

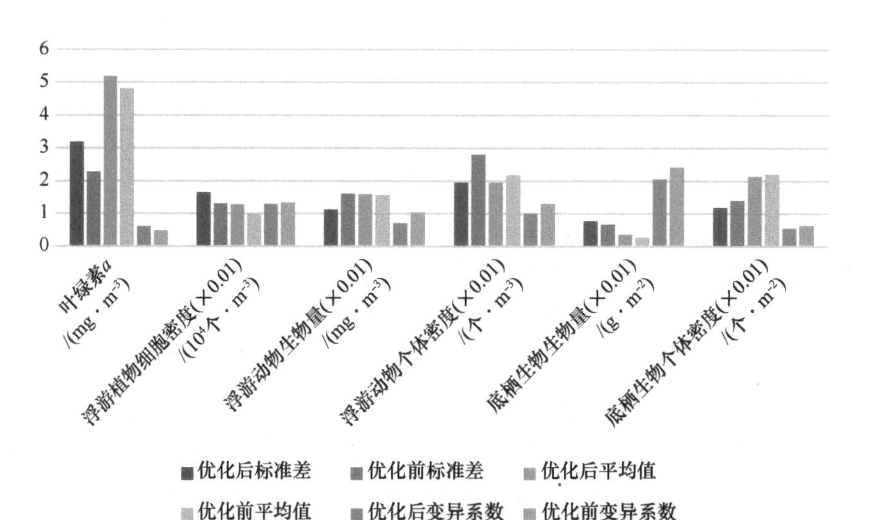

图 4.3-45 2020 年 5 月海洋生态指标优化前后对比

标目中所列为优化前及优化后相关指标平均值的计量单位

4.3.2.8　2020 年 9 月调查数据分析

2020 年 9 月垦利 9-1 油田开发项目秋季环境质量现状调查报告中共有 40 个水质站位、24 个沉积物站位和 24 个海洋生态站位，根据新导则最低调查站位要求，将水质站位均匀缩减至 30 个站位，沉积物站位缩减至 15 个站位，海洋生态站位缩减至 18 个站位，分析了各指标优化前后的特征。

从优化后的水质各指标的标准差、平均值和变异系数分布来看（表 4.3-27、表 4.3-28 和图 4.3-46 至图 4.3-49），变化均较小，与原调查数据的分布特征基本相当。此外，从优化后各水质指标的评价结果来看，除底层铜、铅的评价结果最大值发生明显减小外，其他指标的评价结果最大值与最小值与原调查数据差异较小。因此，优化后的各水质指标具有较好的代表性。

表 4.3-27　2020 年 9 月表层水质指标优化前后对比

优化前后	指标	温度	盐度	pH	COD	DO
优化至 30 个站位	标准差	0.670	3.545	0.085	0.225	1.065
	平均值	23.997	27.245	8.187	1.186	6.747
	变异系数	0.028	0.130	0.010	0.189	0.158
优化前	标准差	0.693	3.573	0.090	0.216	1.061
	平均值	23.984	27.340	8.185	1.189	6.751
	变异系数	0.029	0.131	0.011	0.182	0.157
变化	标准差	-3.36%	-0.79%	-4.70%	4.03%	0.39%
	平均值	0.05%	-0.35%	0.03%	-0.26%	-0.06%
	变异系数	-3.41%	-0.44%	-4.73%	4.30%	0.44%
优化前评价指数	最大值	—	—	0.49	0.83	0.87
	最小值	—	—	0.00	0.28	0.05
优化后评价指数	最大值	—	—	0.49	0.83	0.81
	最小值	—	—	0.00	0.36	0.05
优化前后	指标	石油类	磷酸盐	无机氮	铜	铅
优化至 30 个站位	标准差	4.580	2.743	95.646	1.507	0.539
	平均值	11.118	8.083	173.328	5.060	0.889
	变异系数	0.412	0.339	0.552	0.298	0.607

续表

优化前后	指标	石油类	磷酸盐	无机氮	铜	铅
优化前	标准差	5. 359	3. 267	89. 254	1. 516	0. 732
	平均值	11. 301	8. 320	169. 571	4. 919	0. 987
	变异系数	0. 474	0. 393	0. 526	0. 308	0. 742
变化	标准差	-14. 55%	-16. 05%	7. 16%	-0. 57%	-26. 33%
	平均值	-1. 62%	-2. 85%	2. 22%	2. 87%	-9. 94%
	变异系数	-13. 15%	-13. 58%	4. 84%	-3. 34%	-18. 19%
优化前评价指数	最大值	0. 64	1. 45	1. 89	1. 40	1. 30
	最小值	0. 02	0. 20	0. 16	0. 12	0. 05
优化后评价指数	最大值	0. 49	1. 29	1. 70	1. 20	1. 17
	最小值	0. 10	0. 32	0. 21	0. 18	0. 15
优化前后	指标	镉	锌	铬	汞	砷
优化至 30 个站位	标准差	0. 077	10. 545	4. 621	0. 002	0. 627
	平均值	0. 186	17. 373	4. 300	0. 012	1. 622
	变异系数	0. 413	0. 607	1. 075	0. 174	0. 387
优化前	标准差	0. 070	10. 772	4. 071	0. 002	0. 633
	平均值	0. 180	17. 573	4. 188	0. 013	1. 652
	变异系数	0. 391	0. 613	0. 972	0. 185	0. 383
变化	标准差	9. 18%	-2. 11%	13. 50%	-9. 14%	-0. 88%
	平均值	3. 41%	-1. 14%	2. 66%	-3. 76%	-1. 77%
	变异系数	5. 58%	-0. 98%	10. 56%	-5. 59%	0. 90%
优化前评价指数	最大值	0. 13	0. 30	1. 26	0. 34	0. 16
	最小值	0. 01	0. 01	0. 17	0. 02	0. 03
优化后评价指数	最大值	0. 08	0. 30	1. 05	0. 33	0. 16
	最小值	0. 00	0. 02	0. 17	0. 03	0. 05

注：优化前及优化后各指标平均值除温度（℃）、盐度、pH、COD（mg/L）和 DO（mg/L）外，其余指标的单位均为 μg/L。

表 4.3-28 2020 年 9 月底层水质指标优化前后对比

优化前后	指标	温度	盐度	pH	COD	DO
优化至 30 个站位	标准差	0.812	1.853	0.091	0.285	1.158
	平均值	23.857	29.173	8.119	1.093	5.970
	变异系数	0.034	0.064	0.011	0.261	0.194
优化前	标准差	0.786	1.959	0.095	0.288	1.149
	平均值	23.835	29.150	8.124	1.081	6.036
	变异系数	0.033	0.067	0.012	0.267	0.190
变化	标准差	3.33%	-5.43%	-4.15%	-0.91%	0.75%
	平均值	0.09%	0.08%	-0.06%	1.12%	-1.09%
	变异系数	3.24%	-5.50%	-4.09%	-2.01%	1.86%
优化前评价指数	最大值	—	—	0.51	0.74	1.51
	最小值	—	—	0.00	0.27	0.12
优化后评价指数	最大值	—	—	0.51	0.73	1.51
	最小值	—	—	0.01	0.32	0.15
优化前后	指标	磷酸盐	无机氮	铜	铅	镉
优化至 30 个站位	标准差	3.018	63.030	1.646	0.756	0.071
	平均值	8.207	147.393	5.395	0.793	0.179
	变异系数	0.368	0.428	0.305	0.953	0.399
优化前	标准差	2.926	62.744	1.586	0.726	0.072
	平均值	8.091	143.827	5.398	0.788	0.179
	变异系数	0.362	0.436	0.294	0.922	0.403
变化	标准差	3.14%	0.46%	3.80%	4.08%	-1.10%
	平均值	1.44%	2.48%	-0.06%	0.60%	-0.20%
	变异系数	1.68%	-1.98%	3.87%	3.46%	-0.90%
优化前评价指数	最大值	0.78	1.12	2.02	4.04	0.09
	最小值	0.17	0.32	0.08	0.04	0.01
优化后评价指数	最大值	0.40	1.08	1.05	2.81	0.09
	最小值	0.09	0.39	0.09	0.07	0.03

续表

优化前后	指标	锌	铬	汞	砷
优化至30个站位	标准差	7.797	1.494	0.002	0.718
	平均值	18.465	4.119	0.011	1.621
	变异系数	0.422	0.363	0.206	0.443
优化前	标准差	7.720	1.502	0.002	0.696
	平均值	18.078	4.090	0.011	1.594
	变异系数	0.427	0.367	0.217	0.436
变化	标准差	1.01%	-0.52%	-7.72%	3.16%
	平均值	2.14%	0.69%	-2.52%	1.72%
	变异系数	-1.11%	-1.20%	-5.34%	1.42%
优化前评价指数	最大值	0.29	2.21	0.31	0.17
	最小值	0.02	0.04	0.02	0.04
优化后评价指数	最大值	0.20	1.34	0.24	0.14
	最小值	0.01	0.07	0.04	0.07

注：优化前及优化后各指标平均值除温度（℃）、盐度、pH、COD（mg/L）和DO（mg/L）外，其余指标的单位均为μg/L。

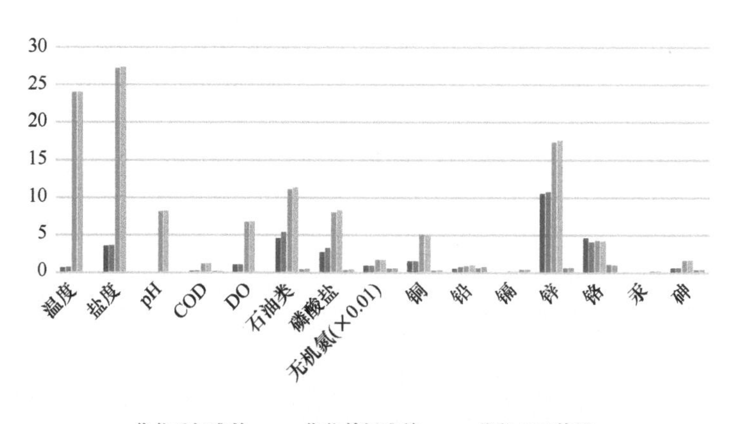

图4.3-46 2020年9月表层水质指标标准差、平均值和变异系数优化前后对比

优化前及优化后各指标平均值除温度（℃）、盐度、pH、COD（mg/L）和DO（mg/L）外，其余指标的单位均为μg/L

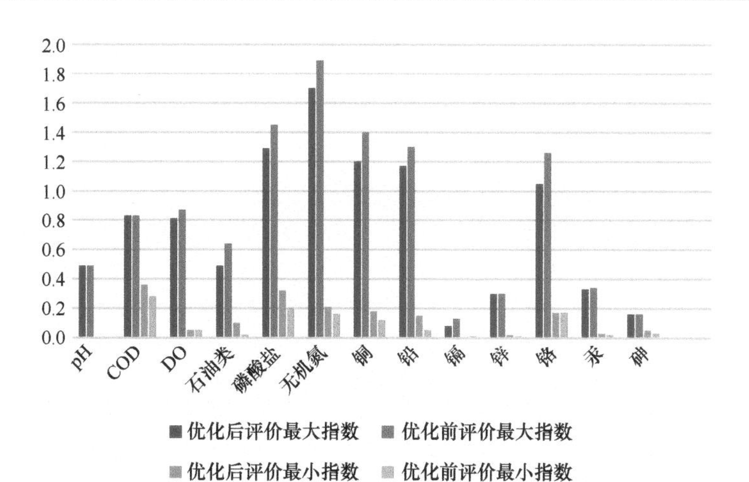

图 4.3-47　2020 年 9 月表层水质评价指数优化前后对比

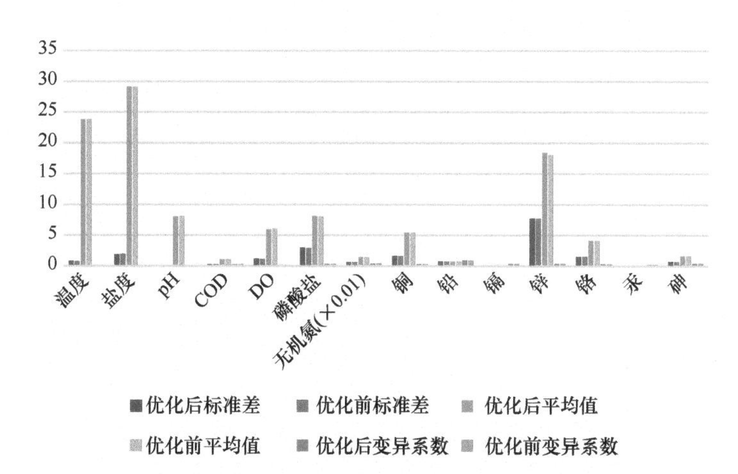

图 4.3-48　2020 年 9 月底层水质指标标准差、平均值和变异系数优化前后对比

优化前及优化后各指标平均值除温度（℃）、盐度、pH、COD（mg/L）和 DO（mg/L）外，其余指标的单位均为 μg/L

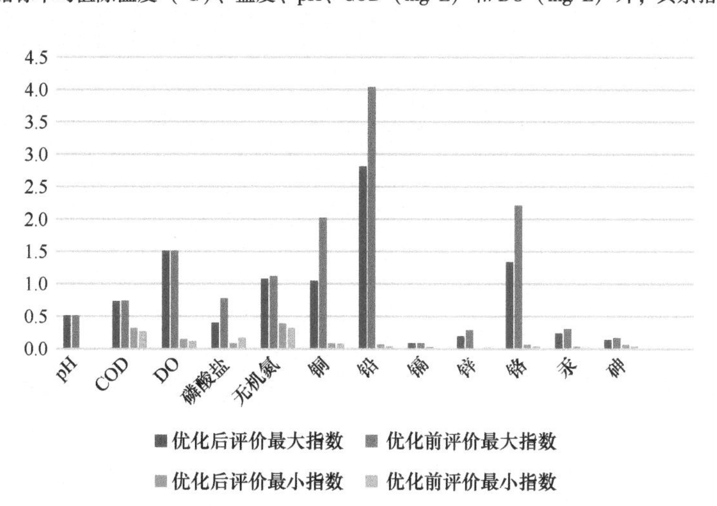

图 4.3-49　2020 年 9 月底层水质评价指数优化前后对比

从优化后的各沉积物指标的标准差、平均值和变异系数分布来看（表 4.3-29、图 4.3-50 和图 4.3-51），部分指标的标准差和变异系数发生了负向变化，表明数值分布进一步集中，部分指标的平均值和变异系数变化较小。此外，从各沉积物指标的评价结果来看，其最大值与最小值与原调查数据相比差异很小。因此，优化后的沉积物调查站位具有较好的代表性。

表 4.3-29　2020 年 9 月沉积物指标优化前后对比

优化前后	指标	石油类	铜	铅	镉	铬
优化至 15 个站位	标准差	71.403	5.068	4.817	0.042	8.712
	平均值	96.687	15.460	14.535	0.120	25.013
	变异系数	0.739	0.328	0.331	0.346	0.348
优化前	标准差	94.445	4.641	4.766	0.043	7.727
	平均值	136.079	16.188	15.851	0.131	24.900
	变异系数	0.694	0.287	0.301	0.331	0.310
变化	标准差	-24.40%	9.20%	1.07%	-4.20%	12.75%
	平均值	-28.95%	-4.49%	-8.30%	-8.23%	0.46%
	变异系数	6.41%	14.34%	10.22%	4.40%	12.24%
优化前评价指数	最大值	0.68	0.86	0.38	0.45	0.66
	最小值	0.02	0.29	0.15	0.14	0.21
优化后评价指数	最大值	0.43	0.86	0.38	0.45	0.66
	最小值	0.02	0.29	0.15	0.14	0.21
优化前后	指标	锌	汞	砷	硫化物	有机碳
优化至 15 个站位	标准差	11.143	0.008	1.963	9.627	0.173
	平均值	38.513	0.025	8.820	22.912	0.287
	变异系数	0.289	0.296	0.223	0.420	0.605
优化前	标准差	9.920	0.008	2.640	10.372	0.172
	平均值	39.413	0.028	9.930	25.689	0.298
	变异系数	0.252	0.289	0.266	0.404	0.579
变化	标准差	12.33%	-8.04%	-25.65%	-7.19%	0.46%
	平均值	-2.28%	-10.21%	-11.18%	-10.81%	-3.81%
	变异系数	14.95%	2.42%	-16.29%	4.06%	4.44%

续表

优化前后	指标	锌	汞	砷	硫化物	有机碳
优化前 评价指数	最大值	0.45	0.26	0.81	0.15	0.34
	最小值	0.18	0.06	0.24	0.01	0.04
优化后 评价指数	最大值	0.45	0.21	0.63	0.11	0.34
	最小值	0.18	0.06	0.24	0.03	0.04

注：优化前及优化后相关指标平均值除有机碳（10^{-2}）外，单位均为 10^{-6}。

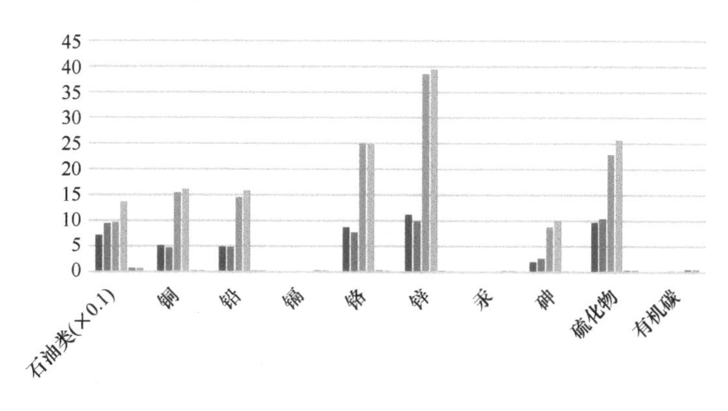

图 4.3-50　2020 年 9 月沉积物指标标准差、平均值、变异系数优化前后对比

优化前及优化后相关指标平均值除有机碳（10^{-2}）外，单位均为 10^{-6}

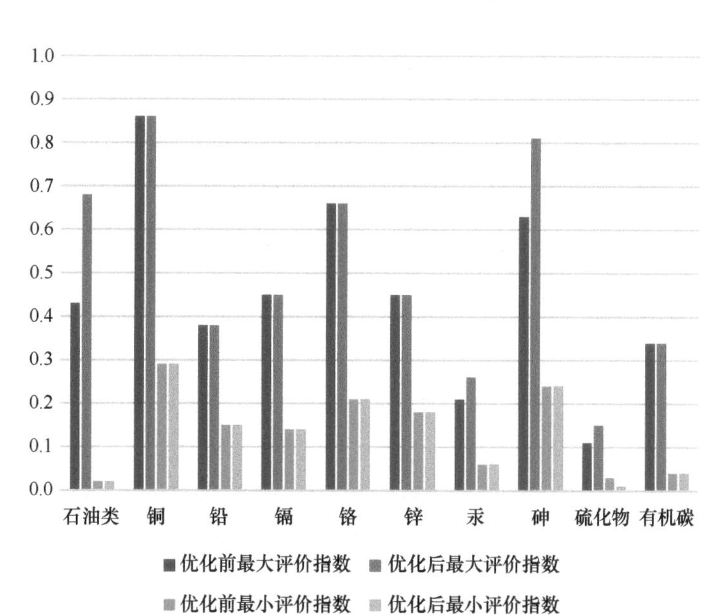

图 4.3-51　2020 年 9 月沉积物指标评价指数优化前后对比

从优化后的各海洋生态指标的标准差、平均值和变异系数分布来看（表 4.3-30 和图 4.3-52），浮游植物细胞密度和底栖生物生物量的平均值发生明显增加，多数指标的变异系数发生了负向变化，说明数值分布更集中。因此，优化后的各站位海洋生态指标具有较好的代表性。

表 4.3-30　2020 年 9 月海洋生态指标优化前后对比

优化前后	指标	叶绿素 a/（mg·m^{-3}）	浮游植物细胞密度/（10^4 个·m^{-3}）	浮游动物生物量/（mg·m^{-3}）	浮游动物个体密度/（个·m^{-3}）	底栖生物生物量/（g·m^{-2}）	底栖生物个体密度/（个·m^{-2}）
优化至 18 个站位	标准差	1.387	1 507.749	189.667	662.775	79.308	261.830
	平均值	5.100	777.51	206.79	608.88	39.01	318.04
	变异系数	0.272	1.939	0.917	1.089	2.033	0.823
优化前	标准差	1.580	1 296.742	199.623	680.302	68.111	228.697
	平均值	4.760	620.473	207.207	617.979	31.023	290.48
	变异系数	0.332	2.090	0.963	1.101	2.195	0.787
变化	标准差	12.18%	16.27%	-4.99%	-2.58%	16.44%	14.49%
	平均值	7.13%	25.31%	-0.20%	-1.47%	25.74%	9.49%
	变异系数	-18.03%	-7.21%	-4.79%	-1.12%	-7.40%	4.57%

注：表头中所列为优化前及优化后相关指标平均值的计量单位。

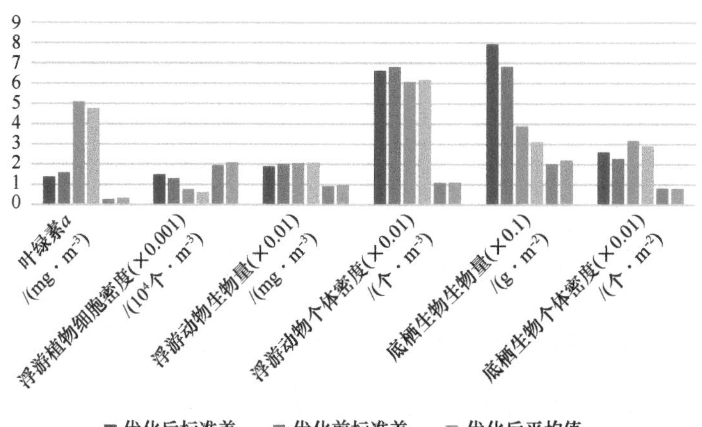

图 4.3-52　2020 年 9 月海洋生态指标优化前后对比

标目中所列为优化前及优化后相关指标平均值的计量单位

4.3.2.9　2021 年 3 月调查数据分析

2021 年 3 月垦利 9-1 油田春季环境质量现状调查与评价报告中共有 40 个水质站位、24 个沉积物站位和 24 个海洋生态站位，根据新导则最低调查站位要求，将水质站位均匀缩减至 30 个站位，沉积物站位缩减至 15 个站位，海洋生态站位缩减至 18 个站位，分析了各指标优化前后的特征。

从优化后各水质指标的标准差、平均值和变异系数分布来看（表 4.3-31、表 4.3-32 和图 4.3-53 至图 4.3-56），各指标的标准差、平均值和变异系数的变化基本都在±10%范围内，且多数指标的变异系数和标准差呈负向变化，表明数值的离散度减小。此外，从优化后各指标的评价结果与原调查数据评价结果来看，其最大值和最小值基本没有发生多大变化。因此，可认为优化后的各站位水质指标具有较好的代表性。

表 4.3-31　2021 年 3 月表层水质指标优化前后对比

优化前后	指标	温度	盐度	pH	COD	DO
优化至 30 个站位	标准差	1.248	1.712	0.050	0.393	0.463
	平均值	4.059	29.323	8.153	1.385	11.624
	变异系数	0.307	0.058	0.006	0.284	0.040
优化前	标准差	1.526	1.820	0.050	0.382	0.449
	平均值	4.137	29.413	8.152	1.353	11.620
	变异系数	0.369	0.062	0.006	0.282	0.039
变化	标准差	-18.22%	-5.93%	0.46%	2.97%	3.15%
	平均值	-1.89%	-0.30%	0.02%	2.33%	0.04%
	变异系数	-16.64%	-5.64%	0.45%	0.63%	3.11%
优化前评价指数	最大值	—	—	0.40	1.06	0.54
	最小值	—	—	0.00	0.37	0.05
优化后评价指数	最大值	—	—	0.40	1.06	0.54
	最小值	—	—	0.00	0.37	0.05
优化前后	指标	石油类	磷酸盐	无机氮	铜	铅
优化至 30 个站位	标准差	5.039	4.917	124.264	0.573	0.085
	平均值	18.133	5.877	249.299	1.720	0.115
	变异系数	0.278	0.837	0.498	0.333	0.737

续表

优化前后	指标	石油类	磷酸盐	无机氮	铜	铅
优化前	标准差	5.061	4.871	123.151	0.566	0.097
	平均值	17.961	5.854	240.508	1.720	0.133
	变异系数	0.282	0.832	0.512	0.329	0.729
变化	标准差	-0.43%	0.95%	0.90%	1.21%	-12.97%
	平均值	0.96%	0.39%	3.66%	-0.02%	-13.91%
	变异系数	-1.38%	0.56%	-2.65%	1.23%	1.08%
优化前评价指数	最大值	0.60	0.49	2.26	0.68	0.21
	最小值	0.05	0.02	0.35	0.04	0.02
优化后评价指数	最大值	0.60	0.49	2.26	0.68	0.20
	最小值	0.23	0.02	0.36	0.13	0.03
优化前后	指标	镉	锌	铬	汞	砷
优化至30个站位	标准差	—	2.460	0.410	0.008	0.166
	平均值	—	7.755	1.114	0.028	0.885
	变异系数	—	0.317	0.368	0.285	0.187
优化前	标准差	—	2.431	0.396	0.008	0.159
	平均值	—	7.458	1.100	0.028	0.891
	变异系数	—	0.326	0.360	0.289	0.178
变化	标准差	—	1.21%	3.56%	-0.98%	4.40%
	平均值	—	3.98%	1.28%	0.28%	-0.70%
	变异系数	—	-2.66%	2.25%	-1.25%	5.13%
优化前评价指数	最大值	—	0.05	0.46	0.85	0.05
	最小值	—	0.01	0.10	0.00	0.01
优化后评价指数	最大值	—	0.04	0.35	0.93	0.07
	最小值	—	0.01	0.12	0.00	0.03

注：优化前及优化后各指标平均值除温度（℃）、盐度、pH、COD（mg/L）和DO（mg/L）外，其余指标的单位均为μg/L。

表 4.3-32 2021 年 3 月底层水质指标优化前后对比

优化前后	指标	温度	盐度	pH	COD	DO
优化至 30 个站位	标准差	0.450	1.229	0.044	0.339	0.412
	平均值	2.828	30.560	8.137	1.305	11.289
	变异系数	0.159	0.040	0.005	0.259	0.036
优化前	标准差	0.467	1.192	0.045	0.338	0.408
	平均值	2.822	30.627	8.134	1.283	11.270
	变异系数	0.165	0.039	0.005	0.264	0.036
变化	标准差	-3.49%	3.17%	-1.72%	0.07%	0.82%
	平均值	0.21%	-0.22%	0.04%	1.72%	0.17%
	变异系数	-3.69%	3.40%	-1.76%	-1.62%	0.64%
优化前评价指数	最大值	—	—	0.32	0.96	0.56
	最小值	—	—	0.00	0.35	0.01
优化后评价指数	最大值	—	—	0.32	0.96	0.56
	最小值	—	—	0.00	0.38	0.04
优化前后	指标	磷酸盐	无机氮	铜	铅	镉
优化至 30 个站位	标准差	5.647	87.350	0.539	0.038	0.000
	平均值	9.744	160.933	1.669	0.097	0.032
	变异系数	0.580	0.543	0.323	0.388	0.000
优化前	标准差	5.417	83.138	0.515	0.040	0.000
	平均值	9.696	159.848	1.674	0.102	0.032
	变异系数	0.559	0.520	0.308	0.393	0.000
变化	标准差	4.25%	5.07%	4.77%	-5.81%	0.000
	平均值	0.50%	0.68%	-0.31%	-4.80%	0.00%
	变异系数	3.73%	4.36%	5.10%	-1.06%	0.000
优化前评价指数	最大值	1.00	2.03	0.36	0.11	0.03
	最小值	0.14	0.41	0.04	0.01	0.00
优化后评价指数	最大值	0.62	2.00	0.32	0.07	0.03
	最小值	0.17	0.34	0.07	0.01	0.00

续表

优化前后	指标	锌	铬	汞	砷
优化至30个站位	标准差	2.067	0.467	0.014	0.135
	平均值	8.208	1.095	0.031	0.921
	变异系数	0.252	0.427	0.442	0.146
优化前	标准差	2.018	0.447	0.013	0.136
	平均值	8.009	1.068	0.031	0.938
	变异系数	0.252	0.419	0.428	0.145
变化	标准差	2.44%	4.52%	2.92%	-1.12%
	平均值	2.49%	2.55%	-0.20%	-1.78%
	变异系数	-0.05%	1.93%	3.12%	0.68%
优化前评价指数	最大值	0.58	0.16	0.82	0.08
	最小值	0.10	0.01	0.10	0.02
优化后评价指数	最大值	0.51	0.16	0.75	0.08
	最小值	0.15	0.04	0.08	0.03

注：优化前及优化后各指标平均值除温度（℃）、盐度、pH、COD（mg/L）和DO（mg/L）外，其余指标的单位均为μg/L。

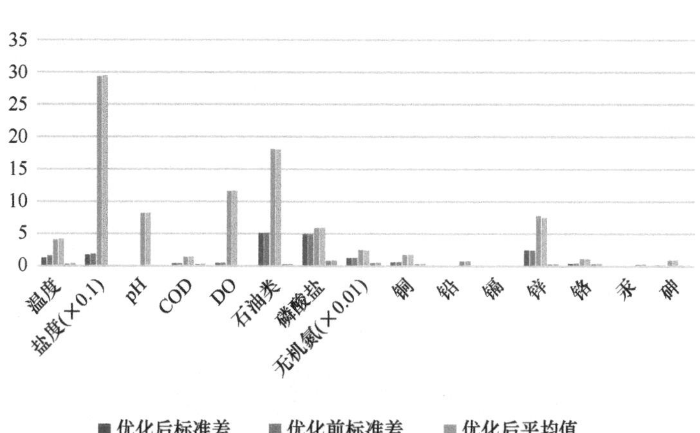

图4.3-53　2021年3月表层水质指标标准差、平均值和变异系数优化前后对比

优化前及优化后各指标平均值除温度（℃）、盐度、pH、COD（mg/L）和DO（mg/L）外，其余指标的单位均为μg/L

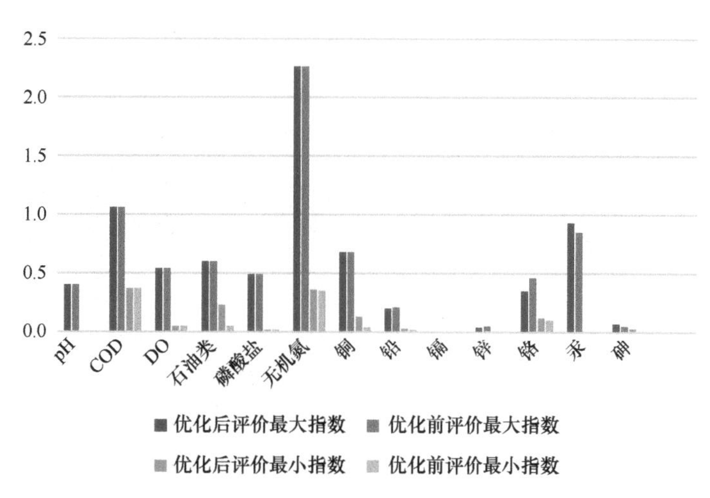

图 4.3-54　2021 年 3 月表层水质评价指数优化前后对比

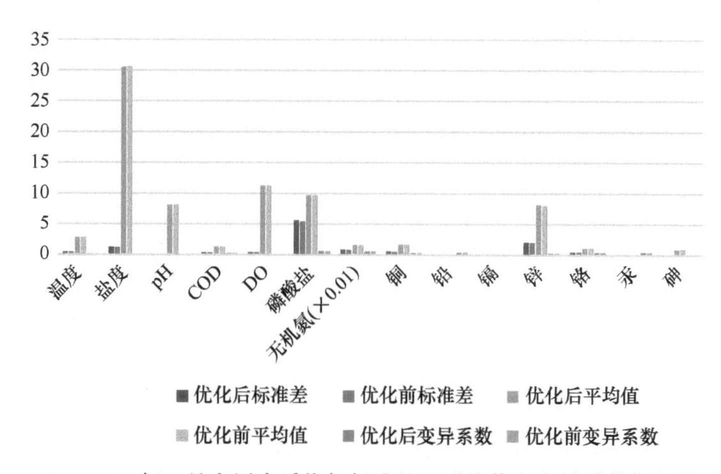

图 4.3-55　2021 年 3 月底层水质指标标准差、平均值和变异系数优化前后对比

优化前及优化后各指标平均值除温度（℃）、盐度、pH、COD（mg/L）和 DO（mg/L）外，其余指标的单位均为 μg/L

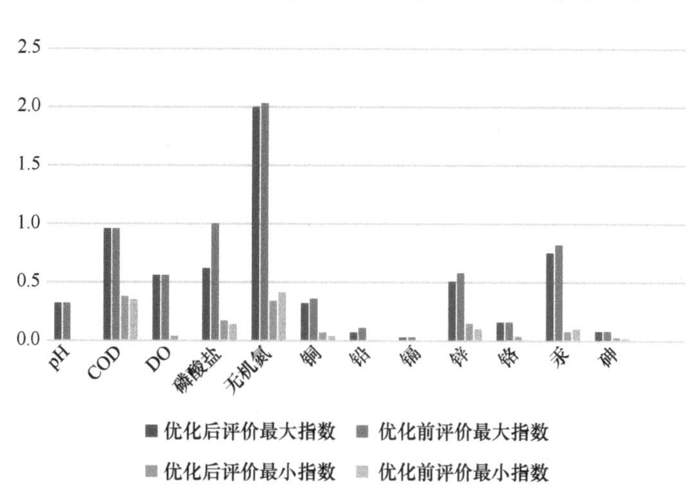

图 4.3-56　2021 年 3 月底层水质评价指数优化前后对比

从优化后各沉积物指标的标准差、平均值和变异系数分布来看（表 4.3-33、图 4.3-57 和图 4.3-58），石油类、平均值和变异系数发生较大增长，有机碳的变异系数发生较大增长，其他指标的分布与原调查数据分布差异较小。此外，从优化后各沉积物指标的评价结果与原调查数据评价结果对比来看，绝大多数指标的评价结果最大值和最小值与原调查数据评价结果的最大值和最小值差异很小。因此，优化的沉积物站位数据比较有代表性。

表 4.3-33　2021 年 3 月沉积物指标优化前后对比

优化前后	指标	石油类	铜	铅	镉	铬
优化至 15 个站位	标准差	108.450	4.231	5.076	8.639	0.042
	平均值	84.411	6.560	14.075	14.988	0.046
	变异系数	1.285	0.645	0.361	0.576	0.929
优化前	标准差	119.186	4.134	6.080	9.142	0.052
	平均值	118.178	6.792	15.909	15.181	0.057
	变异系数	1.009	0.609	0.382	0.602	0.900
变化	标准差	-9.01%	2.36%	-16.52%	-5.51%	-17.91%
	平均值	-28.57%	-3.41%	-11.53%	-1.27%	-20.50%
	变异系数	27.39%	5.97%	-5.64%	-4.29%	3.26%
优化前评价指数	最大值	0.92	0.38	0.55	0.33	0.26
	最小值	0.01	0.03	0.09	0.02	0.02
优化后评价指数	最大值	0.92	0.38	0.41	0.24	0.14
	最小值	0.02	0.03	0.11	0.05	0.04
优化前后	指标	锌	汞	砷	硫化物	有机碳
优化至 15 个站位	标准差	5.345	0.013	1.519	12.278	0.166
	平均值	11.045	0.037	9.318	23.424	0.261
	变异系数	0.484	0.342	0.163	0.524	0.638
优化前	标准差	5.095	0.012	1.656	11.334	0.160
	平均值	11.051	0.040	9.808	23.075	0.301
	变异系数	0.461	0.293	0.169	0.491	0.530
变化	标准差	4.90%	8.66%	-8.28%	8.32%	4.12%
	平均值	-0.05%	-6.84%	-5.00%	1.51%	-13.52%
	变异系数	4.95%	16.65%	-3.46%	6.71%	20.39%

续表

优化前后	指标	锌	汞	砷	硫化物	有机碳
优化前评价指数	最大值	0.23	0.28	0.67	0.16	0.31
	最小值	0.00	0.06	0.16	0.01	0.03
优化后评价指数	最大值	0.20	0.26	0.61	0.16	0.31
	最小值	0.00	0.07	0.36	0.02	0.03

注：优化前及优化后相关指标平均值除有机碳（10^{-2}）外，单位均为 10^{-6}。

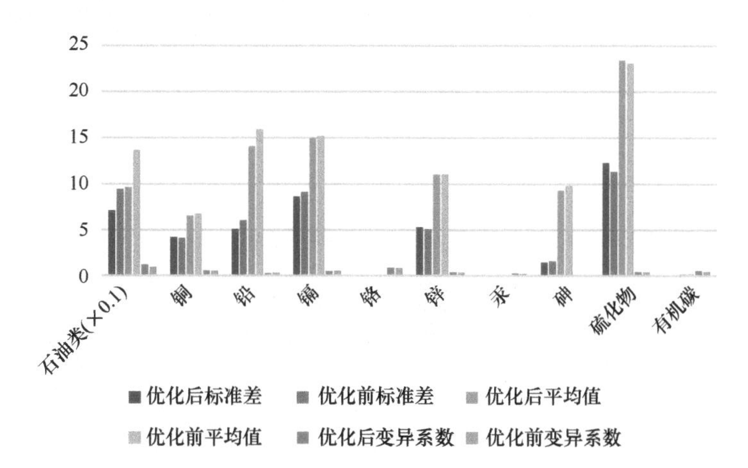

图 4.3-57　2021 年 3 月沉积物指标标准差、平均值、变异系数优化前后对比

优化前及优化后相关指标平均值除有机碳（10^{-2}）外，单位均为 10^{-6}

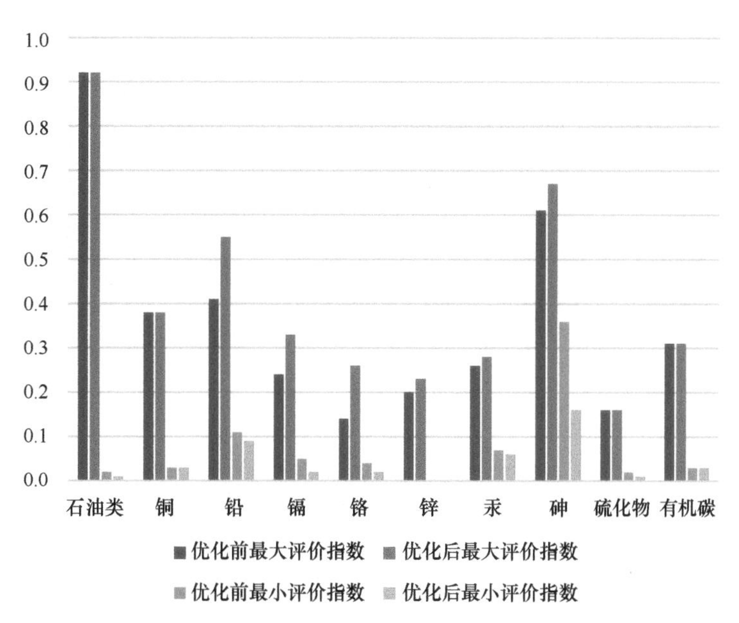

图 4.3-58　2021 年 3 月沉积物指标评价指数优化前后对比

从优化后的海洋生态各指标的标准差、平均值和变异系数来看（表 4. 3-34 和图 4. 3-59），浮游动物生物量、底栖生物生物量和底栖生物个体密度两个指标的标准差、平均值和变异系数发生较大减小，其他指标的变化相对小些。因此，优化后海洋生态各指标的代表性一般。

表 4. 3-34　2021 年 3 月海洋生态指标优化前后对比

优化前后	指标	叶绿素 *a*/（$mg \cdot m^{-3}$）	浮游植物细胞密度/（10^4 个 · m^{-3}）	浮游动物生物量/（$mg \cdot m^{-3}$）	浮游动物个体密度/（个 · m^{-3}）	底栖生物生物量/（$g \cdot m^{-2}$）	底栖生物个体密度/（个 · m^{-2}）
优化至 18 个站位	标准差	2. 541	1 972. 685	82. 568	98. 122	6. 534	200. 215
	平均值	5. 294	2 319. 717	124. 961	177. 164	6. 463	308. 333
	变异系数	0. 480	0. 850	0. 661	0. 554	1. 011	0. 649
优化前	标准差	2. 484	1 958. 301	170. 632	109. 951	9. 176	289. 931
	平均值	5. 430	2 162. 824	156. 579	179. 861	8. 366	365. 417
	变异系数	0. 457	0. 905	1. 090	0. 611	1. 097	0. 793
变化	标准差	2. 30%	0. 73%	-51. 61%	-10. 76%	-28. 80%	-30. 94%
	平均值	-2. 50%	7. 25%	-20. 19%	-1. 50%	-22. 75%	-15. 62%
	变异系数	4. 92%	-6. 08%	-39. 37%	-9. 40%	-7. 83%	-18. 16%

注：表头中所列为优化前及优化后相关指标平均值的计量单位。

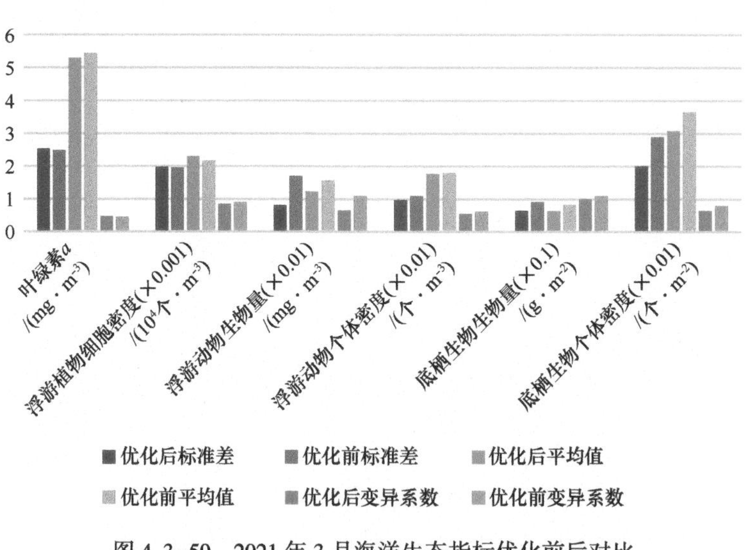

图 4. 3-59　2021 年 3 月海洋生态指标优化前后对比

标目中所列为优化前及优化后相关指标平均值的计量单位

4.4　小结

通过以上多期的渤中和垦利海上油气田用海项目海域海洋环境现状调查数据各指标的平均值、标准差和优化站位分析研究，根据绝大多数的水质、沉积物、叶素绿 *a*、浮游植物、浮游动物和底栖生物指标在近 10 年中的分布特征，可优化调查站位数量。

4.4.1　水质

水质指标中温度、盐度、pH、DO、COD 的分布较为均匀，其标准差相对于平均值来说变化较小，说明其离散程度较低，数值分布相对集中，建议在均匀覆盖论证范围和调查区域的基础上，满足导则最低要求调查站位数量（30 个水质调查站位），或者至少 20 个水质调查站位可反映出区域上述指标的现状；铜、镉、铬、汞、砷、挥发酚和磷酸盐的标准差相对于其平均值来说变化大，说明其数值离散程度一般，数值分布不是很集中，建议在均匀覆盖论证范围和调查区域的基础上，满足导则最低要求调查站位数量（30 个水质调查站位），或者至少 20 个调查站位可基本反映出区域上述指标的现状；石油类、无机氮、铅、锌是该区域主要超标水质指标，且石油类、无机氮、铅和锌多期调查数据分析表明其变异系数相对大，分布多不均匀，若缩减石油类、无机氮、锌、铅指标的调查站位，不易掌握区域分布特征，故建议在均匀覆盖论证范围和调查区域的基础上，满足导则最低要求调查站位数量（30 个水质调查站位），可反映出区域上述 4 个指标的分布特征。

4.4.2　沉积物

近 5 年多期海洋生态环境调查数据分析显示，沉积物指标符合第一类海洋沉积物质量标准，铜、铅、锌、铬、镉、汞、砷的变异系数基本都位于 0.1~0.3 之间，表明上述指标分布较为均匀，数据的离散程度低。但有机碳、硫化物和石油类 3 个指标的变异系数普遍大于 0.4，表明有机碳、硫化物和石油类指标的分布均匀性一般。因此，建议在均匀覆盖论证范围和调查区域的基础上，对于有机碳、硫化物和石油类指标来说，需满足导则最低要求调查站位数量（15 个沉积物调查站位），可反映出区域上述 3 个指标的分布特征；对于铜、铅、锌、铬、镉、汞、砷指标来说，上述指标分布较为均匀，可适当缩减调查站位，至少 10 个沉积物调查站位，即可反映出本区的沉积物环境特征。

4.4.3　海洋生态

根据近期的叶绿素 *a* 调查数据分析，叶绿素 *a* 的分布与浮游植物、浮游动物和底栖生物指标相比，分布均匀性一般，其变异系数分布范围为 0.47~0.92，叶绿素 *a* 的数值分布离散程度一般，故需满足导则最低要求调查站位数量（18个海洋生态调查站位），不建议缩减调查站位；浮游植物、浮游动物和底栖生物相关指标的变异系数明显高于叶绿素 a，且其标准差相对平均值较大，数值的离散程度高，通过缩减站位分析表明，浮游植物、浮游动物和底栖生物相关指标的变动较大，与原数据的特征存在较大变化，无法代表原数据特征，故不建议缩减调查站位。

综上所述，在渤中和垦利海上油气田海域，在论证范围内通过均匀站位法获取的典型评价指标的评价结果与原调查数据评价结果基本相当，具有相当好的代表性。

第5章　海洋生态调查站位设计

5.1　设计依据

根据前文的分析结果，针对海洋油气工程用海所需的海洋生态环境调查，在满足旧导则和新导则所要求的最低数量调查站位时，水质、沉积物和海洋生态各指标基本能很好地反映出论证范围内的海洋生态环境质量现状。但是，考虑到渤海分布有多个海洋生态保护红线区、水产种质资源保护区和其他海洋保护区，若海洋油气工程的论证范围内包含上述生态敏感区，按照新导则中对海洋生态环境现状质量调查站位布设的要求，需要在临近的生态敏感区中布设至少1个调查站。因此，在调查站位数量除了需满足新导则要求的最低数量调查站位外，必要时还要在生态敏感区布设相应的调查站位。

此外，海洋油气工程的用海呈现出网状辐射特征，各平台、油井之间通过电缆、油管、气管等相连接，有的平台、油井等相距较近，调查站位往往可以集中布设；但有的平台、油井等相距较远，调查站位在布设时往往呈现出线条状特征；有时平台、油井、管道等呈蜘蛛网状，调查站位在布设时呈现出规则线条叠加豆腐块特征。因此，在站位布设时应充分考虑以上海洋油气工程的用海特征。

5.2　布站原则

5.2.1　站位数量

水质：至少30个调查站位。

沉积物：至少15个调查站位。

海洋生物质量：不少于5处。

海洋生态：至少18个调查站位。

5.2.2　布站方式

总体原则：海洋生态环境现状调查站位需覆盖论证范围，在平台、管道、电缆等用海单元需适当加密。

5.2.2.1 布站方法

方法1：管道直线距离不超过30 km

一般论证范围的外包络线为规则多边形或者不规则多边形，首先按照“十”字法，将多边形等比例切割成多个面积相近的多边形，各多边形的顶点以及论证中心点可初步确定为调查站位，一般来说，X边形按照“十”字切割后，形成的顶点和交点数量$=X+5$，故$X+5$为初步确定的水质调查站位。

下一步以论证范围中心，外扩10 km，形成“田”字形状，该“田”字形状四边的交点作为调查站位。一般来说，新增8个水质调查站位，至此水质调查站位数量$=X+5+8$，对于常见的论证范围为规则矩形来说，完成该步骤后水质调查站位数量为17个。

剩余水质调查站位数量$=30-X-5-8$，可在平台、管道、电缆等用海构筑物外缘向外扩展5~6 km范围内均匀布设水质调查站位。

方法2：管道长度超过30 km

当管道长度超过30 km时，对于一级论证来说，一般范围呈现明显的条带状，此时论证范围面积较大，管道的拐点可能较多，方法1划分调查站位的方法可能不适用。

水质调查站位初步设置在论证范围的外包络线上，每间隔15~30 km设置1个水质调查站位，一般需在论证范围外包络线上至少设置水质调查站位总数40%的水质调查站位；40%水质调查站位在管道沿线外扩8 km后形成的多边形的边界布设；剩余20%的水质调查站位布设在管道沿线外扩3 km后形成的多边形的边界上。

5.2.2.2 站位分配

《海域使用论证技术导则》（GB/T 42361—2023）中规定了沉积物和海洋生态调查的最低站位比例，分别为50%和60%，本着从论证范围外包络线到工程区由疏到密设置站位的原则布置沉积物和海洋生态调查站位。另外，按照《海洋调查规范 第六部分：海洋生物调查》（GB/T 12763.6—2007）中9.2.2.1定性采样中“一般在海水表层（0~3 m）或其他水层进行水平拖网10~15 min，船速为1~2 kn”，为确保各海洋生态调查站位的渔业资源拖网作业不受影响，故各海洋生态调查站位之间的距离不得少于1.5 km。

（1）沉积物调查站位：在论证范围外边界线上至少布设40%的沉积物调查站位，30%的沉积物调查站位布设在管道、平台等用海单元外缘起外扩3~5 km的范围内，其他剩余30%沉积物调查站位在论证范围外边界至管道、平台等用海单元外缘起外扩3~5 km的范围中的水质调查站位内选取。

（2）海洋生态调查站位：在论证范围外边界线上至少布设40%的海洋生态调查站位，30%的海洋生态调查站位布设在管道、平台等用海单元外缘起外扩3~5 km的范围内，其他剩余 30%海洋生态调查站位在论证范围外边界至管道、平台等用海单元外缘起外扩 3～5 km 的范围中的水质调查站位内选取。

（3）渔业资源调查站位：同海洋生态调查站位。

（4）其他：在论证范围内存在海洋生态红线区、种质资源保护区、海洋公园等敏感目标时，需要在上述敏感目标中设置至少 1 个海水水质、沉积物和海洋生态调查站位。

5.3 调查季节

虽然春季和秋季的海洋环境质量现状调查季节会导致海洋生态部分指标存在一定的季节性差异，水质和沉积物指标季节差异很小，故春季和秋季可任选一个季节作为调查时段。

5.4 调查内容

5.4.1 水质

根据 10 年内多期的渤中海域海洋生态环境调查数据分析，99%的水质调查站位温度、盐度、pH、COD、铬、镉、砷、挥发酚都符合所在功能区的水质要求，而且随着渤海海洋环境治理力度的加大，上述指标趋好，故建议上述指标可以适当精简。DO、铜、汞偶有超标，无机氮、石油类、铅、锌是调查区域的主要超标污染物，因此，DO、铜、汞、无机氮、石油类、铅、锌是必要调查指标。

5.4.2 沉积物

根据 10 年内多期的渤中海域海洋生态环境调查数据分析，100%的沉积物调查站位铜、铅、铬、锌、汞、砷、汞、有机碳、硫化物符合所在功能区沉积物指标要求，只有石油类存在偶发性超标，建议沉积物调查指标仅保留石油类。

5.4.3 海洋生态

根据 10 年内多期的渤中海域海洋生态环境调查数据分析，虽然浮游植物整体平稳，细胞密度呈大幅度增长趋势，浮游动物趋势稳定，但海洋生态各指标无评价标准，各指标数值波动相对大，故建议海洋生态各指标保留。

第6章 结 论

本研究针对渤海海上油气工程的海域使用论证中生态环境现状调查站位数量多和频次多，影响项目获批时效性的问题，通过海洋环境质量调查历史资料分析，摸清典型评价因子的变化规律，提出调查站位数量、分布、时效和频次的优化对策，研究得出以下结论。

（1）调查资料时效延伸性：按照现有的海域使用论证和环境影响评价技术导则要求，海水水质、沉积物、海洋生态的时效为3年。根据5年期和10年期渤中和垦利油气田用海项目海域海洋生态环境调查数据的统计分析，可见海洋沉积物各典型指标表现非常稳定，其时效最多可延伸至9年。

海水水质设定的站位除个别站位所在区域需采用一类评价外，其余站位大多可采用二类海水水质标准进行分析。如果采用二类评价标准，则大多数指标都符合二类海水水质标准。其中指标COD、重金属锌、重金属铅、重金属铬近10年都相对稳定，可延长资料时效最多至9年；其余指标活性磷酸盐、无机氮、石油类、其他重金属等波动较大，变化趋势不明显，时高时低，因此难以延长资料时效。

生物体质量各指标年度差异较大，无法延长调查数据时效；叶绿素a、浮游植物和浮游动物相关指标较多，指标多年统计表明趋势有增有减，故也无法做到延长时效。

（2）调查季节选择优化：按照《海域使用论证技术导则》（GB/T 42361—2023）中有关海洋生态环境质量现状调查的要求，应取得一个季节的调查资料。根据对数据的分析评价后发现，水质中的各项参数在春季调查的稳定性方面整体略优于秋季，总体季节性差异小，沉积物的各项指标较为稳定，基本上均在一类标准范围内，但海洋生态各指标的季节性差异较大。因此，综合考虑，春季和秋季对于海洋生态来说存在一定差异，但对水质和沉积物影响很小，故可以选择其中一个季节开展调查。

（3）调查站位数量优化：在均匀覆盖论证范围和调查区域的基础上，满足导则最低要求调查站位数量（30个水质调查站位），或者至少20个调查站位可基本反映出区域上述指标的现状；海洋沉积物调查站位需要15个站位即可反映出调查区的沉积物质量状况；叶绿素a、浮游植物、浮游动物相关指标的调查建议按照至少18个调查站位开展调查。

（4）调查站位布设方法：建议按照均匀覆盖论证范围的原则布设调查站位，参照不同论证等级、范围不同的原则，逐渐收缩布设调查站位，直至在海上油气用海单位周边实施加密补足调查站位。

参考资料

国家海洋局，2014a. 2013 年中国海洋环境状况公报［R］.（2014-03-24）［2023-03-01］. http：//gc. mnr. gov. cn/201806/t20180619_1797642. html.

国家海洋局，2014b. 海洋工程环境影响评价技术导则：GB/T 19485—2014［S］. 大连：国家海洋环境监测中心.

国家海洋局，2015. 2014 年中国海洋环境状况公报［R］.（2015-03-11）［2023-03-02］. http：//gc. mnr. gov. cn/201806/t20180619_1797643. html.

国家海洋局，2016. 2015 年中国海洋环境状况公报［R］.（2016-04-12）［2023-03-05］. https：//www. mnr. gov. cn/dt/hy/201604/t20160412_2332914. html.

国家海洋局，2017. 2016 年中国海洋环境状况公报［R］.（2017-03-22）［2023-03-06］. http：//gc. mnr. gov. cn/201806/t20180619_1797645. html.

国家海洋局，2018. 2017 年中国海洋生态环境状况公报［R］.（2018-06-06）［2023-03-12］. http：//gc. mnr. gov. cn/201806/t20180619_1797652. html.

国家海洋局，2019. 2018 年中国海洋生态环境状况公报［R］.（2019-05-29）［2023-03-17］. https：//www. mee. gov. cn/hjzl/sthjzk/jagb/201905/P020190529532197736567. pdf.

国家海洋局，2020. 2019 年中国海洋生态环境状况公报［R］.（2020-06-03）［2023-03-26］. https：//www. mee. gov. cn/hjzl/sthjzk/jagb/202006/P020200603371117871012. pdf.

国家海洋局北海环境监测中心，2013. 垦利 9-1 油田秋季环境质量现状调查与评价［R］.

国家海洋局北海环境监测中心，2014. 渤中 25-1 油田秋季环境质量现状调查与评价［R］.

国家海洋局北海环境监测中心，2018a. 渤中 19-6 春季海洋环境质量现状调查与评价［R］.

国家海洋局北海环境监测中心，2018b. 渤中 19-6 秋季海洋环境质量现状调查与评价［R］.

国家海洋局北海环境监测中心，2019a. 渤中 29-6 油田开发项目秋季环境质量现状调查与评价报告［R］.

国家海洋局北海环境监测中心，2019b. 渤中 29-6 油田开发项目春季环境质量现状调查与评价报告［R］.

国家海洋局北海环境监测中心，2020a. 垦利 9-1 区块秋季环境现状调查与评价报告［R］.

国家海洋局北海环境监测中心，2020b. 渤中 19-6 凝析气田春季海洋环境质量现状调查与评价［R］.

国家海洋局北海环境监测中心，2021. 垦利 9-1 春季环境质量现状调查与评价报告［R］.

门宝辉，赵燮京，梁川，2003. 基于变异系数权重的水质评价属性识别模型［J］. 郑州大学学报，26：86-89.

青岛环海海洋工程勘察研究院，2012. 渤中 19-4 油田综合调整项目环境影响报告书［R］.

青岛环海海洋工程勘察研究院，2017. 垦利区域开发项目海洋环境质量现状秋季调查［R］.

王超，2010. 离散系数的一种改进方法［J］. 统计与咨询，3：49-50.

王文森，2007. 变异系数——一个衡量离散程度简单而有用的统计指标［J］. 中国统计，2：41-42.

中海石油环保服务（天津）有限公司，2015. 渤中 28-2S 油田和渤中 34-1 油田 17 口调整井工程环境影响报告表［R］.

中华人民共和国生态环境部，2021. 2020 年中国海洋生态环境状况公报［R］.（2021-05-26）［2023-03-28］. https：//www.mee.gov.cn/hjzl/sthjzk/jagb/202105/P020210526318015796036.pdf.

中华人民共和国生态环境部，2022. 2021 年中国海洋生态环境状况公报［R］.（2022-05-27）［2023-03-30］. https：//www.mee.gov.cn/hjzl/sthjzk/jagb/202205/P020220527579939593049.pdf.

中华人民共和国生态环境部，2023. 2022 年中国海洋生态环境状况公报［R］.（2023-05-29）［2023-04-02］. https：//www.mee.gov.cn/hjzl/sthjzk/jagb/202305/P020230529583634743092.pdf.

中华人民共和国自然资源部，2023. 海域使用论证技术导则：GB/T 42361—2023［S］. 广州：国家海洋局南海规划与环境研究院.